中国科学院科学出版基金资助出版

网 络 计 算

Network Computing

蒋昌俊　王鹏伟　著

科 学 出 版 社

北 京

内 容 简 介

本书主要介绍了网络计算相关的理论方法与关键技术，并对典型的应用领域与平台进行了相关介绍和讨论。全书共分 9 章，分别介绍了网络计算的概念、发展及其形式，着重介绍了网络资源组织与管理、网络大数据勘探与挖掘分析、网络大数据索引网络体系、可信认证体系等，并面向自贸区、网络交易支付、智能交通等典型应用场景和领域详细介绍了相关的平台与应用。

本书可供计算机科学与技术、网络计算与大数据领域的科研人员参考。

图书在版编目（CIP）数据

网络计算／蒋昌俊，王鹏伟著. —北京：科学出版社，2020.11

ISBN 978-7-03-066343-6

Ⅰ. ①网…　Ⅱ. ①蒋…　②王…　Ⅲ. ①网络计算　Ⅳ. ①TP393.027

中国版本图书馆 CIP 数据核字（2020）第 197402 号

责任编辑：王　哲 / 责任校对：王萌萌

责任印制：师艳茹 / 封面设计：迷底书装

科学出版社 出版

北京东黄城根北街 16 号

邮政编码：100717

http://www.sciencep.com

三河市春园印刷有限公司 印刷

科学出版社发行　各地新华书店经销

*

2020 年 11 月第　一　版　开本：720 × 1000 1/16

2020 年 11 月第一次印刷　印张：16 3/4

字数：335 000

定价：159.00 元

（如有印装质量问题，我社负责调换）

作 者 简 介

蒋昌俊，男，教授、博士生导师，国家杰出青年科学基金获得者、973 计划项目首席科学家。1986 年和 1991 年于山东科技大学获得计算数学学士和计算机软件与理论硕士学位，1995 年于中国科学院自动化所获得控制理论与工程博士学位，1997 年于中国科学院计算技术研究所博士后出站。现任同济大学副校长、同济大学嵌入式系统与服务计算教育部重点实验室主任、上海市电子交易与信息服务知识服务平台主任。历任国家自然科学基金委员会信息学部咨询委员会委员、中国人工智能学会副理事长及监事长、中国云体系产业创新战略联盟副理事长、中国自动化学会常务理事、中国计算机学会理事、上海市科协副主席、上海市人工智能战略咨询专家委员会委员及召集人、上海科创板咨询委员会委员、美国电子电气工程师学会(IEEE)上海分会副主席、中国人工智能学会会士、中国自动化学会会士、英国工程技术学会会士、被授予英国 Brunel University 名誉教授等。担任《Big Data Mining and Analytics》《计算机学报》《软件学报》《电子学报》《人工智能学报》《应用科学学报》《计算机研究与发展》等编委。担任国际学术会议主席、程序委员会主席等 20 余次。目前与香港城市大学、澳门大学、法国国立高等电信学校、芬兰奥尔多大学、美国阿贡实验室、美国科罗拉多大学、新泽西理工大学、德克萨斯理工大学和德国基尔大学等开展合作研究。

主要从事网络并发理论、网络风险防控、网络计算环境和网络信息服务的研究。担任国家重点基础研究发展(973 计划)项目“信息服务的模型与机理研究”首席科学家，先后主持国家重点研发计划项目、国家自然科学基金重大研究计划集成项目、国家自然科学基金重点项目、国家高技术研究发展计划(863 计划)项目和国际重点科技合作项目等 30 余项。在《中国科学》《科学通报》《ACM Transactions on Embedded Computing Systems》《ACM Transactions on Autonomous and Adaptive Systems》《IEEE Transactions on Computers》《IEEE Transactions on Parallel and Distributed Systems》《IEEE Transactions on Mobile Computing》《IEEE Transactions on Services Computing》《IEEE Transactions on Automation Science and Engineering》《IEEE Transactions on Systems, Man and Cybernetics》等国内外重要刊物和会议文集上发表论文 300 余篇，论文被国内外同行引用 3000 余次。出版中英文著作 5 部，分别由科学出版社(中国科学院科学出版基金资助)和高等教育出版社(教育部优秀博士论文出版基金资助)和施普林格出版社出版。获授权发明/创新(中国、美国、澳大利亚)专利 106 项、国际 PCT 专利 21 项，制定国家及行业技术标准 18 项。承担的国家自然科学基金面上项目 2 项结题评价为“特优”，973 计划项目、国家自然科学基金重大集成项目和重点项目等结题评价均为“优秀”。此外还获得多项国际奖和中国发明专利奖等。

研究成果获得 2020 年获全国创新争先奖、2016 年国家科学技术进步二等奖(第 1 位)、2013 年国家科学技术进步二等奖(第 1 位)、2010 年国家技术发明二等奖(第 1 位)、省部级三大奖(自然科学、技术发明、科技进步)一等奖 8 项(均为第 1 位)，2017 年中国发明专利奖(第 1 位)等。此外还获得首届全国百篇优秀博士论文、国际期刊《International Journal of Distributed Systems and Technologies(IJDST)》2010 年度最佳论文、11th IET Innovation Awards、15th ACM MobiHoc Best Paper Awards (国内学者首次获得)、Ho Pan Qing Yi Award 等。指导的研究生撰写的论文中，1 篇获得全国优秀博士论文提名、1 篇获得 CCF 优秀博士论文、5 篇获得上海市优秀博士论文。

王鹏伟，男，博士，副教授。2013 年博士毕业于同济大学电子与信息工程学院，2015 年于意大利比萨大学计算机科学系博士后出站，现于东华大学计算机科学与技术学院工作。主持国家自然科学基金青年项目等，入选上海市青年科技英才扬帆计划等。在《IEEE Transactions on Services Computing》《IEEE Transactions on Systems, Man and Cybernetics》《IEEE Transactions on Automation Science and Engineering》等国内外重要刊物和会议文集上发表论文 50 余篇。主要研究方向为服务计算、云计算、网络大数据处理等。

前　言

数字与网络经济已经成为国民经济的重要组成部分，对国民经济和社会的可持续健康发展具有重大战略意义。当今社会网络已无处不在，网络计算及服务已经渗透到人类的社会生活、经济活动乃至国家重大战略工程的各个领域和各个层面。2020 年，一场突如其来的新冠肺炎疫情，给我们带来巨大损失和不便的同时，也极大地加速了社会生活和经济活动的网络化、云端化。以网络为核心和依托的 5G、大数据中心、人工智能、工业互联网、物联网等新型基础设施建设上升为国家战略。

在如今的网络与大数据时代，网络环境与应用需求日益复杂多变，数据量呈现爆炸式增长，这给网络计算方法及技术理论体系带来了诸多挑战，如面向大数据的网络异构资源组织与管理、网络大数据计算与处理的效率低下、应变不够、可信难控等问题。因此梳理当前网络计算的关键技术与方法，给出典型的网络计算应用场景及相应的网络信息服务应用系统开发实例就变得尤为重要。

本书从信息技术角度，按照资源层、数据层、内容层、可信管理层等四个层次，分别介绍网络计算在各层上的主干技术与方法。这些内容是近年来作者所在课题组在不断理论突破和实践应用中获得的创新精华。在此基础上，面向自贸区、网络交易支付、智能交通等典型应用场景与领域，分别给出了相关联的关键方法与技术。这些研究持续得到上海市、国家自然基金委员会、科技部等的项目支持，形成了网络计算与大数据的整套理论与应用，研发了大规模网络信息服务平台与系统，并在上海自贸区等进行了应用示范。

本书着重介绍网络资源组织与管理、网络大数据勘探与挖掘分析、网络大数据索引网络体系、可信认证、企业运行状态分析与风险预警、电子交易风控云体系、智能交通协同监管等技术。研究团队发表了数十篇 SCI、EI 等高质量学术论文，获得了数十项专利授权，培养了二十多名博士、硕士及博士后。网络资源组织与管理、网络大数据等方面的相关研究成果先后获得了上海市技术发明一等奖 2 项和国家技术发明二等奖 1 项。

感谢同济大学嵌入式系统与服务计算教育部重点实验室的老师、博士生、硕士生及博士后的大力支持与帮助，感谢他们为本书提供了写作素材。

本书不仅适合信息技术领域的研究生和相关研究人员参考，而且适合网络计算与大数据领域的相关研究人员阅读。

由于时间和水平有限，书中难免出现疏漏和不妥之处，敬请读者批评指正！

作　者

2020 年 7 月 8 日

目　　录

前言
第一章　网络计算概述 …… 1
1.1　网络计算概念 …… 1
1.2　网络计算的发展与形式 …… 1
1.3　网络计算的关键技术与应用 …… 5
1.4　小结 …… 7
参考文献 …… 8
第二章　网络异构资源组织与管理 …… 10
2.1　资源构造与管理方法 …… 10
2.1.1　技术方案 …… 10
2.1.2　资源构造方案 …… 15
2.1.3　具体实施方案 …… 15
2.1.4　SDK 开发包 …… 23
2.2　资源分配系统与方法 …… 25
2.2.1　技术方案 …… 25
2.2.2　具体实施方案 …… 26
2.3　资源监控系统与方法 …… 27
2.4　小结 …… 29
参考文献 …… 30
第三章　网络异构资源组织管理平台及环境 …… 32
3.1　系统平台流程概述 …… 32
3.2　平台总体架构设计 …… 32
3.2.1　系统总体构建模型 …… 32
3.2.2　业务系统构建模型 …… 33
3.2.3　系统总体框架 …… 34
3.3　平台功能模块设计 …… 36
3.3.1　虚拟组织及工作流构建子系统 …… 36
3.3.2　虚拟资源管理子系统 …… 41
3.3.3　虚拟资源发现机制 …… 49

3.4 小结 …… 50
参考文献 …… 50
第四章 网络大数据勘探与挖掘分析 …… 52
4.1 网络大数据资源服务框架 …… 52
4.2 分布式爬虫任务调度策略 …… 54
4.2.1 调度流程 …… 54
4.2.2 负载均衡策略 …… 57
4.2.3 调度策略 …… 58
4.2.4 错误恢复机制 …… 61
4.2.5 实验与分析 …… 62
4.3 爬虫限制与引导协议 …… 64
4.3.1 访问方式 …… 64
4.3.2 格式 …… 65
4.3.3 指令 …… 68
4.3.4 类 BNF 范式 …… 78
4.3.5 示例 …… 83
4.4 基于集聚系数的自适应聚类方法 …… 84
4.4.1 问题提出 …… 84
4.4.2 集聚系数概述 …… 85
4.4.3 词的自适应聚类算法 …… 88
4.4.4 实验与分析 …… 94
4.5 小结 …… 98
参考文献 …… 98
第五章 网络大数据索引网络体系 …… 100
5.1 资源索引网络模型 …… 100
5.1.1 基本定义 …… 100
5.1.2 单层索引网络 …… 102
5.1.3 层次索引网络 …… 105
5.2 索引网络代数 …… 112
5.2.1 索引网络构建规则之间的操作 …… 113
5.2.2 多个索引网络之间的操作算子 …… 113
5.2.3 语义关联图的相关操作算子 …… 118
5.2.4 语义关联图的查询优化 …… 121
5.2.5 语义关联图中的子图提取算法 …… 124

5.3 小结 …… 126
参考文献 …… 126
第六章 可信认证平台体系及环境 …… 128
6.1 可信认证中心平台 …… 128
6.1.1 可信认证中心体系 …… 128
6.1.2 可信认证中心平台关键技术 …… 130
6.2 在线监控可视化呈现 …… 143
6.2.1 概要 …… 143
6.2.2 具体呈现 …… 144
6.3 小结 …… 149
参考文献 …… 150
第七章 面向自贸区的网络大数据计算与服务平台 …… 151
7.1 面向区内企业的定制搜索引擎 …… 151
7.2 企业重点事件风险预警 …… 164
7.3 企业异动风险预警 …… 166
7.4 企业新闻舆情倾向性评价 …… 173
7.5 区内企业新闻资讯链 …… 175
7.6 企业热点事件分析 …… 175
7.7 经济指标监控与关联挖掘分析 …… 183
7.8 小结 …… 187
参考文献 …… 187
第八章 面向网络金融交易的“风控云”平台及应用 …… 188
8.1 电子交易“风控云”平台支撑技术 …… 188
8.2 内外结合的大数据勘探与挖掘技术 …… 189
8.3 电子交易数据安全与隐私保护 …… 189
8.4 电子交易系统建模与验证技术 …… 190
8.5 基于用户浏览行为的认证技术 …… 190
8.6 电子交易主体设计与协同技术 …… 191
8.7 电子交易凭证关键技术 …… 191
8.8 电子交易数据征信技术 …… 191
8.9 风控云平台体系 …… 192
8.10 面向支付宝交易风控的示范应用 …… 195
8.11 小结 …… 196
参考文献 …… 196

第九章　城市智能交通协同监管与实时服务平台及应用 ······ 198
9.1　概述 ······ 198
9.1.1　平台体系结构 ······ 198
9.1.2　平台网络拓扑 ······ 199
9.2　面向交通监管的海量视频分析处理 ······ 201
9.2.1　视频采集 ······ 201
9.2.2　视频管理 ······ 203
9.2.3　视频处理 ······ 206
9.3　面向交通监管的海量视频信息提取 ······ 211
9.3.1　基于视频信息的车辆目标检测 ······ 211
9.3.2　基于视频信息的队列长度检测 ······ 212
9.3.3　基于视频信息的流量与速度检测 ······ 216
9.3.4　基于视频信息的车牌识别 ······ 220
9.3.5　基于视频信息的事件检测 ······ 228
9.4　基于海量视频的交通监控与管理 ······ 231
9.4.1　自适应交通控制 ······ 231
9.4.2　多路口交通事件协同跟踪 ······ 245
9.5　实施效果 ······ 250
9.6　小结 ······ 253
参考文献 ······ 253

第一章　网络计算概述

1.1　网络计算概念

随着网络技术的快速发展与互联网的普及应用，网络计算及服务已经渗透到人类的社会生活、经济活动乃至国家重大战略工程的各个领域和各个层面。传统电信业务稳步增长，宽带和多媒体业务高速发展。人们的吃、穿、住、行，传统的出版、媒体、娱乐、制造等各个行业网络化趋势日益明显，相关的产业规模持续快速增长。基于网络的计算模式与信息服务不断扩展和深入，计算服务、存储服务、数据服务、电子商务、电子政务等新型应用系统，国家公共信息资源管理与服务系统，各种网格系统，以及远程医疗应用、应急处理系统等正成为信息化与网络化社会的重要支柱。

网络计算是指以网络环境为中心，对网络上的资源(包括计算资源、存储资源、网络资源、数据资源、软件资源、服务资源等)进行共享、采集、加工、存储、传输、检索、组织、管理和利用，实现资源共享、协同工作与联合计算，为用户提供基于网络的各类信息服务。

网络计算涉及的学科和领域众多，本书将对其涉及的理论方法和关键技术进行讨论分析，并对典型的应用领域与平台进行相关介绍与讨论。

1.2　网络计算的发展与形式

回顾计算模式的发展过程与演化历史，大致可以将其分为三个主要阶段。

第一阶段：20 世纪 60 年代中期至 80 年代中期，是以大型机为核心的集中式处理模式。所有的计算能力均属于中央宿主计算机，用户通过一台物理上与宿主机相连接的非智能终端，把信息送到宿主机进行计算处理。此时，一切的计算处理均依赖于宿主机。

第二阶段：20 世纪 80 年代中期至 90 年代初期，是以服务器为核心的文件共享计算模式。文件存储在一个中央计算机或者共享服务器中，被局域网上的多个计算机同时访问。最初的 PC 网络就是基于此类结构，服务器从共享位置下载文件到客户端的桌面环境下，被请求的用户任务(包括业务逻辑和数据)在客户端环境下进行计算处理。该模式存在一些问题，例如，客户端和服务器之间需要传输大量不必要的数据，会降低应用性能；容易破坏数据的完整性和一致性，因为多个用户共同访问同一个数据文件等。

第三阶段：20 世纪 90 年代初期至今，是以网络为核心的分布式网络计算模式。按发展过程，又可以划分为以 C/S 结构为主流的分布式计算，以 Web 为核心、B/S 结构为主流的分布式计算，以及以各类移动设备为核心的普适计算模式等。在该阶段，以网络环境为核心，通过网络将地理上分布的、异构的计算机系统连接起来，实现资源共享与协同计算。

自 20 世纪 90 年代以来，以 TCP/IP 和 HTTP 协议为核心的互联网迅速发展，信息资源加速网络化，这是高性能计算机、信息存储技术、数据库技术与现代通信技术有机结合的产物，它将各类信息与资源转化为计算机可以接受的数字形式，通过网络进行共享与利用，使得用户可以随时随地获取所需信息与服务，信息处理进入了网络计算时代。

网络计算包含的内容和形式非常丰富，如对等计算(Peer to Peer，P2P)、网格计算、服务计算、普适计算、云计算、移动计算等，都是网络计算模式在不同的发展阶段、针对不同的应用模式、为解决不同的问题和挑战先后出现的各类形式。下面简要介绍几类典型的网络计算形式。

1. P2P 计算

P2P 计算[1]是 21 世纪初兴起的重要网络计算技术。与传统的 C/S 计算模式不同，参与 P2P 计算的各个节点作为平等的对等体，通过直接交换来共享资源和服务。P2P 计算在协同工作、搜索引擎、文件共享、分布存储和应用级组播网络等方面有着大量的研究与应用，时下正火热的区块链即是基于 P2P 网络技术而构架的。资源信息的发布与组织方式是 P2P 计算研究的一个核心问题，也是构造 P2P 网络和应用的基础。从资源组织的结构来说，P2P 计算中研究的热点是自组织资源发布与定位技术、资源共享激励、信任技术等。

概括说来，P2P 计算技术主要包括两大类。①P2P 基础架构技术：研究构建 P2P 系统的共性基础技术，包括 P2P 系统的拓扑构造技术、消息路由技术、资源搜索技术和安全信任机制等，以实现 P2P 系统中资源的有效组织和管理。②P2P 应用相关技术：研究各种 P2P 应用中涉及的关键技术，如 P2P 分布式存储系统中的数据复制技术、一致性维护技术和容错技术、P2P 流媒体中的数据布局技术和多源协同流调度技术、P2P 数据管理中的关系查询技术和查询优化技术等。

P2P 基础架构技术中的拓扑构造、消息路由和资源搜索等技术，是构建 P2P 系统的基础性关键技术。拓扑构造技术是在 P2P 系统中的节点之间按照一定的规则建立逻辑上的连接关系，形成 P2P 网络拓扑，以实现 P2P 系统资源的有效组织。消息路由技术是在 P2P 系统中，根据 P2P 网络拓扑实现消息从源节点到目标节点的高效路由。资源搜索技术是在 P2P 系统中根据搜索请求有效地查找到符合搜索条件的资源。在 P2P 系统中，资源的发现采用分布式的查找方式。

2. 网格计算

网格(Grid)[2-6]一词来自于电力网(Electric Power Grid)，其最终目的在于用户在使用网格计算能力时，如同使用电力一样方便。在使用电力时，不需要知道它是从哪个发电站输送出来的，而使用的是一种统一形式的“电能”；同样，也不需要考虑使用电力做什么，只需将插头插入带电的插座即可。网格希望把整个互联网虚拟为一台超级计算机，给最终的使用者提供一种与地理位置无关、与具体的计算设施无关的通用计算能力。

随着人们对网格技术的深入研究，网格的精确含义和内容仍然在不断变化和发展之中。Foster 将网格计算定义为“在动态的、多机构的虚拟组织中协调资源共享和协同解决问题”，并提出判断网格的三个标准，即协调非集中控制的资源；使用标准的、开放的和通用的协议和接口；提供非平凡的服务。目前，普遍将 Foster 的网格观点称为“狭义”的网格观。“广义”的网格观认为网格的本质是共享和服务，即网格就是资源一体化和服务一体化。

网格是一种构筑在互联网上的技术，将网络上的相关资源融为一体，为科技人员和普通用户提供更多的功能和服务。网格把分布的资源集成为一台能力巨大的超级计算机，提供计算资源、存储资源、数据资源、信息资源、知识资源、专家资源、设备资源的全面共享。资源共享是网格的根本特征，消除资源孤岛是网格的奋斗目标。同时，网格利用通信手段将互联的资源无缝集成为一个有机的整体，从而形成一种基于互联网的新型计算平台提供给用户。在这个平台上对来自客户的请求和所提供资源的能力进行合理的匹配，为用户的请求选择合适的资源服务，并在满足用户请求的前提下，提高系统的吞吐量和利用率。

3. 服务计算

服务计算[7]，又称为面向服务的计算(Service-Oriented Computing, SOC)[8-12]，其产生背景为现代企业和组织需要更加快速、高效地应对变化和机遇，能够动态、敏捷地构建、重组和优化其业务流程，以提升自身的竞争力，真正做到“随需应变”，从而快速响应外部用户的需求和应用环境的变化。在此背景下，面向服务的计算应运而生，其利用“服务”作为软件开发的最基本要素，以支持异构环境下分布式应用的快速、低成本和高效的协同集成与聚合。这里的“服务”是指自治的、平台无关的功能实体，可利用标准的方式进行描述，并通过网络进行发布、发现及松散耦合等[11]。SOC 的愿景在于将应用程序组件组装形成一个服务网络，可以跨越不同的组织和计算平台，以松散耦合的方式构建灵活、动态的业务流程和敏捷应用[12]。SOC 发展自面向对象和基于组件的计算，现已经成为当今开放网络环境下构建分布式应用的主流计算模式。

面向服务的体系架构(Service-Oriented Architecture, SOA)[13,14]作为一种架构模型全面支持新型计算模式 SOC 的理念与实施。该架构以业务为中心，将信息系统映射为合适的业务处理流程，实现松散耦合、基于标准、协议无关的分布式计算。从根本上说，SOA 融合了商业与信息技术，其利用已有服务来构建应用，以促进业务流程的快速构建与动态重组。实现 SOA 主要涉及将企业组件化以及使用服务来开发应用程序，并将这些服务向外提供给其他企业或者应用程序使用。

包括 SOC 和 SOA 在内的服务计算体系改变了软件开发、部署和交付的方式，成为分布式计算和软件开发技术发展的新里程碑，并引领了新一轮的技术发展浪潮。随着 SOA 和 Web 服务技术的快速发展与成熟，越来越多的企业和组织通过定义良好的接口并以与平台无关的方式将其业务应用向外提供，以增加与合作伙伴所提供的应用之间的互操作性，从而简化整个业务协作链条。这使得整个 IT 基础设施架构模式转向了面向服务的架构，与此同时，业务模式也在发生变化，基于服务组件来实现敏捷和随需应变的业务[7]。同时，服务计算也作为一门跨越计算机与信息技术、商业管理、商业咨询服务等领域的新兴计算学科，成为当前学术界和工业界的研究热点。

SOC 是一种新型的计算模式，而 SOA 是其基本的概念层架构模型，这就意味着需要利用具体的技术来实现它们，而 Web 服务便是这样一种被广泛接受和使用、并且很有前途的实现技术。Web 服务最大程度地实现了 SOC 和 SOA 所承诺的服务共享、重用及互操作，从而成为当前的首选实现技术[7]。Web 服务技术有效地解决了不同平台之间的异构性和互操作等问题，实现了异构的软件系统与应用程序之间的互联互通，使得不同的组织和企业可以通过互联网来共享数据和软硬件资源，从而取得了巨大的成功。为了提高重用性，分散和简化应用逻辑，单个 Web 服务一般都不会太复杂，而是仅提供比较简单的业务功能。在此背景下，Web服务组合[15-17]的概念应运而生。服务组合是Web服务的真正魅力和潜力所在，不管是在学术界还是工业界，服务组合已经引发了大量的研究工作。

4. 云计算

云计算(Cloud Computing)[18-20]是分布式计算、并行计算、效用计算、网格计算、网络存储、虚拟化、负载均衡、热备份冗余等传统计算机和网络技术发展融合的产物与进一步发展，或者说是这些计算机科学概念的商业实现。其基本原理是，使计算分布在大量的分布式计算机上，而非本地计算机或远程服务器中，企业数据中心的运行将进一步与互联网相似。这使得企业能够将资源切换到需要的应用上，根据需求访问计算机和存储系统。

云计算概念及模式的出现和迅猛发展，极大地加速了企业应用“服务化”的进程，企业的 IT 需求可以通过 IaaS(Infrastructure as a Service)、PaaS(Platform as a Service)和 SaaS(Software as a Service)等类型的云服务方式来满足。以共享 IT 基础设施和平台为主要特征的云计算模式，能够帮助组织和企业以最小的成本和最便捷的方式开发、部署应用并提供服务。而云计算本身也可以看成“服务化”的进一步深化与延展，其将计算、存储、网络和平台等资源都进行服务化并向外提供。根据美国国家标准与技术研究院的定义[21]，云计算是一种按使用量付费的模式，这种模式提供可用的、便捷的、按需的网络访问，进入可配置的计算资源共享池(资源包括网络、服务器、存储、应用软件、服务)，这些资源能够被快速提供，只需投入很少的管理工作，或与服务供应商进行很少的交互。计算机资源服务化是云计算重要的表现形式。

作为近年来 IT 领域最大的热门话题之一，云计算模式在提出后便得到了工业界和学术界的广泛关注，并已逐渐成为网络和计算机技术发展的重要趋势之一。亚马逊、谷歌、微软、IBM、甲骨文、惠普、思科、EMC 等诸多业界巨头都相继构建了自身的云计算系统，并发布了相应的云计算解决方案及平台。同时，各国学者也针对云计算开展了大量研究工作，包括数据中心、虚拟化、海量数据存储与处理、资源调度与管理、安全与隐私保护等各个方面。不仅如此，各国政府也纷纷将云计算上升为国家战略，投入了相当大的财力和物力用于云计算的部署。

随着各方面相关技术的快速发展与成熟，以及在政府、企业界和学术界等各方的共同努力和推动下，各个行业在加速进行“云化”，越来越多的数据和计算任务被迁移和部署到了云上。特别地，今年年初一场突如其来的新冠肺炎疫情，给我们带来巨大损失和不便的同时，也极大地加速了“云”生产与生活模式，办公、教育、医疗、电影，甚至旅游、汽车、餐饮、娱乐等，都纷纷走上云端。由于云计算已经成为 IT 产业发展的战略重点，全球 IT 公司都纷纷推出了面向市场的公有云平台或者开源云平台，如 AWS、Google Cloud Platform、Microsoft Azure、IBM Bluemix 以及国内的阿里云、百度开放云、腾讯云等。云计算已经成为当今时代新型的基础设施之一。

1.3　网络计算的关键技术与应用

本书按照不同的层次，并结合应用背景，来介绍网络计算的关键技术与方法。其包括两大部分，第一部分是网络计算的主干技术与方法，按照资源层、数据层、内容层、可信管理层四个层次来介绍。首先是资源层的网络异构资源组织与管理，以及平台与环境；其次是数据层的网络大数据勘探与挖掘分析；然后是内容层的网络大数据索引网络体系；最后是可信管理层的可信认证平台体系及环境。第二部分是典型的网络计算应用介绍，分别为面向自贸区的网络大数据计算与服务平台、面向网络金融交易的“风控云”平台及应用、城市智能交通协同监管与实时服务平台及应用。

(1) 网络异构资源组织与管理。在网络计算时代，网络资源的战略价值日益突显，人们希望将纷繁复杂的底层实体抽象化，为上层提供相对简化的统一视图，从而便于网络资源的共享和综合利用。互联网环境与传统计算机环境的本质差别在于，针对无序增长、高度自治和复杂多样的网络资源，难以沿用传统的资源抽象概念和全局集中控制的管理模式。鉴于现有资源管理方法的不足，书中提供了面向海量数据与信息的异构资源构造与管理的“虚拟超市”方案，设计并实现了统一资源描述模型、资源构造方案以及资源开发 API，该方案将海量的异构资源管理问题统一模型化，并赋予相关模型属性，易于共享与利用。(详见第二、三章)

(2) 网络大数据勘探与挖掘分析。互联网的快速发展推动着数据量呈现爆炸式增长，其重要性不断凸显。区别于传统数据形式，网络大数据具有大规模、混结构、强时变、低密度等特点，利用现有技术实行海量采集和全量计算，会导致大量低效甚至无效的数据采集与处理，不仅浪费大量的存储与传输资源，而且存在效率低下、应变不够等问题。为此，书中给出了网络大数据资源服务框架，提出了大数据资源勘探的思想与技术,介绍了分布式数据采集爬虫的任务调度策略、爬虫限制与引导协议，以及基于集聚系数的自适应聚类方法，实现了大数据资源的有效勘探与优化开采，以及强时变、增量性的知识挖掘与价值发现。(详见第四章)

(3) 网络大数据索引网络体系。杂乱无序、异构冗余等特性给网络大数据的组织、管理及应用带来了很大挑战，以倒排索引为代表的已有组织方式缺少对数据资源内容语义及其关联的考虑，难以应对日益丰富和复杂的应用需求。在数据勘探和挖掘分析基础上，书中介绍了面向大数据资源的索引网络模型，构建了完整的代数理论体系，解决了考虑内容语义的大数据组织模型及规范化问题，有效提升了智能信息服务的能力。(详见第五章)

(4) 可信认证平台体系及环境。随着网络环境与应用需求的日益复杂，网络计算过程中的安全与可信管理变得尤为重要。网络交易是网络计算的一个典型过程和场景，书中以网络交易为背景和示例，介绍了网络计算过程中涉及多方交互的可信认证体系与平台的构建技术及环境。现有网络交易等计算平台主要采用身份认证技术，仅能区分用户身份的合法性，无法解决合法身份进行非法行为的不可信问题，从而增加了网络交易的风险。为此，我们集成并辨识软件行为和用户行为，形成整体的系统行为认证模式，真正确保网络计算系统的可信运行。为了监控整个可信认证中心平台的认证过程及运行情况，我们还设计了具有可视化界面的监控中心。(详见第六章)

(5) 面向自贸区的网络大数据计算与服务平台。上海自贸区自设立以后快速发展，区内企业的规模在不断扩大，其内部平台的信息不够丰富，对企业的运行状态、经营异动及违法行为反应与遏制不够敏捷，亟需互联网大数据及网络计算技术来支持和加强区内企业的综合监管与服务。我们利用前述介绍的关键技术与方法，从无到有构建了自贸区大数据计算分析与管理平台，实现了面向自贸区企业的舆情监控与评价、健康态势分析、声誉分析、热点事件挖掘、异动风险预警、重点事件预警等一系列管理功能与服务应用，克服了行政管理内部平台静态数据不丰富的困难，实现了网络大数据在政府监管和服务工作中的应用实践。(详见第七章)

(6) 面向网络金融交易的“风控云”平台及应用。以互联网金融交易为代表的互联网经济已成为我国国民经济稳定与可持续发展的重大需求。然而在高速发展的同时，伴随而来的是以“欺诈”为主要特征的互联网金融交易风险事件日益严重。针对互联网金融交易战略新兴产业发展过程中风险防控的关键技术问题和需求，书中介绍了电子交易“风控云”平台支撑技术、内外结合的大数据勘探与挖掘技术、安全与隐私保护技术，进而以行为认证为核心，介绍了电子交易系统建模与验证、主体设计与协同、交易凭证及数据征信等关键技术，构建了完善的电子交易风险分析与控制关键技术；从而形成了电子交易的“风控云”技术体系。在此基础上，研发了电子交易的“风控云”平台，将“风控云”中的关键技术以云服务应用的形式向外提供，并面向支付宝等行业骨干企业开展了示范应用，为整个行业的发展提供强有力的安全可信保障。(详见第八章)

(7)城市智能交通协同监管与实时服务平台及应用。面向智慧城市建设中的智能交通领域应用，在前述关键技术与方法基础上，书中构建了面向交通监管的城市智能交通协同监管与实时服务平台，提供了一组面向交通监管的海量视频信息分析处理关键技术与子系统，包括视频采集、视频管理、视频分析处理等，为融合网络环境下视频监管的开发、部署和运行提供支持。进而给出了一组面向交通监管的海量视频信息提取方法与相应子系统模块，包括车辆目标检测、队列长度检测、流量与速度检测、车牌识别、事件检测等。根据视频检测的流量或车队长度信息，实现了基于模糊推理的自适应交通控制；另一方面实现了实时感知异常事件的发生、在线分析异常事件特征，并主动实时反馈给自组织网络中的其他智能视频采集设备进行联合接力跟踪,最终实现面向交通安全的移动车辆同步跟踪。(详见第九章)

1.4　小　　结

本章首先概述了网络计算的背景与概念，然后回顾了计算模式的三个发展阶段，并对网络计算所包含的内容和形式进行了介绍，重点介绍了对等计算、网格计算、服务计算和云计算等网络计算的典型形式。最后，对本书中的主要内容进行了概述，分为两大部分：网络计算的主干技术与方法、典型的网络计算应用。

参考文献

[1] Schoder D, Fischbach K. Peer-to-peer prospects. Communications of the ACM, 2003, 46(2): 27-29.

[2] Foster I, Kesselman C, Tuecke S. The anatomy of the grid: enabling scalable virtual organizations. International Journal of Supercomputer Applications, 2001, 15(3): 200-222.

[3] Foster I, Kesselman C. The Grid 2: Blueprint for a New Computing Infrastructure. San Francisco: Morgan Kaufmann Publishers, 2004.

[4] Jiang C J, Zhang Z H, Zeng G S, et al. Urban traffic information service application grid. Journal of Computer Science and Technology, 2005, 20(1): 134-140.

[5] Chen L, Jiang C J, Li J J. VGITS: ITS based on intervehicle communication networks and grid technology. Journal of Network and Computer Applications, 2008, 31(3): 285-302.

[6] Yin F, Jiang C J, Deng R, et al. Grid resource management policies for load-balancing and energy-saving by vacation queuing theory. Computers and Electrical Engineering, 2009, 35(6): 966-979.

[7] Zhang L J, Zhang J, Cai H. Services Computing. Beijing: Tsinghua University Press, 2007.

[8] Papazoglou M P, Georgakopoulos D. Introduction: service-oriented computing. Communications of the ACM, 2003, 46(10): 24-28.

[9] Papazoglou M P. Service-oriented computing: concepts, characteristics and directions//Proceedings of the Fourth International Conference on Web Information Systems Engineering, Roma, 2003.

[10] Singh M P, Huhns M N. Service-Oriented Computing: Semantics, Processes, Agents. Hoboken: Wiley, 2005.

[11] Papazoglou M P, Traverso P, Dustdar S, et al. Service-oriented computing: state of the art and research challenges. Computer, 2007, 40(11): 38-45.

[12] Papazoglou M P, Traverso P, Dustdar S, et al. Service-oriented computing: a research roadmap. International Journal of Cooperative Information Systems, 2008, 17(2): 223-255.

[13] Endrei M, Ang J, Arsanjani A, et al. Patterns: service-oriented architecture and Web services. IBM Redbooks, 2004.

[14] Papazoglou M P, Heuvel W J V D. Service oriented architectures: approaches, technologies and research issues. The VLDB Journal, 2007, 16(3): 389-415.

[15] Wang P W, Ding Z J, Jiang C J, et al. Design and implementation of a Web-service-based public-oriented personalized health care platform. IEEE Transactions on Systems, Man and Cybernetics: Systems, 2013, 43(4): 941-957.

[16] Wang P W, Ding Z J, Jiang C J, et al. Constraint-aware approach to Web service composition. IEEE Transactions on Systems, Man and Cybernetics: Systems, 2014, 44(6): 770-784.

[17] Wang P W, Ding Z J, Jiang C J, et al. Automatic Web service composition based on uncertainty

execution effects. IEEE Transactions on Services Computing, 2016, 9(4): 551-565.

[18] Armbrust M, Fox A, Griffith R, et al. Above the clouds: a berkeley view of cloud computing. Technical Report, UCB/EECS-2009-28, 2009.

[19] Armbrust M, Fox A, Griffith R, et al. A view of cloud computing. Communications of the ACM, 2010, 53(4): 50-58.

[20] Buyya R, Yeo C S, Venugopal S, et al. Cloud computing and emerging IT platforms: vision, hype and reality for delivering computing as the 5th utility. Future Generation Computer Systems, 2009, 25(6): 599-616.

[21] Mell P, Grance T. The NIST definition of cloud computing. Gaithersburg: National Institute of Standards and Technology, 2011.

第二章 网络异构资源组织与管理

面向互联网资源共享与协同工作的计算环境是网络计算技术领域的重要研究课题。进入网络计算时代，网络资源的战略价值日益突显，人们自然希望将纷繁复杂的底层实体抽象化，为上层提供相对简化的统一视图，从而实现互联网资源的共享和综合利用。互联网环境与传统计算机环境的本质差别在于，针对无序成长、高度自治和复杂多样的网络资源，难以沿用传统的资源抽象概念和全局集中控制的管理模式，因此必须在网络计算环境的概念、方法和机理上寻求新的突破。

2.1 资源构造与管理方法

鉴于现有的资源管理方法的不足，我们提供了面向海量数据与信息的异构资源的构造与管理方案[1-7]。具体说来，可以分为如下三个部分。

(1) 设计并实现了统一资源描述模型。资源描述模型包含资源的信息说明、发布类型、所含元素以及可选架构，以便资源开发者提供的资源可以有效地被其他应用所使用。

(2) 设计并实现了一套资源构造方案，该方案结合资源描述模型，利用 Web 服务技术框架实现了对资源本地操作的有效封装，对外提供统一访问接口，在一定程度上实现了资源共享。

(3) 设计并实现了一套资源开发 API，利用该 API 可以对资源进行访问，并可以根据不同层次的资源需求，对资源进行整合或二次开发。

以上技术方案的提出将海量信息的异构资源管理问题统一模型化，并赋予相关模型属性，方便使用者选择应用。在此基础上，进一步提供资源构造方案，实现了一定程度上的资源共享。此外，针对已有资源管理方案需求固定化的不足，开发了新的访问软件以满足不同层次的资源整合或二次开发。

2.1.1 技术方案

为解决现有网络交易系统中的资源管理需求，对海量信息的处理是解决问题的关键所在，也是难点之一。对此，本方案提出对资源信息进行量化分类的方法，根据资源属性的不同将同类资源信息进行集中处理，并结合资源的功能属性，将其分为四类资源，分别为计算资源模型、存储资源模型、数据资源模型、应用资源模型。

(1) 资源描述模型

网络环境中的各种资源需要进行统一表示，而通过对资源信息进行抽象可达到这一目标。本方案采用的资源描述模型抛弃所有与系统相关的资源特性，只从资源信息中提取那些可以被量化或可以被简单地统一表示的部分，被提取出的资源信息称为资源属性(资源参数)。其中，对于静态属性的描述，用 info 表示；对于频繁变换状态的描述，用 state 表示；对于资源使用规范的描述，用 policy 描述；对于资源访问规范的描述，用 AccessControlBase 表示。同时依照网络资源的功能属性，具体分为四类资源，即计算资源、存储资源、数据资源、应用资源，如图 2.1～图 2.4 所示。

(2) 计算资源模型

计算资源模型是整个资源描述模型的核心，旨在描述实体资源能够对个体用户或虚拟组织内的群体用户所提供的计算服务能力。计算资源管理系统采用队列的方式来存放请求，同时依照相关的管理策略维护请求队列，通常，这种管理策略均采用公平调度的宗旨，以使得计算资源可以在一定程度上被所有请求合理共

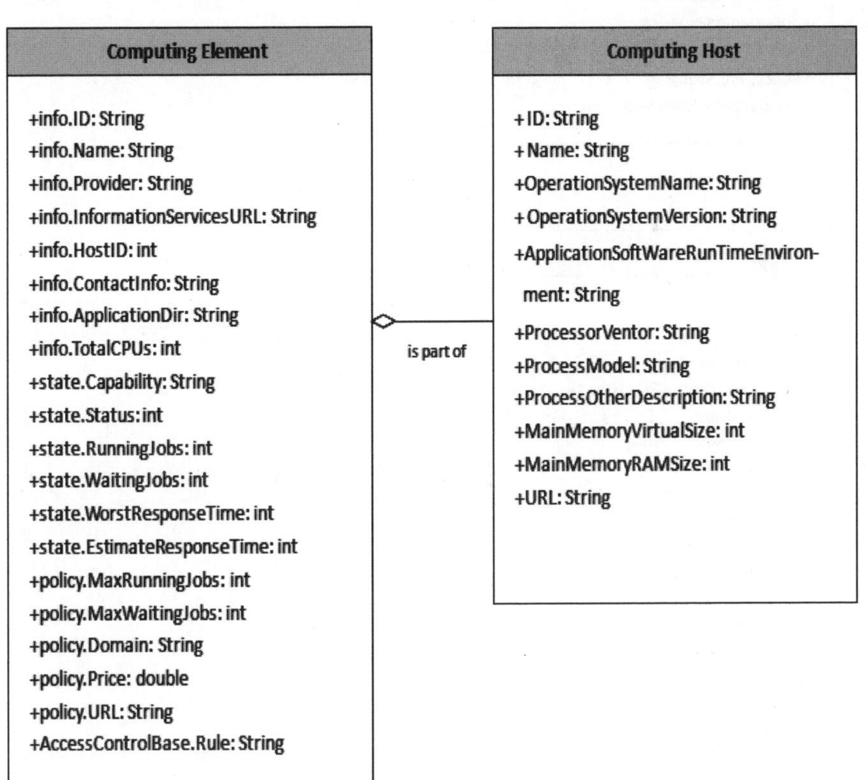

图 2.1　计算资源模型的 UML 图

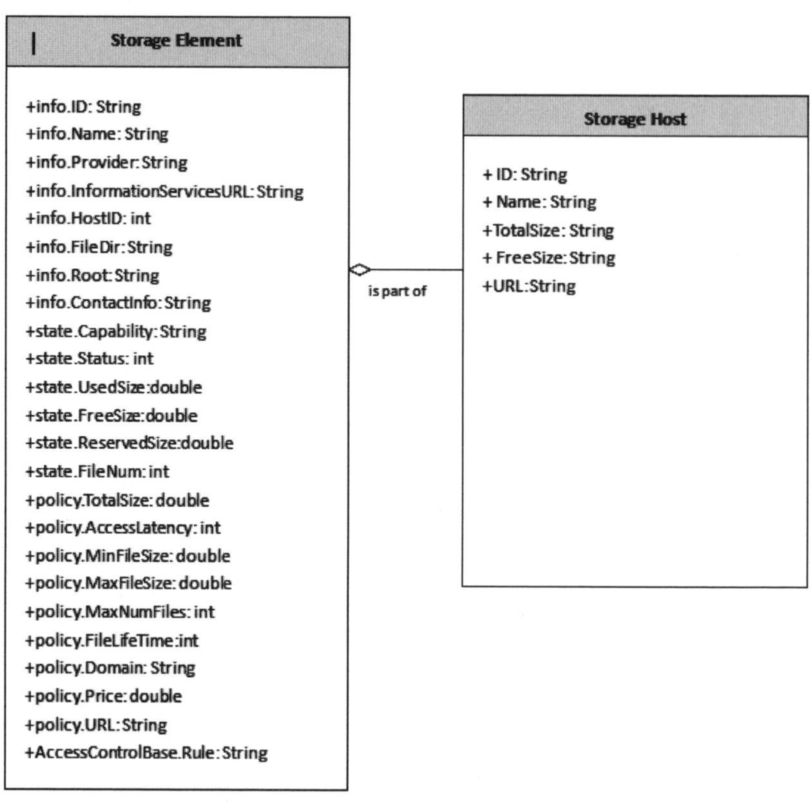

图 2.2　存储资源模型的 UML 图

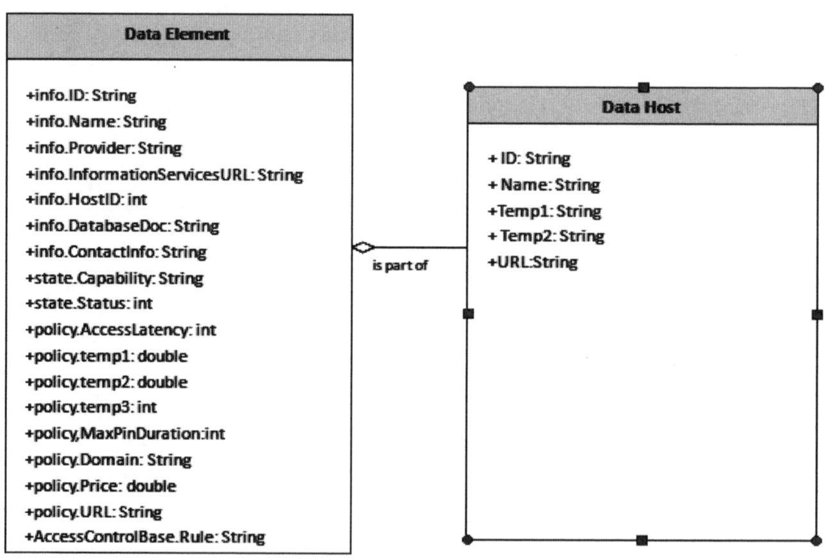

图 2.3　数据资源模型的 UML 图

享。为了便于控制管理，把计算资源分为两层，每一个计算资源集合被抽象成 Element，下属的不同资源被抽象成 Host。

① Computing Element(以下简称 CE)。

CE 是一个计算资源单元的集合，代表可以对外提供一定程度的高计算能力的复杂计算资源。作为一种普适性的抽象模型，CE 代表了计算服务提供者的属性、计算能力描述及资源访问策略。在本模型中，构造计算资源时，可以通过配置其属性来制定一些访问控制的策略，进而对拥有不同身份的用户呈现资源的不同状态。例如，对于来自于某个身份(身份的标识通常代表其隶属的虚拟组织)的请求，CE 可以提供一定的空闲运行槽，而拒绝来自于另一个身份的资源请求；或者，CE 可以在运行队列未满时，将某个请求放入等待队列中，令其得不到迅速响应。为了能够支持上述操作，模型中需要若干属性来标识请求的身份，对资源进行访问控制。Element 内部由 Host 组成，且不要求 Host 在性能上一致，换言之，对于 Element 内部的 Host，可能存在不同的处理器型号、内存类型、甚至不同的操作系统。

Application Element
+info.ID: String +info.Name: String +info.Provider: String +info.InformationServicesURL: String +info.HostID: int +info.SE: String +info.CE: String +info.DE: String +info.ContactInfo: String +state.Capability: String +state.Status: int +policy.StartTime: double +policy.EndTime: double +policy.Domain: String +policy.Price: double +policy.URL: String +AccessControlBase.Rule: String

图 2.4　应用资源模型的 UML 图

② Host。

Host 描述一个计算节点的具体配置信息，是应用运行时的实际载体，Host 之间资源请求的分配由 Element 协调。为了准确刻画资源个体属性、为高层系统提供准确的资源信息，相比于 CE 的描述模型，Host 更偏重于计算资源性能的量化描述，而不是抽象的描述。

(3) 存储资源模型

存储资源模型是在计算资源模型上延伸和发展出来的，是指通过集群应用或分布式文件系统等功能，将网络中大量各种不同类型的存储设备通过应用软件集合起来协同工作，共同对外提供数据存储和业务访问功能。存储资源模型用来抽象提供存储服务的资源实体。存储资源旨在形成一个分布式文件系统，以便将分散在不同域内的存储服务器集中起来形成一个高容量的存储服务器。为了保持资源描述模型的一致性，存储资源同样分为两层结构：Element 和 Host。

① Storage Element(以下简称 SE)。

存储资源通过提供不同服务对物理资源进行管理，包括数据的权限控制、配额管理以及磁盘空间管理等。SE 是存储模型的核心实体，用来描述负责存储资源服务的信息。作为存储资源模型的核心概念，在虚拟层面，存储资源被抽象于资源区域，AccessControlBase.Rule 属性值来为某个虚拟组织提供专属的存储服务，其中，AccessControlBase.Rule 通过控制存储资源的访问位置的可见性，来实现存储资源的访问控制。

② Host。

Host 是文件分布式存储的最终载体，可以看成存储系统的最小单位，所有 Host 资源对外呈现普适性视图，属性只刻画本身的存储属性及访问属性。在文件系统方面，与相应的 Element 保持一致。

(4) 数据资源模型

数据资源模型由准确高效的数据访问服务端、灵活便捷的数据库映射工具以及可自动生成的 Web 检索前端构成。对外提供统一的数据访问接口，屏蔽分布式环境中数据资源的多样性和异构性，消除数据孤岛和信息孤岛，实现底层数据库数据资源的集成与共享。数据资源结构上，设立局部管理 Element，对于同一个数据库源，存在一个核心数据库，同时若干个影子数据库，作为核心数据库的多访问入口的实体。同时，核心数据库会在一定的事件驱动下，启动同步操作，使得影子数据库和核心数据保持数据一致性。

① Data Element(以下简称 DE)。

建立在数据源上的代理服务，管理对内部 Host 的访问，验证访问者身份，同时负责核心数据库和影子数据库的同步。

② Host。

数据访问请求的相应实体，若为核心数据库，则记录影子数据库的信息，在某事件驱动下会向影子数据库发出同步操作命令；若为影子数据库，则记录其唯一核心数据库的信息，响应核心数据库发出的同步命令，更新内部数据。影子数据库和核心数据库的角色划分是互斥的，即一个 Host 只能在核心数据库和影子数据库中选择其一，且一个 Host 只能选择一个数据库连接作为其核心数据库。

(5) 应用资源模型

应用资源是指应用程序的表现形式，用来实现对应用程序的访问、管理、控制。应用资源应使得在不修改本地运行环境或文件系统的基础上进行应用的部署。一个 AE(Application Element)就代表了一个应用资源的入口，该 AE 会被赋予这种应用所需要的各种资源信息，包括硬件资源和软件资源。从用户的角度看，所用的应用资源都是通过 AE 体现，用户可以通过访问 AE 来使用网络上的应用资源。本地资源管理系统可以赋予 AE 一组具体策略，使得不同用户组看到的 AE 状态是不一样的，通过引入 VOView 这一实体概念来实现这种机制，通常是每一个 VO 对应一个 VOView 实体，VOView 定时向用户或者 VO 报告 AE 的状态，当用户或 VO 的授权信息和 AccessControlBase.Rule 属性中的值相匹配时，用户和 VO

就可以按照 VOView 所报告的 AE 状态来使用该 AE 所对应的应用资源。

本方案将与系统无关的资源特性进行抽象分类，对资源信息中易于被量化的部分进行属性归类，根据其功能特点建立成四个不同的描述资源模型，用于进一步的构造应用。

2.1.2　资源构造方案

在对海量信息资源进行描述组织之后，还需结合这些资源描述模型进一步对资源信息进行聚合操作，以实现一定程度的资源共享。

在以开放网格服务体系结构为代表的服务虚拟化方法中，应用被封装成服务，利用分布式框架将任务分散到服务实例中。服务虚拟化同样允许应用开发者将不同应用领域的服务作为组件，这些组件能被重新组合以适应高层需求的变化。在依照资源描述模型对资源构造时，正是借鉴了这一思想，将所有资源访问方式都以服务的形式发布。使得应用资源能够共享或独享硬件资源和单一操作系统，软件划分能够映射软件组件到平台资源，并且允许应用组件之间彼此隔离。资源访问接口服务化使得应用从硬件中分离，从而消除了可扩展性问题和其他的硬件限制，与此同时，它还提供灵活性以适应新的高层要求。

为了实现对资源端的访问、控制和管理，需在资源端部署虚拟资源客户端，其主要目的是封装对资源的全部操作，对外提供统一的访问接口，同时对上层模块提供操作命令，允许高层模块有限地控制资源端，主要包括开启资源服务、停止资源服务、中断正在进行的资源操作。

2.1.3　具体实施方案

本方案在计算、存储、数据、应用资源模型的基础上，从开发环境、系统架构、管理控制模块、模块内部结构以及虚拟、计算、存储、数据资源客户端等几个方面来实现资源操作的封装性。

(1) 方案开发环境

操作系统：Windows XP Professional SP3。

编程平台：集成开发环境为 MyEclipse 6.0，采用 Java 语言编写，支持的 JDK 版本包括 JDK1.4.1、JDK1.4.2。

数据库管理系统：MySQL 5.0。

服务器运行环境：采用 Tomcat 6.0 及 XFire 库作为跨域资源服务的服务器运行环境。

(2) 系统架构

考虑到跨域、跨平台的特点，选择使用 SUN 公司的 Java 语言作为编程语言。鉴于 Java 语言优良的跨平台性，可以很好地解决系统异构性的问题，无论是 Win32 还是 Linux，都可以运行此管理系统。

将整个系统分为两部分，为集中式控制结构，分别是管理控制模块和资源客户端。其中，管理控制模块负责管理下属所有资源域的客户端，同时响应上层资源请求，并将资源请求发送至相应的资源客户端由其处理。为了保持与资源描述模型的一致，在资源 Element 和 Host 级别上均设有客户端，系统整体架构如图 2.5 所示。其中，CE_Client 为计算资源一级客户端，CHost_Client 为计算资源二级客户端，DE_Client 为数据资源一级客户端，DHost_Client 为数据资源二级客户端，SE_Client 为存储资源一级客户端，SHost_Clinet 为存储资源二级客户端。

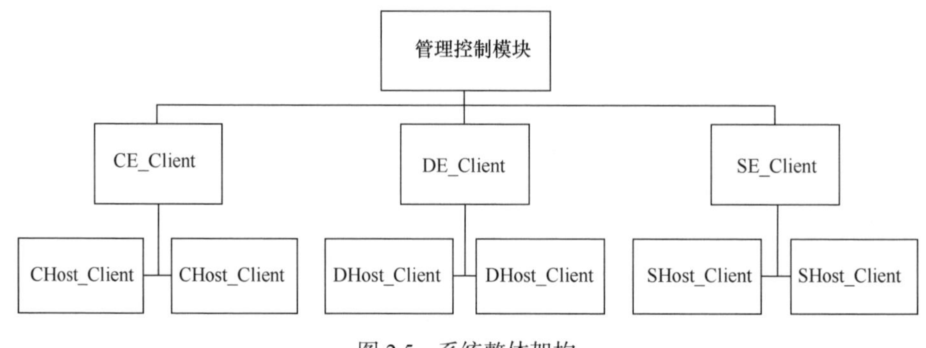

图 2.5　系统整体架构

(3) 管理控制模块

管理控制模块是系统的核心模块，其负责下属资源客户端的管理控制，以及底层模块和高层子系统的通信。管理控制模块具有以下功能。

① 提交创建新应用程序(资源)，管理控制模块记录应用程序的部署信息。记录成为某一应用程序的开发人员，这样，这些人员就可以上传代码的新版本。

② 查看访问数据和错误日志，并分析访问量。

③ 查看所有资源的状态信息，并提供手工更新信息的接口。

④ 查看应用程序的计划任务的状态。

⑤ 测试应用程序的新版本，并切换用户看到的版本。

相应的模块结构如图 2.6 所示。

(4) 模块内部结构

其模块在实现时，均采用了单实例多线程模式，既保证了各模块同步互斥访问资源信息库，同时，对于每一个资源请求，都产生独立的线程响应其请求。各子模块功能如下所述。

① 通信模块:负责管理控制模块和各客户端及资源请求端的通信,具体说来，可分为两部分，将资源访问信息按照一定的格式返回给资源请求端，使得资源请求端与资源端建立资源访问连接；访问资源客户端，收集必要的资源访问信息。

② 管理命令模块：向资源客户端发出管理控制命令。启动资源服务命令，资源状态为可用，使得资源可以响应资源请求；关闭资源服务命令，资源状态为不

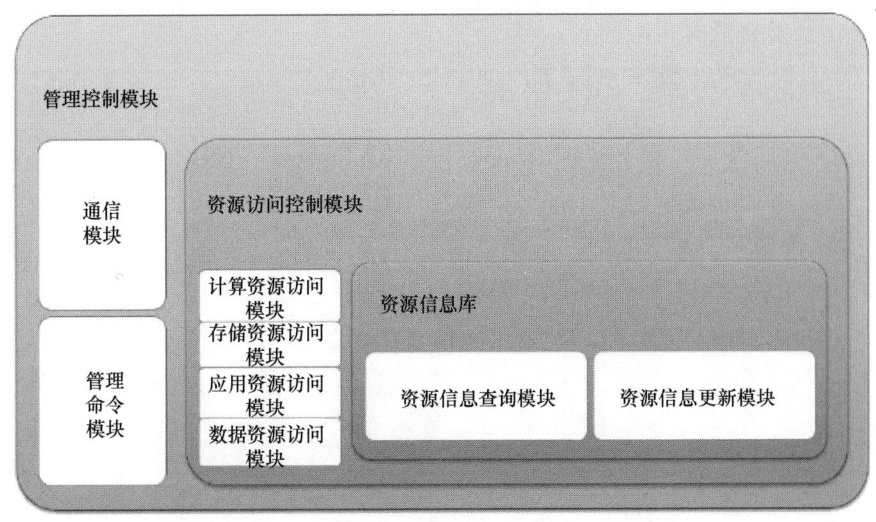

图 2.6　控制管理模块结构图

可用，使得资源不可被外界访问；终止资源访问命令，中断当前所有的资源访问连接，资源暂时进入不可用状态。

③ 计算资源访问模块：计算资源访问入口，通过资源信息查询模块，获取访问计算资源必要的信息，按照一定的格式返回给通信模块，以支持计算资源的调用。

④ 存储资源访问模块：存储资源访问入口，通过资源信息查询模块，获取访问存储资源必要的信息，按照一定的格式返回给通信模块，以支持存储资源的调用。

⑤ 应用资源访问模块：应用资源访问入口，通过资源信息查询模块，获取访问应用资源必要的信息，按照一定的格式返回给通信模块，以支持应用资源的调用。

⑥ 数据资源访问模块：数据资源访问入口，通过资源信息查询模块，获取访问数据资源必要的信息，按照一定的格式返回给通信模块，以支持数据资源的调用。为了防止资源信息库由于读写时序问题产生脏数据，所有针对资源信息的查询或修改都由两个模块完成，两个模块内部已设置了读写协调机制，因此不会产生脏数据。

⑦ 资源信息查询模块：依照资源查询请求，获取指定的资源信息，交由其调用子模块进一步处理。

⑧ 资源信息更新模块：依照资源更新请求，更新指定资源的相关信息，同时将更新操作的执行结果返回给其调用模块。

(5) 虚拟资源客户端

为了与资源描述模型中二级结构保持一致性，所有硬件资源的客户端均采用二级结构，一级客户端部署在 Element 节点上，二级客户端部署在 Host 节点上。

(6) 计算资源客户端

① 计算资源一级客户端(以下简称 CE_Client)。

CE_Client 由如下功能模块组成：通信模块、应用动态部署模块、超时监控模块、资源调用模块、本地信息库(Local Information Base，LIB)操作模块、监控模块。其中，本地信息库包含了计算资源客户端的配置文件，以及下属的 Host 信息表，其内部结构图如图 2.7 所示。

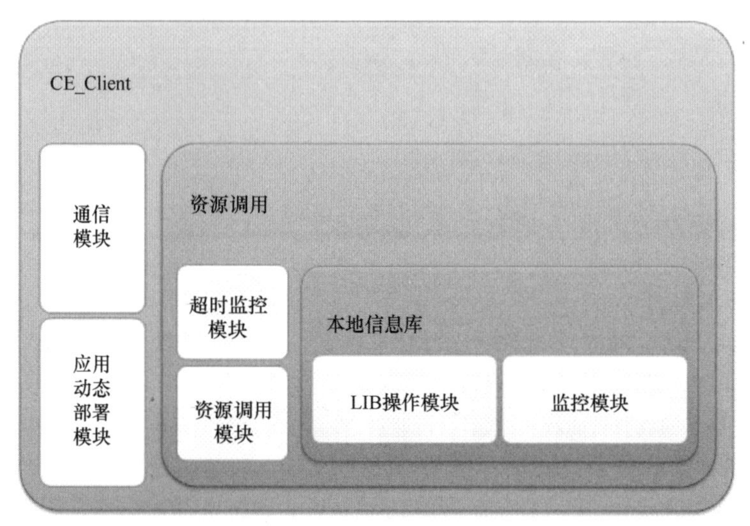

图 2.7　计算资源一级客户端(CE_Client)内部结构图

(a) 监控模块：CE 是一个独立自治区域，其内部结构对外是透明的。自治性隐含着 CE 域内可以处理内部节点结构的变化，具有自主控制处理能力。其内部结构记录于 XML 配置文档中，便于监控模块对该文档进行修改。当监控模块接收到上层控制管理系统发出的监控命令时，解析内部结构文档，将内部节点拓扑结构发送给上层控制管理系统，以便其进行其他操作。

(b) 资源调用模块：资源调用模块是整个 CE_Client 客户端的核心模块，该模块位于 CE_Client 的最底层，负责直接调用应用资源，并向上层返回调用结果，失败则返回失败原因。由于某些应用本身运行时间较长，调用方可能会误判断 CE 服务器宕机。为了避免该类错误，资源调用模块内含一个超时监控子模块，该模块的作用是定时向资源端发送测试消息，若该消息发送失败，则本次应用资源调用过程直接结束，否则等待应用运行完毕或再次发出测试消息。

超时监控模块：依照 Host 属性中的 State.WorstResponseTime 值，作为监控的时间量度，若在此值内没有资源调用结果返回(不论返回状态为成功或失败)，则向 CHost_Client 客户端发出测试信息。该测试消息的消息体为空，因此当一个 CE

内部出现多次资源调用时，避免了因频繁发送测试消息而造成带宽浪费。根据测试消息的返回状态，CE_Client 可以判断 Host 是否宕机，以此来降低上层资源调用的盲等时间。

资源调用模块：资源调用模块利用简单对象访问协议(Simple Object Access Protocol，SOAP)对应用资源进行访问，并将资源调用状态及调用结果返回上层模块。

(c)通信模块：为了实现资源位置的透明性，资源请求均被发送至管理控制系统，由其为资源请求指明确定的资源访问位置，而这一通信过程不能被资源请求发送端所捕获，因此，资源请求操作中涉及资源位置的信息均不对用户开放。在资源请求被资源端响应的过程中，CE_Client 通过通信模块，将本次资源调用过程信息发送至管理系统，同时，管理控制模块可以发送控制命令至资源端，终止本次资源请求，并向资源请求端返回失败信息。除此以外，其他所有模块与控制管理系统的通信信息均由通信模块处理。

(d) 应用动态部署模块：支持应用资源的动态部署，也可以理解为应用资源的动态提交过程。该模块支持远程部署应用资源，并能服务端自动开启该应用。同样，为了保证资源位置的透明性，动态部署请求只涉及所申请 CE 资源的性能要求，在部署过程中，管理控制系统会根据资源申请而选择合适 CE 资源部署其应用，并通过通信模块将应用的部署信息发送至控制管理系统。

(e) LIB 操作模块：由于 CE 内部实现自治管理，所以所有 CE 管理信息均放在本地，形成 LIB，为了增强该库的可操作性与可移植性，选择 XML 作为 LIB 的存储方式。考虑到 LIB 的重要性，因此所有针对 LIB 库的读写操作均由 LIB 操作模块统一完成，这样就实现了对 LIB 信息的集中式管理。对于 LIB 的读写操作均在线程级别上完成，同时设定读写操作的互斥性，这样既增强了 LIB 库读操作的并发性，又保证了 LIB 数据的完整性及正确性。

② 计算资源二级客户端(以下简称 CHost_Client)。

CHost_Client 是应用资源提交过程中的最底层模块，直接负责资源在计算资源服务器上的部署，同时可以接受 CE_Client 的命令，完成对资源的卸载、启用、停止等操作，其内部结构图如图 2.8 所示。

(a) 通信模块：与 CE_Client 模块通信，接收 CE_Client 的控制命令，同时发送本地 Host 节点信息。

(b) 应用动态部署模块：该模块是 CE_Client 应用动态部署模块的下层模块，负责将应用资源部署到 Host 计算节点上。

(c) 管理命令响应模块：解析 CE_Client 发送的管理命令，并根据命令做出响应来改变计算资源 Host 节点的状态，包括停止或开启计算资源 Host 节点，停止或开启部署在其节点上的应用资源，中断应用资源对外的全部连接。

图 2.8　计算资源二级客户端(CHost_Client)内部结构图

(7) 存储资源客户端

① 存储资源一级客户端(以下简称 SE_Client)。

SE_Client 读取、存储位于该域能力范围内的文件资源，完成域内文件的分布式存储和读取。SE_Client 由如下功能模块组成：通信模块、元数据管理模块、资源调用模块、LIB 操作模块、监控模块。其中，本地信息库包含了存储资源客户端的配置文件，下属的 Host 信息表。其内部结构如图 2.9 所示。

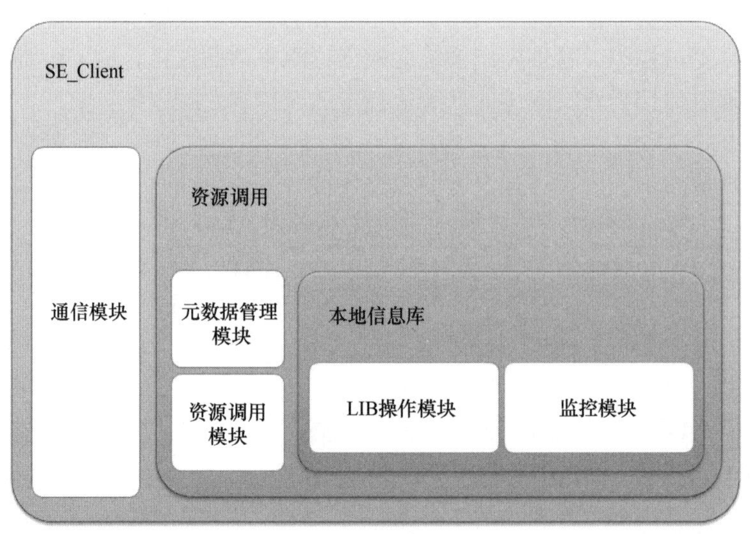

图 2.9　存储资源一级客户端(SE_Client)内部结构图

(a) 监控模块：与计算资源一级客户端中的监控模块类似，当其接收到上层控制管理系统发出的监控命令时，解析内部结构 XML 文档，将内部节点拓扑结构发送给上层控制管理系统。

(b) 元数据管理模块：元数据管理模块管理着整个 SE 内部元数据和对象数据的布局信息，负责系统的资源分配和网络虚拟磁盘的地址映射，其可以完成对整个存储系统的配置和运行的管理。另外，元数据管理模块通过冗余管理软件来实现普通存储节点之间的数据冗余关系，并为资源请求提供合理的资源分配方案。在文件传输过程中开启多线程并发传输文件。

(c) 资源调用模块：资源调用模块是整个 SE_Client 客户端的核心模块，该模块位于 SE_Client 的最底层，负责直接调用应用资源，并向上层返回调用结果，失败则返回失败原因。在其调用过程中，必要的通信信息由通信模块发出。其工作模式为一对多模式，即根据元数据管理模块提供的资源分配方案，一个 SE_Client 同时调用多个 SHost_Client 端，并发地完成文件资源的读写操作。其中，每个 SHost_Client 都是独立的存储设备，负责对象数据的存储、备份、迁移和恢复，并负责监控本地存储设备的运行状况和资源情况。除此以外，存储资源还可以作为应用资源中间数据的存储载体。在传输中，SE_Client 一对多响应资源请求，具体说来，就是一个 Element 对应多个 Host。

(d) 通信模块：与计算资源一级客户端中的通信模块类似，在资源请求响应过程中，SE_Client 通过通信模块，将本次资源调用过程信息发送至管理系统，同时，管理控制模块可以发送控制命令至资源端，终止本次资源请求，并向资源请求端返回失败信息。

(e) LIB 操作模块：与计算资源一级客户端中的 LIB 操作模块类似，所有 SE 管理信息均放在本地，形成 LIB，并使用 XML 作为 LIB 的存储方式。所有针对 LIB 库的读写操作均由 LIB 操作模块统一完成。

② 存储资源二级客户端(以下简称 SHost_Client)。

SHost_Client 是调用存储资源流程中的最底层模块，负责数据的直接存储及读取。其内部结构如图 2.10 所示。

图 2.10　存储资源二级客户端(SHost_Client)内部结构图

(a) 通信模块：与 SE_Client 模块通信，接收 SE_Client 的控制命令，同时传送本地 Host 节点信息。

(b) 存储资源读写模块：负责直接读写存储资源，若文件为分布式存储，每一个 Host 节点接本地资源读取完毕后，需在 SE_Client 上集成后再送至资源请求端。

(c) 管理命令响应模块：解析 SE_Client 发送的管理命令，并根据命令做出响应来改变存储资源 Host 节点的状态，包括停止或开启存储资源 Host 节点，中断应用资源对外的全部连接。

(8) 数据资源客户端

① 数据资源一级客户端(以下简称 DE_Client)。

数据资源客户端和 API 使用者建立端对端连接，系统可监控该连接过程，并可以在一定程度上终止该连接。数据资源仅仅是一个多级处理系统，而不是真正意义上的分布式数据库，即资源请求不能直接由 DHost_Client 完成，而是由 DE_Client 进行资源调度后将请求转发。DE 中存在的数据库，在多个 DHost 上都有备份，从而提高数据库接收数据操作请求的能力。这里，将源数据库称为“核心数据库”，而将备份数据库称为“影子数据库”。DE_Client 由如下功能模块组成：通信模块、同步模块、资源调用模块、LIB 操作模块、监控模块及本地信息库。其中，本地信息库包含了计算资源客户端的配置文件，下属的 Host 信息表。监控模块(Host 信息收集)SE 是一个独立自治区域，其内部结构对外是透明的。自治性隐含着 DE 域内可以处理内部节点结构的变化，具有自主控制处理能力。其内部结构记录于 XML 配置文档中，便于监控模块对该文档进行修改。当监控模块接收到上层控制管理系统发出的监控命令时，解析内部结构文档，将内部节点拓扑结构发送给上层控制管理系统，以便其进行其他操作。

(a) 同步模块：DE 内 Host 上的数据库是其中一个核心数据库的备份，因此对于核心数据库的所有写操作均会被发送至同步模块，同步模块向数据库发送相应的命令更新影子数据库。同时，该模块的读写操作由一组互斥的线程操作完成，既保证了操作的效率又保证了操作的正确。

(b) 资源调用模块：调用数据资源流程中的底层模块，负责数据查询命令的执行，具体执行交由数据资源二级客户端完成。

(c) LIB 操作模块：与计算资源一级客户端中的 LIB 操作模块类似，所有 SE 管理信息均放在本地，形成 LIB，选择 XML 作为 LIB 的存储方式。所有针对 LIB 库的读写操作均由 LIB 操作模块统一完成。

(d) 通信模块：与计算资源一级客户端中的通信模块类似，在资源请求被资源端响应的过程中，DE_Client 通过通信模块，将本次资源调用过程信息发送至管理系统，同时，管理控制模块可以发送控制命令至资源端，终止本次资源请求，并向资源请求端返回失败信息。

② 数据资源二级客户端(以下简称 DHost_Client)。

(a) 通信模块：与 DE_Client 模块通信，接收 DE_Client 的控制命令，同时传送本地 Host 节点信息。

(b) 同步模块：核心数据库的同步模块向 DE_Client 发出同步请求，DE_Client 会向其所有的影子数据库发出同步数据指令，同时返回影子数据库信息，核心数据库与影子数据库建立连接。影子数据库的同步模块负责接收更新数据，并对本地数据库进行更新。

(c) 管理命令响应模块：解析 DE_Client 发送的管理命令，并根据命令做出响应来改变数据资源 Host 节点的状态，包括停止或开启数据资源 Host 节点，中断应用资源对外的全部连接。

(d) 资源调用模块：调用数据资源流程中的底层模块，负责数据查询命令的执行。

在利用网络服务技术框架对资源操作构造统一访问接口之后，还需开发新的访问工具实现对这些信息资源的访问，以便管理。下面给出具体的开发方案。

2.1.4 SDK 开发包

为了实现对资源的受控访问及二次开发，对资源的访问可以通过系统提供的 API 实现，这些 API 共同形成了资源 SDK 开发工具。

(1) 计算资源 API

① 访问控制：用户通过 API 发出资源请求时，该请求不会被送至资源端，而是被发送至子系统，子系统通过管理控制核心模块，为本次请求选择合适的资源，并将资源调用的详细信息返回至 API 端。随后 API 端根据系统返回信息，向资源端发送资源请求。这样就保证了资源访问由子系统控制，用户不用关心资源的具体位置，一方面增强了 API 的可用性，另一方面保证了资源的访问控制。

② 队列管理：将资源请求放至其目标资源请求队列中，该队列分为执行队列和等待队列。每个计算资源都有可以承受的最大任务数，因此一旦执行队列大小超过最大任务数，该请求会被放至等待队列中，若等待队列大小超过最大任务等待数，本次资源请求返回失败信息。当资源请求被发出时，API 端不会马上与资源端建立连接，而是选择监听一个特定本地端口，当资源请求被执行时，才与资源端建立连接，否则，持续监听该端口。

③ 资源调用：通过 API 提供的资源调用函数，可以调用使用者权限范围内的所有应用资源，且通用接口统一，调用过程中的通信及调度过程均由 API 内部函数完成，对使用者透明。

(2) 存储资源 API

① 访问控制：与应用资源 API 的访问控制相同，用户通过 API 发出资源请求时，该请求被发送至子系统，子系统通过管理控制核心模块，为本次请求选择合适的资源，并将资源调用的详细信息返回至 API 端。

② 资源分配：根据资源请求信息，子系统管理控制模块选取合适的存储资源集构成资源分配方案，并将分配方案返回，构成本地资源分配方案，由此派发资源调用请求。

③ 资源调用：根据本地资源调用方案，多线程地实现存储资源调用。具体说来，若为存储文件操作，依照资源调用方案，分割文件，将每个文件块建立不同连接，多线程发送文件；若为读取文件，依照资源调用方案，先建立不同连接，多线程回收临时文件块，然后依照顺序拼接成完整文件，删除临时文件块。

(3) 数据资源 API

① 访问控制：与应用资源 API 的访问控制相同，用户通过 API 发出的资源请求会被发送至子系统，子系统通过管理控制核心模块，为本次请求选择合适的资源，并将资源调用的详细信息返回至 API 端。

② 资源调用：资源调用 API 完成基于 JDBC 访问数据库的安全控制，能够支持多种数据库的访问，提供一个 SQL 语言中 Select 子集的本地访问控制。通过修改影子数据库的配置属性提供对角色、库、数据表、字段和过滤条件的维护。另外，便于用户维护访问控制策略，实现多种数据库和文件资源的本地授权。

(4) 应用资源 API

① 上传应用程序：如果用户使用的是 Web 浏览器，则可直接从 Web 页面上传应用程序。根据用户提出的计算资源描述需求，系统选择合适的计算资源部署应用。还可从命令提示符上传应用程序。用于运行的命令位于 SDK 的 tools/bin/upload.jar 目录中。

② 更新索引：当使用 update 操作上传应用程序时，更新将包括应用程序索引配置(CEDoc.xml 文档)。如果索引配置定义了描述文件中还不存在的索引，则控制管理模块将创建此新索引。创建索引可能需要一些时间，时间长短取决于数据存储区中已存在的需要编入新索引的数据量。如果应用程序执行需要索引的查询但该索引还未构建完成，则该查询将引发异常。要防止出现该问题，必须确保在索引构建完成之前,要求新索引的应用程序的新版本不是应用程序的活动版本。其中一种做法是，每当用户在配置中添加或更改索引时，即在 CEDoc.xml 文档中为应用程序指定一个新版本号。应用程序将以新版本上传，不会自动变成默认的版本。当索引完成构建时，可使用管理控制台的“版本”部分将默认版本更改为新版本。

以上通过对信息资源属性归类且根据功能类型给出了四种资源描述模型，并在此基础上进行资源构造，为资源访问提供统一接口，实现一定程度上的资源共享；给出实现资源访问的开发工具及方案，并满足资源整合与二次开发，由此构成了海量异构资源的组织、聚合与管理模型。

2.2 资源分配系统与方法

跨域资源的特点有异构性、分布性、自治性和数量的庞大性。如今的互联网越来越提倡用户的个性化，所以跨域资源对于用户选择性透明，即不是完全透明的，用户拥有极大的自主性，这是由于考虑了用户需求偏好的个性化。基于这些特点，一些传统的资源分配和任务调度的方法面临不少新问题。首先，传统的任务调度结构中，用户的自主性是极少的，例如，Vega Grid 调度系统以用户满意度为目标进行调度，但是仅统一地使用服务质量尺度来衡量还是缺少用户的个性化目标；其次，传统的调度系统采用三层架构，即用户层、代理层和资源层，所有的用户作业请求都是通过代理层进行调度，这样在资源很充足的情况下，由于用户的请求密集，代理层就成为了系统的瓶颈。所以本方案就是为了弥补传统方法在本体系结构中的不足，而提出的资源分配与调度方法[8-17]。

2.2.1 技术方案

鉴于现有的资源分配方法的不足，本方案提供了一种资源分配系统及方法，提出了相对于传统显代理的一种新的方法——隐代理，为资源共享与协同服务平台提供了一种有效的资源分配方法，能使用户更自主方便地使用平台中的跨域资源。

1. 隐代理体系结构

隐代理模型如图 2.11 所示。它将传统的集中式代理层摒弃了，不同于传统的

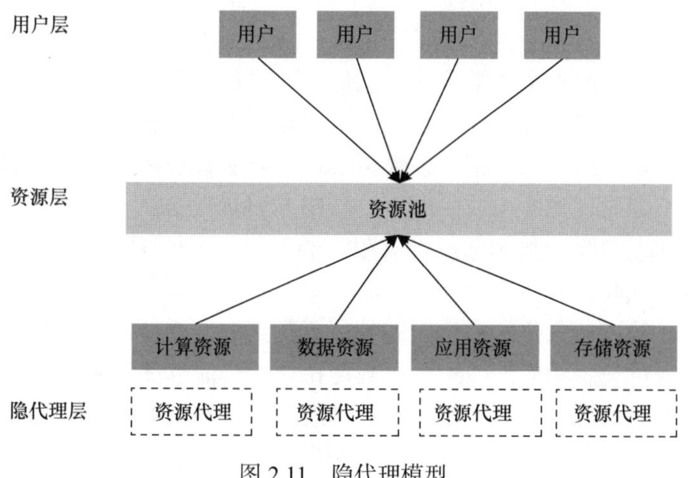

图 2.11　隐代理模型

通过代理层进行资源的分配，用户可以在资源池中主动抓取所需的不同资源来满足个性化需求，每个不同的资源上都有一个自身资源代理，其作用是进行并发的协作处理，当多个用户并发地使用同一个资源时，资源代理就将进行处理，避免资源出现死锁现象。

2. 资源代理结构

资源代理存在于每一个资源上，用于处理多用户并发问题，当用户并发请求同一资源时，首先会通过代理互斥将请求写入一个请求队列中，在代理中存在一个监听器，实时监听队列变化，当队列非空时，依次从队列中取出，如图 2.12 所示。

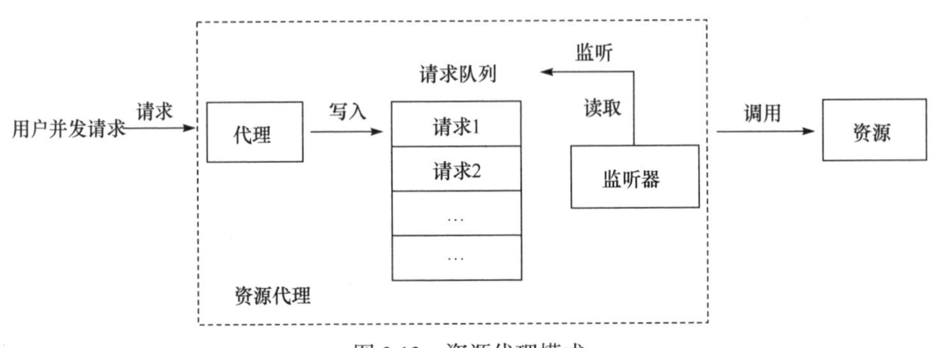

图 2.12　资源代理模式

2.2.2　具体实施方案

考虑到跨域、跨平台的特点，选择 Java 语言作为编程语言。

在状态信息采集方面，选择了开源社区的 sigar 开发包，利用此开发包可以方便、高效地采集节点各种各样的状态信息。同时利用其内置的多个原生代码库，可以实现在不同的操作系统上采集状态信息，屏蔽了系统的异构性。

信息传输方面，采用了 Socket 和组播 UDP 相结合的方式， 利用组播可以在局域网内方便地传送信息，而不必像 Socket 一样去设置相应的地址和端口。但同时考虑到由不同局域网所组成的域需要借用 Socket 的方式相互通信，需要实现相应的 Socket 通信功能。故本系统具有很高的灵活性，既可以在同一个局域网内使用，也可以跨域监控。

通信协议使用对象化的方法，即将所采集到的性能指标全部封装在一个协议对象中，并通过设置相应的 getter 函数使得域代理能够获得协议对象中的性能指标。这样，性能指标数据和数据解析就都放入到了协议对象中，协议数据的生成和数据的解析都由协议对象负责。同时借用了 Java 中的对象序列化方法来传输生成的协议对象。

域代理所使用的本地数据库和全局信息服务所使用的中央数据库采用了不同的实现技术。本地数据库使用了 JDK 内置的 Java DB 数据库，它是一个开源的小型 SQL 数据库(Derby)，优点是体积小，可以嵌入到程序中。在所有安装了 JDK 6.0 以上版本的系统中都可以方便地部署和运行，并且拥有优良的性能。中央数据库则使用了 MySQL 来处理更大规模的数据。

每个节点机上部署主机传感器，它们主要有三项任务，由三个线程共同完成，流程图如图 2.13 所示。采集数据线程按每个性能指标中的采集方式进行数据采集，然后将信息放入缓存区；同时，性能指标封装线程把这些信息包装成符合通信协议的通信对象，由发布线程周期性地发送给局域网内的传感器管理员；传感器管理员一旦监听到网络上的数据包，将其解析后保存到和域代理相联系的本地数据库中。

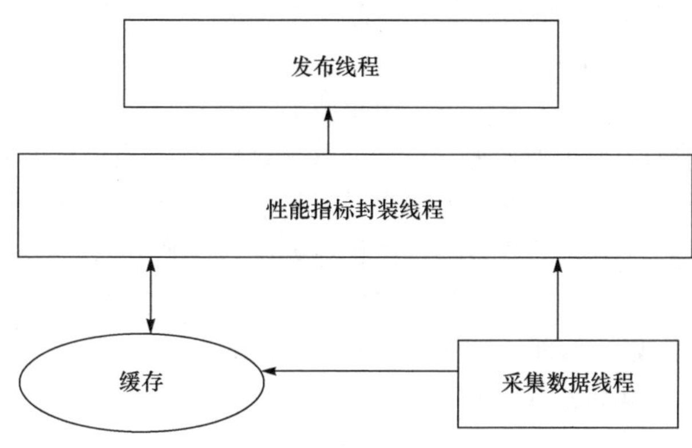

图 2.13　节点信息采集实现模块

2.3　资源监控系统与方法

网络资源监控系统负责管理计算环境中各种资源(计算、网络、存储、仪器等)的静态和动态信息，例如，网络中各个节点当前的状态，包括主机 IP 地址、操作系统、CPU 利用率、物理存储器和虚拟存储器的使用情况、网络数据传输带宽、数据库、服务器等相关信息。其目标是对网络环境中的各种地理上分散的、动态加入或离开虚拟组织的资源进行透明地访问，并对各种资源的运行状态进行统一监控和管理。

目前国外代表性的监控工具有以下几种。

MDS(Monitoring and Discovery Service)：监控和发现服务是 Globus 项目用来支持网格计算环境下资源信息的发现、选择和优化。它提供一套工具和应用程序接口用于发现、发布和访问计算网格中的各种资源信息。R-GMA(Resource-Grid

Monitor Architecture)：是欧洲数据网格项目中开发的一个网格信息服务和监控系统。它最大的特点是采用了传统强大、灵活的关系模型来实现。该系统被用于网格信息服务和应用监控服务两个方面。GRM(Globus Resource Monitor)：是一个半在线监控器，它收集在异构的分布式系统中运行的应用程序信息，并把收集的信息发送到可视化工具。信息可以是事件跟踪数据或者应用程序行为的统计信息。半在线监控是指在应用程序执行期间，用户可以请求任何可得到的跟踪数据并且监控器能够用合理的时间收集数据。GRM 用来监控应用程序性能，它能够处理大量数据，但不支持传感器管理。

本方案面向的情况是“虚拟超市”环境下的分层资源管理架构，上述监控工具均不适合此类情况，表现为以下几点：①基于“虚拟超市”的资源共享与协同服务平台上，计算任务均使用 XML 描述。上述调度器无法解析平台中的 XML 文档。②在“虚拟超市”平台上，上述监控工具难以与系统的调度模块和信息管理模型相结合，进而无法利用平台所提供的任务管理功能和网络资源信息。③“虚拟超市”所采用的资源描述协议与上述监控工具所采用的不兼容。

鉴于现有的监控工具及方法的不足，本方案提供了一种新的基于代理的网格资源监控系统及方法。为“虚拟超市”资源共享与协同服务平台管理人员提供了一套对“超市”各域中成员节点的工作状态进行监控的工具，同时也构造了一个基于代理的多层次的监控环境，在“虚拟超市”环境中实现了对各资源节点进行状态信息采集、汇总、整理、存储以及显示的功能。

资源监控模型如图 2.14 所示。

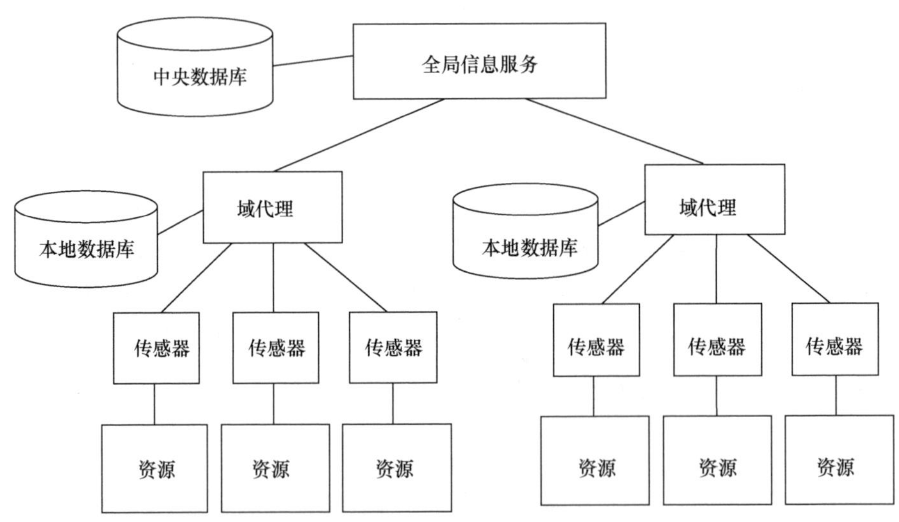

图 2.14　资源监控模型

资源监控系统整体从结构上分为三个层次，分别为全局信息层、域代理层和节点信息采集层。位于同一管理域内的节点组成一个节点域，每个节点域都有一个域代理(Domain Agent，DA)以构成域代理层。位于节点信息采集层中的每个节点上安装传感器，将其监控数据发送到 DA，DA 利用元数据标准对节点域内的资源信息进行元信息提取分类，并把这些元信息写入信息中心服务器，信息中心服务器只记录域服务器的元信息，也就是域代理包含的节点基本信息，如资源名称、资源类型、资源地址等，可以使信息中心服务器掌握全局信息。这样，域代理负责一个区域内的资源，监控该区域内各传感器提供的监测信息并存储到本地数据库中，为用户提供局部监控视图；全局信息服务负责对各域代理的监控和管理，以及全局信息的存储，为用户提供全局监控视图。模型中采用状态信息的本地存储，将网格资源的状态信息尽量存储在本地数据库中。通过对资源监测数据的分层管理，减少了用户访问监测信息所需的性能开销，同时避免了因个别域失败而造成整个网格系统的瘫痪。

1. 节点信息采集层采集资源状态信息

通过定时读取系统参数获取系统数据，并通过通信接口将所测量的当前系统软件信息传递给域代理中的传感器管理器，通信方式采取 Socket。所需要监控的数据主要包括中央处理器使用情况、系统内存容量及使用情况、系统交换区大小及使用情况、磁盘使用情况以及应用程序运行的状态。

2. 域代理层汇总、显示、传输资源状态信息

域代理管理着该域内所有节点的状态信息。每隔一个采集周期，节点信息采集层会将其每个节点的当前状态信息发送给域代理，域内成员的状态信息会显示出来，同时更新本地数据库中相应节点的状态信息，并整理出当前最新数据集合后传递给位于全局信息层的中央数据库。

2.4　小　　结

为了实现对网络资源更好的共享与综合利用，本章提出了资源管理与优化的“虚拟超市”技术与方法体系，具体包括资源的统一构造与管理、资源的分配与调度以及资源状态的统一监控和管理等。首先，我们设计并实现了一套统一资源描述模型，该模型包含资源的信息说明、发布类型、所含元素以及可选架构，以便资源开发者提供的资源可以有效地被其他应用所使用。根据资源属性和功能进行分析，可将其分为四类，分别为计算资源模型、存储资源模型、数据资源模型以

及应用资源模型。为了便于控制和管理，我们把各种类型的资源抽象成为两层结构，每一个资源集合被抽象成 Element，下属的不同资源被抽象成 Host。在此基础上，我们利用 Web 服务技术框架实现了对资源本地操作的有效封装，对外提供统一的访问接口和相关资源开发的 API，可以根据不同层次的需求，对资源进行整合或二次开发。整个框架系统采用集中式控制结构，分别由管理控制模块和资源客户端两部分构成。其中，管理控制模块负责管理下属所有资源域的客户端，同时响应上层资源请求，并将资源请求发送至相应的资源客户端进行处理。其次，本方案针对传统方法用户自主性低、代理层负载较大等问题提出了一种资源分配方法，通过摒弃掉传统的集中式的代理层，用户可以在资源池中主动抓取自己所需的各种资源，同时资源池为不同的资源提供了彼此独立的资源代理对象，通过请求队列和读写等待等策略避免了资源死锁问题的出现。最后，本章提供了一种新的基于代理的网络资源监控方法，负责监管计算环境中各种资源的静态和动态信息，并针对“虚拟超市”的运行背景，为“虚拟超市”资源共享与协同服务平台管理人员提供了一套对“超市”各域中成员节点的工作状态进行监控的工具和基于代理的多层次的监控环境。

参 考 文 献

[1] 蒋昌俊, 曾国荪, 陈闵中, 等. 交通信息网格的研究. 计算机研究与发展, 2003, 40(12): 1677-1681.

[2] Han Y J, Jiang C J, Luo X M. Resource scheduling model for grid computing based on sharing synthesis of Petri net//International Conference on Computer Supported Cooperative Work in Design, Coventry, 2005.

[3] Han Y J, Jiang C J, Fu Y, et al. Resource scheduling algorithms for grid computing and its modeling and analysis using Petri net//International Conference on Grid and Cooperative Computing, Shanghai, 2003.

[4] Jiang C J, Zhang Z H, Zeng G S, et al. Urban traffic information service application grid. Journal of Computer Science and Technology, 2005, 20(1): 134-140.

[5] Chen L, Jiang C J, Li J J. VGITS: ITS based on intervehicle communication networks and grid technology. Journal of Network and Computer Applications, 2008, 31(3): 285-302.

[6] Du Y Y, Jiang C J, Guo Y B. Towards a formal model for grid architecture via Petri nets. Information Technology Journal, 2006, 5(5): 833-841.

[7] 蒋昌俊, 曾国荪, 陈闵中, 等. 一种网格资源管理系统及管理方法: ZL200810038367.7. 2012.

[8] 蒋昌俊, 曾国荪, 陈闵中, 等. 网格环境下动态在线式任务调度系统及其调度方法: ZL200510110168.9. 2008.

[9] 蒋昌俊, 曾国荪, 苗夺谦, 等. 基于分布式体系结构的多元数据源交通信息融合方法: ZL200710039110.9. 2009.

[10] 郝东, 蒋昌俊, 林琳. 基于 Petri 网与 GA 算法的 FMS 调度优化. 计算机学报, 2005, 28(2): 201-208.

[11] 袁禄来, 曾国荪, 姜黎立, 等. 网格环境下基于信任模型的动态级调度. 计算机学报, 2006, 29(7): 1217-1224.

[12] 林琳, 蒋昌俊. 基于广义随机Petri网的交通信息系统建模与分析. 计算机学报, 2005, 28(1): 81-87.

[13] 支青, 蒋昌俊. 一种适于异构环境的任务调度算法. 自动化学报, 2005, 31(6): 865-872.

[14] 杜晓丽, 蒋昌俊, 徐国荣, 等. 一种基于模糊聚类的网格 DAG 任务图调度算法. 软件学报, 2006, 17(11): 2277-2288.

[15] 杜晓丽, 王俊丽, 蒋昌俊. 异构环境下基于松弛标记法的任务调度. 自动化学报, 2007, 33(6): 615-621.

[16] Yin F, Du X L, Jiang C J, et al. Directed acyclic task graph scheduling for heterogeneous computing systems by dynamic critical path duplication algorithm. Journal of Algorithms and Computational Technology, 2009, 3(2): 247-270.

[17] Ni L N, Zhang J Q, Yan C G, et al. A heuristic algorithm for task scheduling based on mean load on grid. Journal of Computer Science and Technology, 2006, 21(4): 559-564.

第三章　网络异构资源组织管理平台及环境

3.1　系统平台流程概述

系统的数据来源于两方面，一是平台底层虚拟资源所在域提供的信息(资源信息和服务信息)，二是 Web 浏览器服务请求信息。

① 平台扩展用户登录本平台，向系统平台提供其所在域注册信息，在系统内注册。

② 系统管理其注册的域信息，并统一管理该域内形成的虚拟资源和虚拟服务。

③ 从 Web 浏览器发来的请求由 Web 服务器接收，并转向服务处理单元接收处理。

④ 这些请求转发到任务管理器，由任务管理服务负责任务调度。通过查询服务注册表，查找相应服务(或计算程序)的位置等有关信息，获取相应可用资源信息后，启动本系统中的相应处理程序进行计算。

⑤ 被调度的任务所需的资源来自于资源管理器。资源管理器通过查询资源信息表获取相应的可用资源信息。

⑥ 相应的计算程序通过数据访问管理单元访问数据库或数据文件。

⑦ 计算结果由任务管理器负责把结果通过 Web 服务器转发到终端，并在终端上展示相应的服务结果。

系统管理与系统维护可获得系统软硬件(包括程序代码、数据及其位置、权限等相关信息)，可实现用户管理、代码管理、数据维护管理、资源(包括网络通信)等一系列系统管理和维护[1-3]。

3.2　平台总体架构设计

3.2.1　系统总体构建模型

系统的总体构建模型如图 3.1 所示。客户端的功能是接收系统最终用户的要求，通过统一服务调用与发布界面提交到系统，并将系统返回的服务处理结果以直观的形式展示给用户。

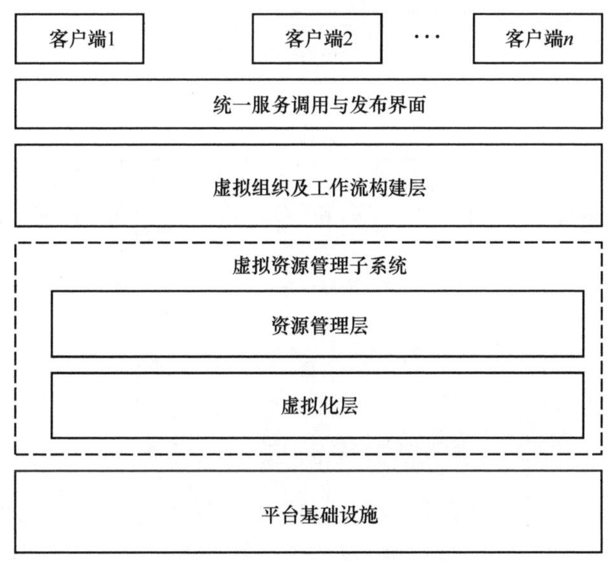

图 3.1 系统的总体构建模型

统一服务调用与发布界面为各种客户端提供统一的服务调用接口和反馈信息发布界面。

虚拟组织及工作流构建层，首先完成对用户任务的工作流拆分，然后由盟主依照需求在满足用户需求的域内建立起虚拟组织，同时对虚拟组织内的共享服务资源“无障碍”访问；成员可以动态加入和退出[4,5]。

虚拟资源与服务管理平台的各个功能子系统，典型服务如虚拟资源注册、虚拟服务注册等[6-16]。

平台基础设施向各种子功能系统服务提供资源请求接口、服务管理、安全服务等。

3.2.2 业务系统构建模型

跨域资源与服务管理平台业务系统构建框架如图 3.2 所示。整个业务系统在网格技术和相关标准规范的支撑下，分为五个业务层次，分别为虚拟资源采集层、虚拟资源整合管理层、基础服务层、服务整合层和应用表现层。

虚拟资源采集层实现跨域资源采集。实际(物理)资源具体采集设备由各域独立完成，采集过程对系统平台透明，但统一由平台封装成虚拟资源，然后提交虚拟资源管理平台管理。

虚拟资源整合管理层实现现有资源的集成以及异构数据的融合[17]。在此之上构建安全高效的分布式海量跨域信息存储系统，统一管理各域所提供的虚拟资源。

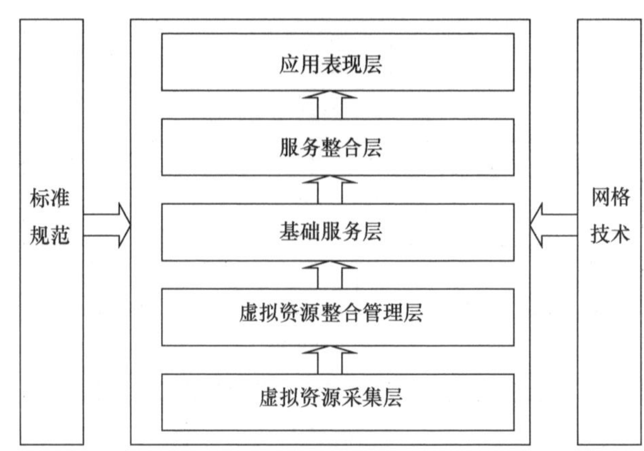

图 3.2　跨域资源与服务管理平台业务系统构建框架

基础服务层实现组件级的服务应用与网格底层功能服务模块的构建。利用已获取的海量虚拟信息,各相关域部门根据自身的特点和需要构建相关的功能组件,从而解决领域内的业务需要。

服务整合层从面向服务的思想出发，实现不同子系统的相关功能服务的动态整合，向不同用户提供按需分配的各种类型的动态信息服务[18-22]。

应用表现层主要向用户提供 Web 界面，便于普通用户提出自己的需求，同时允许域扩展用户在线扩展应用层服务。

3.2.3　系统总体框架

根据系统的需求与网格体系的层次结构，整个跨域资源服务管理系统划分为用户表现层、服务接口与信息发布层、业务管理与应用层、基础平台层、虚拟层与数据资源层六个层次，如图 3.3 所示。

用户表现层主要包括终端用户应用功能表现及其相应最终用户的功能界面。Web 浏览器客户端为本地瘦客户端，除了在浏览器安装应用插件外，不另外在本地安装应用程序。浏览器端从 Web 服务器端下载相应的 Web 页面来表现各种应用功能。

服务接口与信息发布层主要包括各种 Web 服务调用接口、Web 服务发布、用户认证与管理以及相应 Web 页面相关的信息发布服务。该层主要实现系统应用功能的服务整合功能，向外提供统一的服务调用接口。

业务管理与应用层主要实现高级服务组合功能，具体可以分为虚拟组织的建立及工作流的动态构建。

基础平台层主要包括全局资源管理、本地资源管理、全局服务管理、本地服务管理等几个部分。

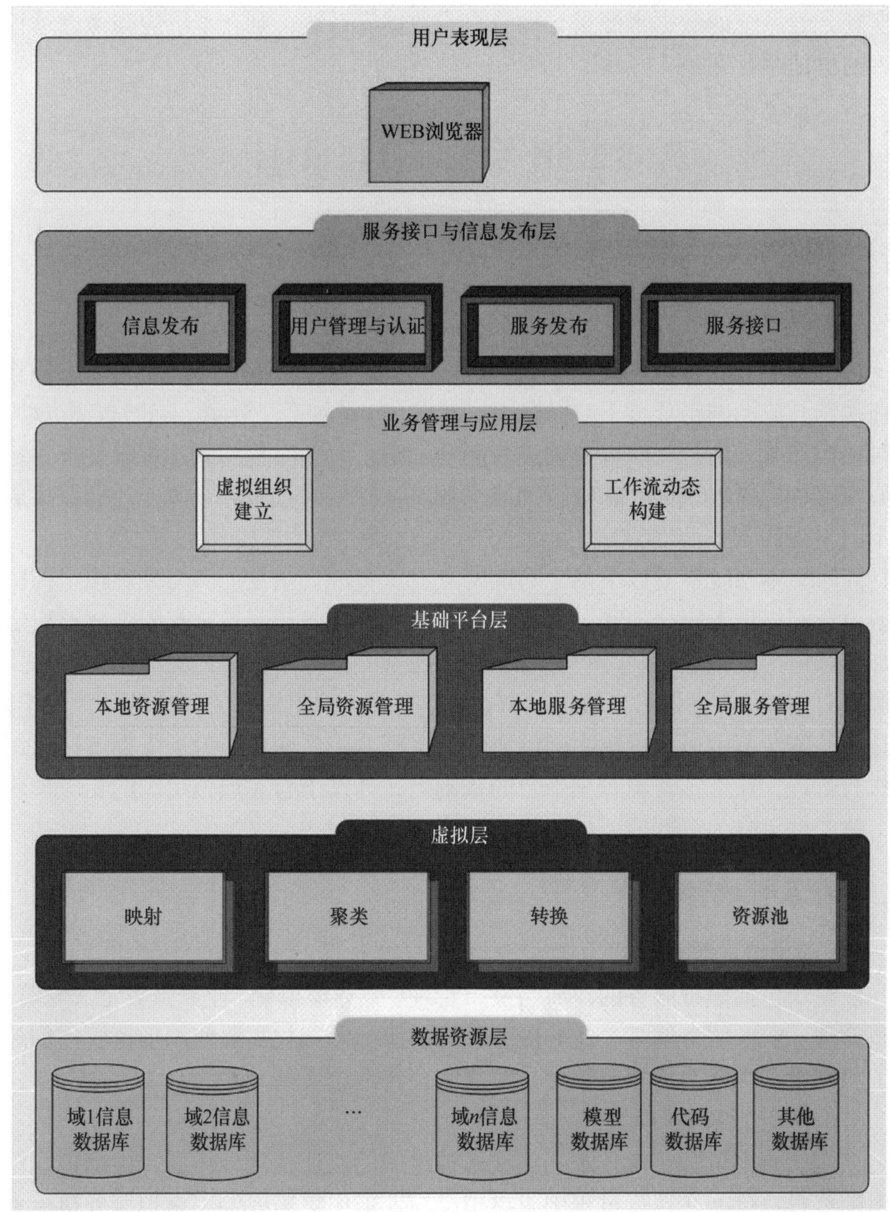

图 3.3 平台系统总体框架

虚拟层主要完成各功能域所提供资源的封装，对上层提供标准统一的接口。

数据资源层主要面向系统相应数据资源，包括各域资源与服务数据库、代码数据库等。在网格的大环境中，这些数据库可能是异构分布实现的。但在本系统开发的单网格节点环境中，这些数据库为本地同构数据库，并且是基于 Oracle10g

所实现。若系统的数据来源是异构分布式数据库系统，则在本层应当考虑远程数据库的本地缓存库。

3.3 平台功能模块设计

3.3.1 虚拟组织及工作流构建子系统

1. 子系统基本架构

虚拟组织及工作流构建子系统(以下简称为“虚拟组织子系统”)的主要功能是在动态开放的网格环境下，根据用户需求，构造动态工作流，同时按需、动态、即时地构建服务虚拟组织以协同进行问题求解。业务流程和服务资源是本系统的核心内容，具体表现为：在进行问题求解时，除了组合服务资源，还能够集成来自不同组织的业务流程。

同时，本系统应有以下两个功能特点：①资源自主性，参与到虚拟组织中的资源由资源提供者完全控制，资源提供者决定资源的访问控制权限并能够决定是否加入和退出虚拟组织。②目标驱动性，在某些任务来临时需要动态选取相关的资源即时集成，协同以进行问题求解，并且随着虚拟组织所要完成的任务的不同，所选择的资源范围以及资源之间的协作关系都会随之变化。为了支撑虚拟组织的运作与管理，在虚拟资源管理平台的基础上，开发了有关虚拟组织的相应模块。

整个框架分为三部分，如图 3.4 所示。

2. 子系统主要模块

(1) 虚拟服务管理模块

该模块包括虚拟服务的注册与发布管理、服务虚拟化、业务服务定义与管理、规范管理、Web 服务管理、业务服务管理和服务虚拟化需要使用规范管理创建的规范。其中，规范是虚拟组织中成员之间合作的语义基础。

(2) 虚拟组织构建模块

该模块使用聚合转换技术，完成虚拟组织的快速构建工作后，由虚拟组织使能引擎负责执行。在执行过程中，虚拟组织使能引擎需要调用虚拟服务执行引擎提供的功能。

(3) 盟主组织层

盟主和合作伙伴通过该层完成相应的服务调用功能。合作伙伴能够使用的功能包括业务流程管理和任务管理。业务流程管理包括合作伙伴自身业务流程的构建和管理，而任务管理用于管理在虚拟组织运行过程中需要合作伙伴完成的任务。

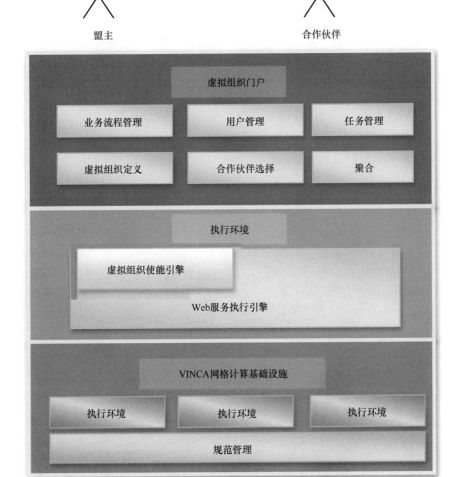

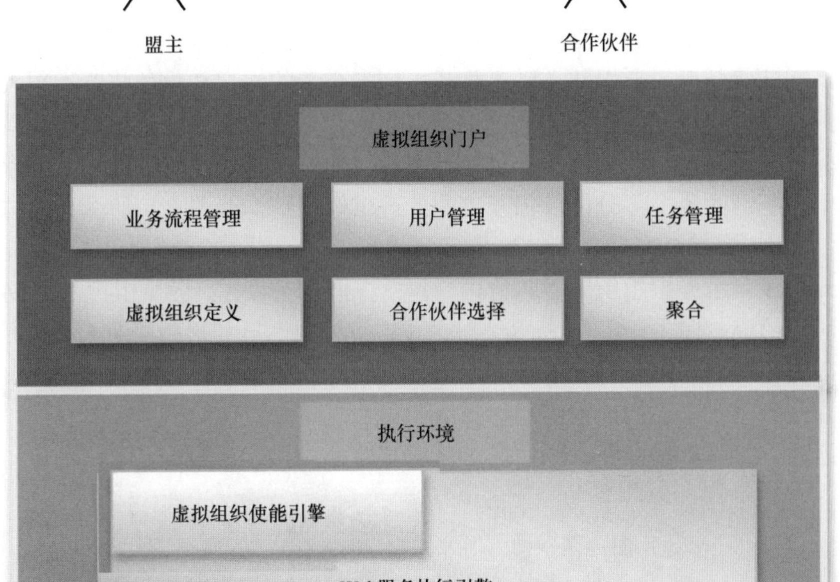

图 3.4 虚拟组织及工作流构建子系统框架

3. 子系统逻辑模型结构

考虑到由网格环境的开放性而造成的虚拟组织成员的不确定性，即网格环境下的资源由资源提供者完全控制，并可随时加入和退出网格环境；同时，资源提供者发布自身的资源供外部使用，一个主要的目的是能够实现自身利益的最大化。另外，虚拟组织的整体约束可能导致不能完全满足所有虚拟组织成员的需求，因此，一方面需要动态选取符合要求的虚拟组织成员，另一方面，盟主需要与资源的提供者进行协商，从而在满足需求的情况下实现各自利益的最大化。

在一个虚拟组织中，同时需要不同用户的参与和协作，然而每个用户所能够查看和使用的资源范围是有严格限制的。因此，盟主需要能够对虚拟组织中的用户以及用户的权限进行管理，并能够对用户的权限进行描述刻画。参与到虚拟组织中的资源提供者都有自身的用户角色和资源访问控制策略，由于虚拟组织中会涉及不同的参与者，所以从下到上集成不同参与者的用户和角色将产生很大的工作量并且难于实现。因此，子系统中采取盟主在虚拟组织中定义虚拟组织用户和角色，并与具体参与者的用户和角色动态映射的思路来实现权限的灵活配置。

本系统中的各个部分以及相互之间的逻辑模型结构如图 3.5 所示，虚拟组织逻辑结构在本系统中定义为 VO={Stakeholder，Role，Process，Authorization}，Stakeholder 表示虚拟组织的基本方面，包括虚拟组织目标、虚拟组织 ID、协商策略、时间约束、盟主；Role 表示参与到虚拟组织中人员和角色以及人员与角色、角色与角色之间的关系；Process 表示虚拟组织中的业务流程、服务；Authorization 表示在业务层次定义的访问控制信息以及相互之间的协作关系。

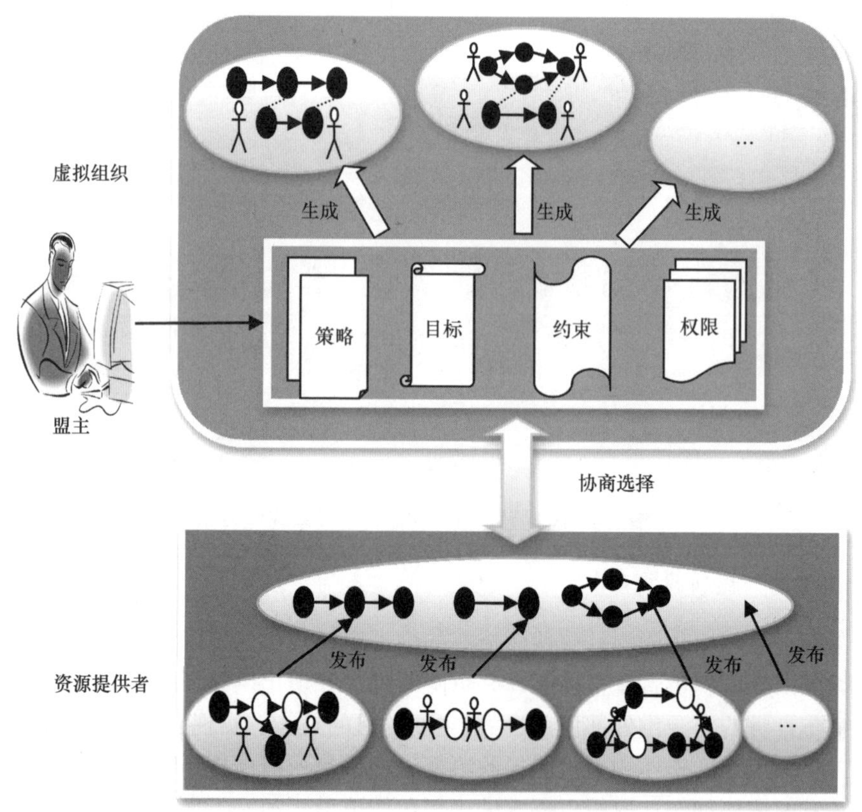

图 3.5　各个部分以及相互之间的逻辑模型结构

4. 子系统生命管理模型

当任务来临时，盟主根据任务需求即时创建一个新的虚拟组织，并定义虚拟组织的用户和角色。在描述虚拟组织的目标需求策略以及对参与者的约束后，动态协商选取参与者的业务流程或服务资源加入虚拟组织。盟主使用协作规则在虚拟组织参与者的业务流程以及服务之间定义协作关系，同时将虚拟组织用户和角色与参与者的用户和角色建立映射，在定义完协作关系后，使用聚合机制即时将虚拟组织模型转换为可运行的虚拟组织。子系统生命周期各个状态如图 3.6 所示。

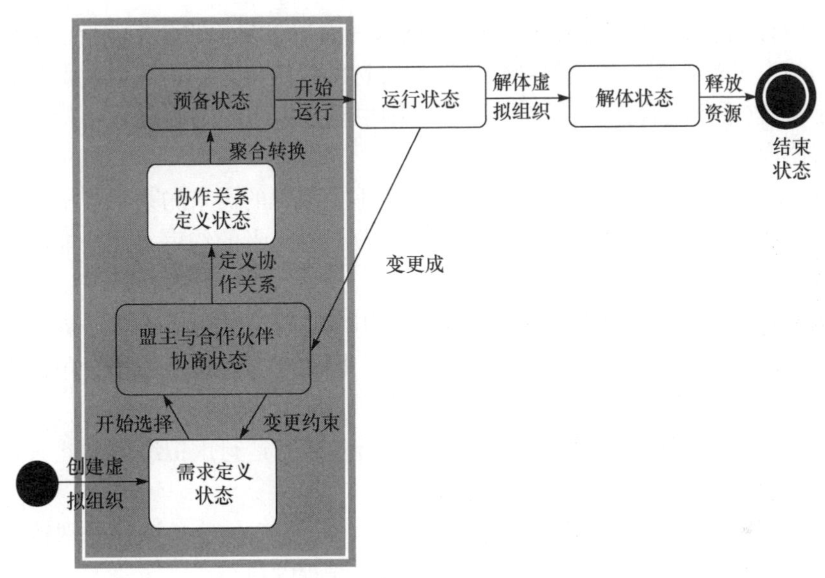

图 3.6　子系统生命周期各个状态

(1) 生命周期中各个状态说明

原始状态：此时不同的组织处于相对独立的状态，相互之间没有联系。

需求定义状态：处于此状态时，虚拟组织盟主可以定义虚拟组织的目标需求并对目标进行分解，定义对合作伙伴的约束，同时定义虚拟组织的角色和用户。

盟主与合作伙伴协商状态：盟主定义虚拟组织的基本信息后，进入虚拟组织的盟主与合作伙伴协商状态。在这一状态中，针对每个需要合作伙伴完成的任务，与可选择的合作伙伴进行协商。确定加入到虚拟组织的成员。

协作关系定义状态：当所有的合作伙伴以及合作伙伴提供的流程、服务资源被选择到虚拟组织后，在协作点(工作流中可被抽离调用的服务)之间定义协作关系。

预备状态：定义完协作关系，并通过聚合将业务流程转换到软件层面流程后处于的状态。此时的虚拟组织可运行。

运行状态：虚拟组织的用户登录到虚拟组织门户，分别完成相关的任务。如果在运作过程中，虚拟组织的参与者发生变化，将返回到盟主与合作伙伴协商状态。

解体状态：虚拟组织中的所有任务运行完毕，或者盟主停止虚拟组织的继续运行，解体虚拟组织后进入此状态。

结束状态：释放资源后，所有的参与者又回到相互独立的状态。

(2) 生命周期操作功能说明

Construct：此操作由盟主执行，用于创建一个新的虚拟组织。系统会自动生成一个空的虚拟组织并分配虚拟组织 ID，同时完成虚拟组织逻辑结构中相应域的填充操作。

Select：此操作由盟主执行，用于协商选择虚拟组织中的合作伙伴。系统根据设定的约束进行匹配。对于每个任务匹配可选的资源集合，资源可能是服务，也可能是流程(服务组合)。如果需要协商，则根据虚拟组织的协商策略与资源提供者进行协商。

Modify：此操作由盟主执行，用于修改虚拟组织的需求约束。严格的约束可能导致无法找到合作伙伴，此时盟主需要修改对参与者的约束，使得能够匹配到参与者。

Define：此操作由盟主执行，用于在协作点之间定义协作关系。盟主根据虚拟组织协作需求使用协作规则定义协作关系。同时定义虚拟组织用户角色与任务节点间的权限关系。

Converge：此操作由盟主执行，用于聚合生成可运行虚拟组织。此时将业务流程和服务根据协作关系生成软件流程。

Run：用于虚拟组织的运作。在转换时，不同组织的业务流程分别转换为软件流程。因此，不同的组织可以自主决定自身流程的执行。

Change：用于虚拟组织成员变更。成员资源的不可用将产生相应的事件，触发后虚拟组织停止运作，并转移到盟主与合作伙伴协商状态。

Release：用于虚拟组织的解体。当虚拟组织运行完毕，合作伙伴之间的协作关系解除。

5. 虚拟组织建模

为了保证构建的虚拟组织子系统能够完成虚拟组织的快速构造，需要有相应的建模方法和支撑机制保证虚拟组织的构建和运行。

虚拟组织的建模过程如下。

① 盟主根据虚拟组织的目标需求设定虚拟组织的基本信息，并对目标进行任务分解。盟主根据虚拟组织的目标将任务分解为多个子任务，使用业务服务来描述虚拟组织的需求。在对任务分解的过程中，可以从两个方面进行考虑：已有的为完成任务而制定的规章制度和经验；组织本身的约束，如时间要求。对于每个

分解后的任务可以进一步分解成为子任务,从而使得整个任务分解为一棵任务树。任务树的叶子节点为需要虚拟组织的参与者完成的任务。盟主可以在叶子节点上定义对子任务的约束，这些约束成为虚拟组织成员选择的基础。在分解任务时，可以通过本体的方式描述任务之间的先后关系，从而子系统可以在一定程度上自动完成任务的分解。

② 分析虚拟组织中需要的用户和角色,并分析用户和角色以及角色和角色之间的关系。

③ 根据①中得到的对子任务的约束,盟主对每个子任务选择合作伙伴以及完成任务的业务流程和服务。

④ 盟主在不同合作伙伴的业务流程和服务之间定义协作关系。对于任务树的每个叶子节点以及施加在叶子节点上的约束，匹配可选择的虚拟组织参与者。在匹配合作伙伴时，采用事件发布订阅的方式进行匹配。通过流程对事件的订阅来匹配选取相关的业务流程。对于虚拟组织中的每个任务，需要找到相关的合作伙伴才能保证虚拟组织的运作。除此以外, 采用了相应控制机制后，系统还满足：子系统是安全的，当且仅当定义协作关系后，协作点之间不存在循环依赖，即不存在死锁。

⑤ 分析虚拟组织中的用户对流程中任务的执行权限,同时将虚拟组织中的用户和角色映射到拥有具体资源的虚拟组织参与者的用户和角色，使得虚拟组织中的用户能够使用合作伙伴的资源。

3.3.2　虚拟资源管理子系统

1. 虚拟资源管理子系统基本框架

分布式资源管理子系统基于虚拟化技术提供的多平台共享机制，为底层各个独立的物理资源建立一致的虚拟化管理空间，并在此基础之上基于不同的应用请求动态分配虚拟资源，并管理虚拟资源，实现跨域间的资源共享、资源动态调整，来最大限度地提高资源利用率，同时还需保障系统的可靠性，为用户提供一个安全、自主的虚拟资源管理子系统，基于此目标设计了虚拟资源管理子系统的总体框架，如图 3.7 所示。

虚拟资源管理子系统的底层部署的是物理服务器群，借助于虚拟资源管理子系统可以根据用户的需求实时地、动态地分配虚拟资源，以及提供高性能计算和数据库服务等。依据虚拟资源管理子系统普遍的需求特点，该虚拟资源管理子系统将主要提供以下功能服务。

① 根据用户的请求可以实时地对物理服务器群中的物理机器和各类虚拟机进行监控管理，这包括了新物理资源的添加和发现、启动、修改、迁移以及关闭等管理服务。

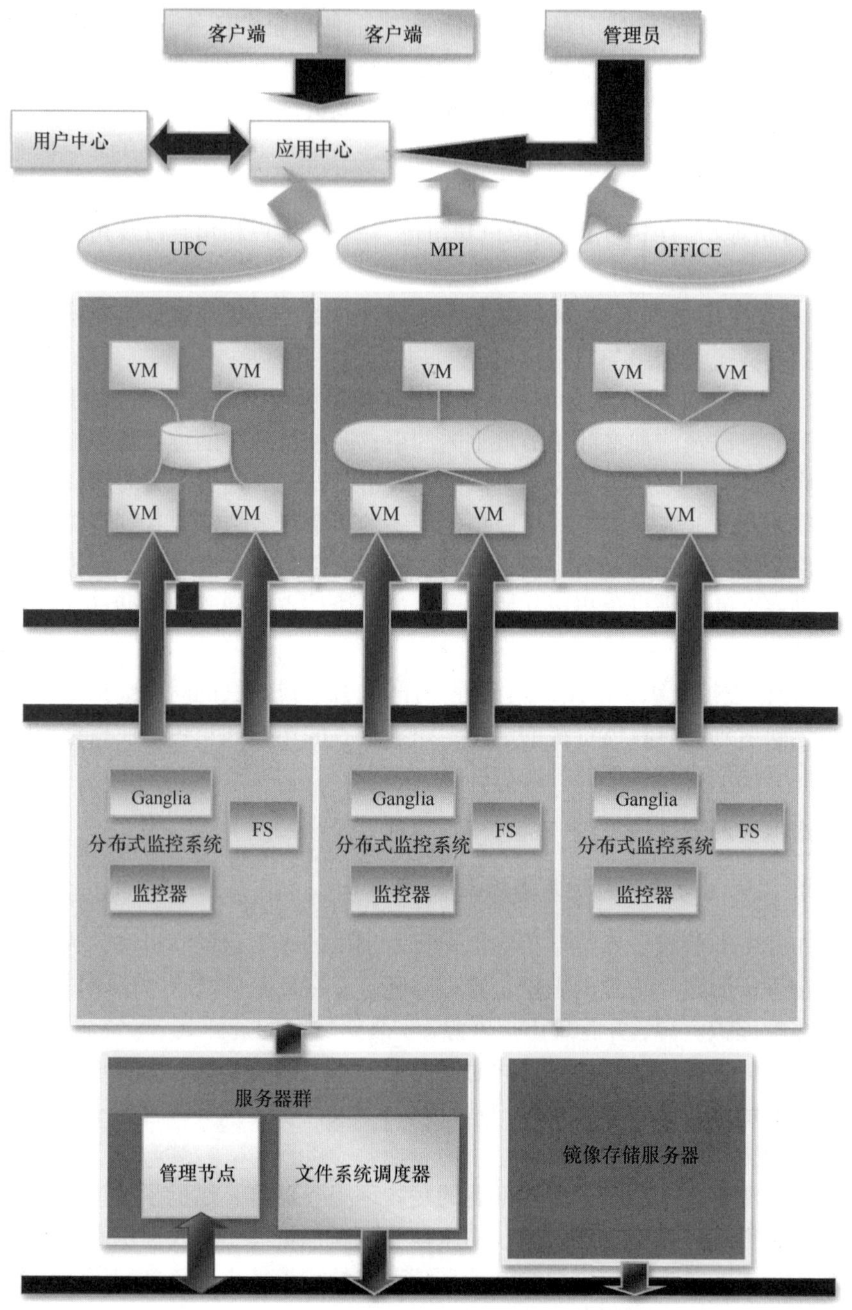

图 3.7　虚拟资源管理子系统的总体框架

② 提供了面向具有大规模节点网格系统的资源管理策略,实现对跨域各类资源(CPU、内存、磁盘等)的统一全局调度和管理。用户异构应用服务的需求实现

各类资源的动态按需分配，尤其当用户的应用程序请求资源时，能够做出快速、灵活的调度，通过能力流动实现负载均衡进而提高整个系统内部资源的利用率。

③ 实时监控系统关键节点的运行状态，对出现的故障进行及时处理，保障系统的可靠性。在本章所实现的虚拟资源管理框架中，将对包含物理服务器、软件资源、CPU、内存等资源在内的所有对象统一管理，为了能够有效地实施管理，需要对这些物理资源进行实时监控，为此在系统设计中使用了一款开源的分布式监控系统——Ganglia 来收集每一台物理机器上的资源使用信息。

2. 虚拟资源管理子系统层次结构

子系统的两级资源管理结构中，位于最上层的是全局资源管理层次，之下的是局部资源管理层次，如图 3.8 所示。这里域的概念是指由一定数量的物理服务器划分成的一个小组，比如一个域可以是连接在同一交换机下的所有物理机器。在每个域中有一台主物理服务器(域内资源管理节点)负责管理本域内所有物理机器，并转发和处理来自其他域的服务请求，同时每个域内需有一个调度节点负责机器资源信息的收集以及虚拟计算资源调度策略的执行。域的内部采用集中式管理，所有的域内管理节点构成整个资源管理框架的第二层，并接受域间管理节点的管理。在管理架构的最底层则是满足用户需求的虚拟资源。

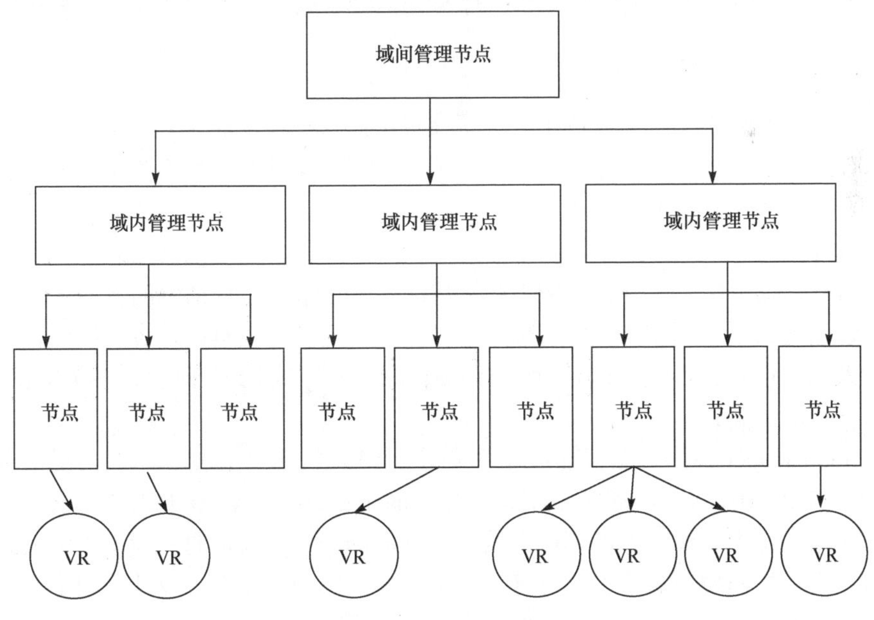

图 3.8　层次结构

为了对虚拟资源的高效管理，我们对全局资源管理层次和局部资源管理层次进行了职能的划分和定义。

(1) 全局资源管理层次

全局资源管理层次作为资源管理框架中的最高层提供服务，全局管理的对象包含了整个虚拟资源系统中所有物理机器、软件资源、CPU、内存等粒度更细一级的资源。全局管理的职能由系统中唯一的全局管理节点执行，该节点对下一级的多个局部资源管理节点进行全局统一调度管理。全局资源管理层次是系统连接外界(用户)的服务接入点，它获取用户发送来的各种资源请求(包括创建、删除、重启、修改虚拟机以及查询虚拟机的信息等)，然后根据前端用户请求的类型以及本地数据库记录的信息，制定相应的转发策略，并向下一级的某个域传递请求。

在这一管理层次，为了完成相关的全局管理策略，在子系统中设计并实现了 Supmanager 模块来提供管理服务。

(2) 局部资源管理层次

局部资源管理层次是整个管理结构的第二级，它接收上级全局管理节点转发的各种资源请求，涉及如何创建、调用、释放虚拟资源，以及响应上层节点转发的各种应用请求。同时通过对虚拟资源利用情况的监控，根据用户的请求动态地调整用户需求所使用的资源(如 CPU 和内存)，更加合理地利用共享的系统资源。在该层次可能存在多个并行的域，每个域均独立地执行管理策略。

设计了 Manager、Scheduler 和 VRpackaged 模块来协调完成局部管理功能。

3. 主要功能模块

在子系统层次结构的基础上，为了体现不同管理层次的功能，子系统中设计了相应的服务模块来执行管理策略。虚拟资源管理系统的模块结构图如图 3.9 所示。

相关模块的功能介绍如下。

(1) Proxy

Proxy 提供接入服务，响应上层模块的接入请求、验证请求的合法性，为上层请求创建会话并返回必要的会话信息及资源分配信息。具体负责会话的建立、编辑及删除操作，可以通过调用其他模块单元的功能来达到处理会话相关的任务。

(2) Supmanager

Supmanager 提供资源管理系统的域间管理服务，其直接对下一级的局部资源管理节点(由 Manager 实现)进行管理。Supmanager 从 Proxy 获取操作请求并根据本地记录的虚拟资源信息做相应的处理。Supmanager 作为资源管理系统中最高层节点负责上层模块所有请求的处理。为了提高系统的可靠性，设计采用了双机备份策略，在实现时设计了两个 Supmanager 类型节点：一个主服务节点和一个备份(副)节点，一旦主节点出现故障，备份节点可以迅速切换工作状态，接替主节点提供管理服务。

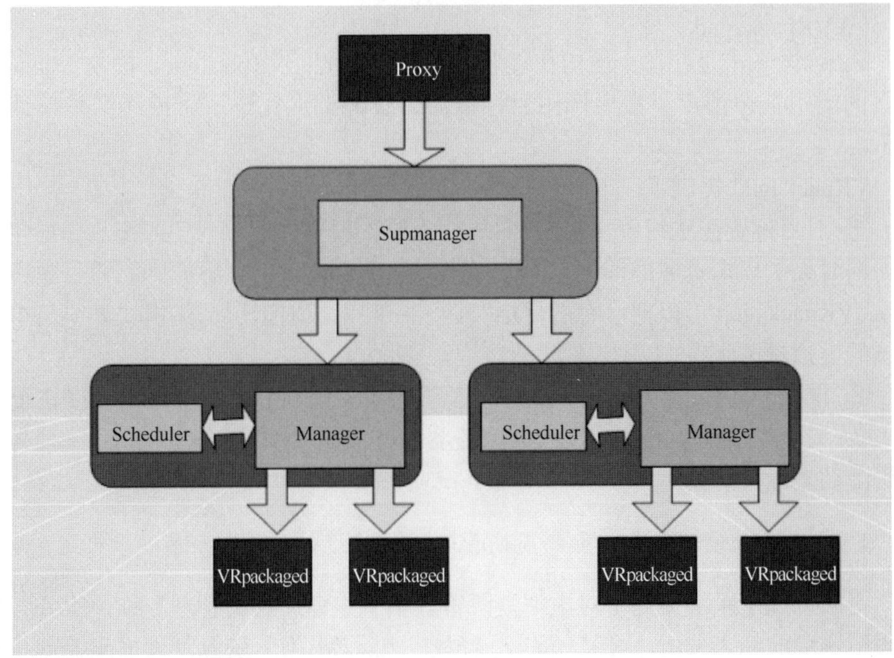

图 3.9　系统模块结构图

全局管理节点需要并行地接收多个上层资源请求并同时与多个域内管理节点块进行通信。因此，在模块设计时，可以采用多线程编程模型来实现，对于每个请求由 Supmanager 守护进程创建一个新线程执行服务。

(3) Manager

Manager 是局部管理策略的主要执行模块，它对本域内的虚拟资源进行集中管理，要求完成对虚拟资源功能级的聚类。Manager 接收 Supmanager 转发的资源操作请求，通过解析 Supmanager 发送的请求，确定待调度的局部虚拟资源后，通知相应的 VRpackaged 完成操作，并返回结果给 Supmanager。

(4) Scheduler

Scheduler 是位于资源管理框架中第二级中的一个调度模块，它提供虚拟资源选择服务，为域内管理事务提供决策支持。Seheduler 的功能主要体现在为虚拟资源分配时，若有虚拟资源请求，Supmanager 将该请求转发给所有的二级域内 Manager。此时，Manager 向本域内的 Scheduler 发送分配资源代价查询请求，要求 Scheduler 返回目前本域内开销最小的虚拟资源信息。而 Scheduler 将通过与本域内每一个目标服务器上的 Ganglia 的后台监控进程通信，获取资源使用信息。Scheduler 通过以下公式：

$$\text{CUR\_LOAD}[i]=0.3\times\text{Loadcpu}+0.7\times\text{Loadmem}$$

找出本域内开销最小的虚拟资源返回给 Manager。

(5) VRpackaged

VRpackaged 是在每个域内代理服务器上运行的，VRpackaged 接收 Manager 发送的虚拟资源请求，然后调用目标资源，资源调度完毕后将操作结果反馈至 Manager。

VRpackaged 提供了以下具体功能。

① 对目标资源进行统一封装,向局部资源管理提供资源调度的统一标准化接口，同时提供虚拟资源的调用、封装操作。封装操作遵循以下原则：通过虚拟化技术,VRpackaged 可以把已有的目标资源统一映射成对上层调用模块来说是单一视图的虚拟资源(单一映射原则)。

② 根据 Scheduler 对资源利用率的反馈情况动态调整虚拟资源的调度情况。

③ 周期性地广播所在域内代理服务器的 IP 地址,用于向 Supmanager 报告系统资源动态运行状态。

4. 虚拟资源管理子系统生命周期管理

资源管理子系统提供了对虚拟资源管理整个生命周期的管理和维护服务，包括虚拟资源的动态分配、调用、重启、释放、删除等操作。资源管理框架如图 3.10 所示。

(1) 响应用户请求虚拟资源流程

① Supmanager 收到上层模块发出的资源请求包，在本地数据库中记录本次请求参数信息；Supmanager 向所有 Manager 虚拟资源请求，要求每个 Manager 返回本域内可利用的虚拟资源信息。

② Manager 收到虚拟资源请求，通知 Scheduler 进行资源选择。

③ Scheduler 向本域内所有物理机器上的 Ganglia 的后台服务进程发送请求，收集该子域内部的资源分配及使用情况，Scheduler 将可利用的虚拟资源信息返回给 Manager，Manager 将信息反馈至上层模块。

④ Supmanager 收到所有 Manager 回复的资源信息，选择代价最小的虚拟资源，并向该资源所在域 Manager 发送第二次资源请求。

⑤ Manager 收到第二次资源请求，向 VRpackaged 发送虚拟资源调用请求。

⑥ VRpackaged 收到虚拟资源调用请求执行以下工作：根据所需虚拟资源的信息参数，由同一封装好的接口调用底层实际资源，同时监控资源调用情况，资源调用过程完毕后，向 Manager 递交操作反馈结果。

⑦ Manager 收到操作结果，若该次某一资源调用失败，Manager 删除本地数据库中相应调用的信息，之后修改资源利用情况，并返回结果给 Supmanager。

⑧ Supmanager 收到资源调用的操作反馈结果，若该次某一资源调用失败，Manager 删除本地数据库中相应调用的信息，并返回结果给上层模块。

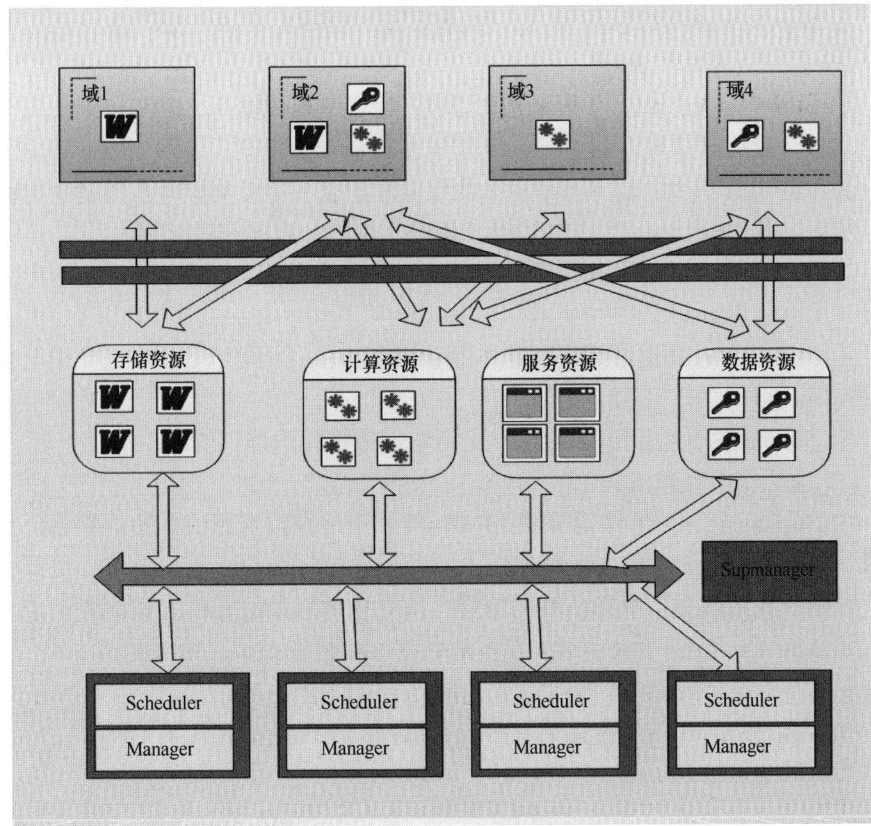

图 3.10　资源管理框架

(2) 虚拟域注册流程

① Supmanager 接收到域注册请求，检索本地数据库，分配新域号(domainID)，分配成功则建立新 Manager，否则，返回失败应答。

② 向上层模块返回操作结果，同时向上层模块发出允许虚拟资源注册反馈信息。

(3) 虚拟资源注册流程

① Supmanager 接收到资源注册请求，检索本地数据库，确定待虚拟资源所在的域号，成功向该域内的 Manager 发送操作请求，否则，返回失败应答。

② Manager 收到操作请求，在本地数据库中查找虚拟资源所在的宿主机的信息，然后向 VRpackaged 发送封装操作请求，否则，返回失败应答。

③ VRpackaged 收到封装请求并对目标资源进行封装，结束后返回封装后接口反馈给 Manager。

④ Manager 收到返回结果更新本地数据库虚拟资源状态，并发送操作结果给 Supmanager。

⑤ Supmanager 收到返回信息，更新本地数据库中虚拟资源信息。

(4) 虚拟资源修改流程

① Supmanager 接收到资源修改请求，检索本地数据库，确定待虚拟资源所在的域号，成功向该域内的 Manager 发送操作请求，否则，返回失败应答。

② Manager 收到操作请求，在本地数据库中查找虚拟资源所在的宿主机的信息，然后向 VRpackaged 发送封装操作请求，否则，返回失败应答。

③ VRpackaged 收到修改请求，重新对目标资源进行封装，结束后返回封装后接口反馈给 Manager。

④ Manager 收到返回结果更新本地数据库虚拟资源状态，并发送操作结果给 Supmanager。

⑤ Supmanager 收到返回信息，更新本地数据库中虚拟资源信息。

(5) 虚拟资源删除流程

① Supmanager 收到删除资源请求，检索本地虚拟资源信息的数据库，查找虚拟资源当前状态，如果仍为其他任务所调用，Supmanager 返回上层模块释放失败；否则，找到该虚拟资源所在的域号，向对应的域 Manager 发送删除请求。

② Manager 收到删除请求，在本地数据库中检索虚拟机所在的宿主机信息，找到后向 VRpackaged 发送删除请求，否则，返回错误。

③ VRpackaged 收到删除请求并执行操作，将该资源解封装，回收接口，操作结束返回结果给 Manager。

5. 系统中节点角色定义

在资源管理子系统中，为了高效地执行定义的管理策略，根据节点担负的管理角色将物理服务器划分为以下三种类型。

(1) 全局管理节点

该角色的节点需要执行 Supmanager 的管理功能。Supmanager 是全局管理层次的模块，通过与 Manager 交互行使对二级局部节点的管理功能。在子系统中，至少有一个物理节点担任全局管理角色，另外，为了保证系统的可靠性，考虑到系统出现故障后的快速修复能力，系统还设置了 1 个冗余域间管理节点，一旦主服务的域间管理节点失效或宕机，备份域间管理节点可以快速切换工作状态并接管资源服务。

(2) 局部管理节点

担任该角色的物理服务器至少需要运行 Manager 和 Scheduler。Manager 是域内管理节点的主要服务模块，它主要接收 Supmanager 转发的请求，受 Supmanager 的管理。在子系统中，划分了多个资源域，运行 Manager 的节点负责对本域内所有虚拟资源进行管理。而 Scheduler 是在虚拟资源创建、迁移以及负载均衡时，负责虚拟资源管理和底层目标资源调度决策制定，它和目标服务器上运行的开源资源监控软件 Ganglia 通信，周期性地收集目标资源利用情况，以备资源调度所需。

(3) 普通物理节点

该类型的节点是系统中的普通物理服务器，不担任任何管理职能，只是作为系统内部虚拟资源的宿主机，但是在每个物理服务器上均需运行 VRpackaged，VRpackaged 接收本域内管理节点的操作请求，并完成虚拟资源的封装流程。

3.3.3　虚拟资源发现机制

虚拟资源管理器借助虚拟化技术实现了目标资源的全局映射，通过将真实的目标资源映射成逻辑上的不同资源池，比如 CPU 池等，对这些资源统一管理和调度。但当系统注册用户大量增长时可能就需要更多的虚拟资源提供服务，这就要求所设计的资源管理具有动态可扩展性，能够支持虚拟资源的动态添加。传统的添加目标资源的方式无非是将资源安装配置到主机或服务器上，对于这种方式系统本身就能够自动探测到新的目标资源，也就不存在资源的自动发现问题。而对于通过增加域内服务器到资源管理系统中，资源管理子系统并不能主动地感知新节点的加入，对于目标资源之上的虚拟资源层就更不具有这种自动发现的能力。为了能让资源子系统系统具有可扩展性，在局部资源管理层引入虚拟资源发现机制，管理节点通过周期性地扫描当前系统节点状态信息，及时地发现新添加的目标资源。综上，目标资源的自动发现实质就是能够让局部资源管理层及时感知到系统新添加的目标资源，并将目标资源映射到原有的资源池中。在当前的网络管理中，对于硬件资源发现已有不少研究成果，比如利用 Ping、Traceroute 等工具来主动探测系统中的机器设备，以此发现新的节点，而更多的是利用简单网络管理协议(Simple Network Management Protocol，SNMP)，借助 SNMP 中提供的管理信息结构(Structure of Management Information，SMI)以及网络中物理设备的信息管理库(Management Information Base，MIB)能迅速、准确地发现包含路由器等在内的网络互联拓扑结构。但对于资源管理子系统来说，由于底层的硬件子系统是通过某种物理传输介质直接互联的物理服务器群，并没有用到路由器等高端设备，所以使用 SNMP 就显得不太合适；而对于 Ping、Traceroute 这类主动性的探测工具，实际使用时产生的大量 ICMP(Internet Control Message Protocol)包将会对系统网络的整体性能产生一定的影响，同时这些工具在时效性和准确性上均存在一定的缺陷。为了能够自动发现计算节点并进行管理，结合分布式资源管理结构设计了以下发现策略。

① Supmanager 在物理服务器群内部周期性广播，请求每一个 VRpackaged 返回其所在的域号。

② 如果是原有节点上的 VRpackaged，将通过查询对应的 Manager 后返回域

号给 Supmanager；如果是新接入节点上的 VRpackaged，在查询域号失败后，将返回 Supmanager 域号“0”及该域内特征信息(“0”代表空域号)。

③ Supmanager 对所有来自 VRpackaged 的应答包进行解析，并在本地记录节点与域号的映射表，当解析到域号为“0”时(“0”代表探测到有新节点)，将向所有的 Manager 发送域特征信息。

④ Manager 收到来自 Supmanager 的查询包，通过检索本域内特征信息，返回 Supmanager 本域当前节点实际数目。

⑤ Supmanager 比较 Manager 返回的节点数目，并做出判断：如果选定的域的节点规模数小于一定数目，则执行以下操作，否则将反馈失败信息。

⑥ Supmanager 向特定目标域 Manager 发送新目标资源信息。Manager 收到 Supmanager 发送信息，将资源信息添加到本地数据库中，同时向 Supmanager 发出修改全局资源数据库信息。

3.4 小　　结

针对网络异构资源的组织与管理，在第二章基于“虚拟超市”的资源管理与优化技术的基础上，本章对管理平台的组织结构进行了说明与实现。首先描述了该平台的数据来源和基础工作流程，即根据资源信息和服务信息以及 Web 浏览器服务请求信息，平台如何对这些资源进行处理。随后按照由整体至业务系统再至系统实现的逻辑顺序，介绍了平台构建模型及其中每层系统的物理含义和功能，并展示了系统的总体框架。最后详细阐述了该平台的功能模块设计，在虚拟组织子系统中，包括基本架构、主要模块、逻辑模型、生命周期管理模型以及建模过程，该模块可以在动态开放的网格环境下，根据用户需求，构造动态工作流，同时按需、动态、即时地构建服务虚拟组织以协同进行问题求解；在虚拟资源管理子系统中，包括基本框架、层次结构、主要功能、生命周期管理模型与节点角色定义，该模块为底层各个独立的物理资源建立一致的虚拟化管理空间，并以此为基础动态分配、管理虚拟资源，提高资源利用率，也能够保障系统的可靠性；同时，为了使资源管理具有动态可扩展性，能够支持虚拟资源的动态添加，在局部资源管理层引入虚拟资源发现机制，管理节点通过周期性扫描当前系统节点状态信息，及时地发现新添加的目标资源。

参 考 文 献

[1] 蒋昌俊, 曾国荪, 陈闵中, 等. 一种网格资源管理系统及管理方法: ZL200810038367.7. 2012.
[2] 蒋昌俊, 陈闵中, 闫春钢, 等. 一种网格资源管理系统: ZL201110133577.6. 2014.
[3] 蒋昌俊, 陈闵中, 闫春钢, 等. 一种基于互联网的资源分配系统及方法: ZL201110270819.6. 2016.

[4] Sun P, Jiang C J. Analysis of workflow dynamic changes based on Petri net. Information and Software Technology, 2009, 51(2): 284-292.

[5] Zhang G S, Jiang C J, Sha J, et al. Autonomic workflow management in the grid//International Conference on Computational Science, Beijing, 2007.

[6] Han Y J, Jiang C J, Luo X M. Resource scheduling model for grid computing based on sharing synthesis of Petri net//International Conference on Computer Supported Cooperative Work in Design, Coventry, 2005.

[7] Han Y J, Jiang C J, Fu Y, et al. Resource scheduling algorithms for grid computing and its modeling and analysis using Petri net//International Conference on Grid and Cooperative Computing, Shanghai, 2003.

[8] 蒋昌俊, 曾国荪, 陈闵中, 等. 一种网格资源管理系统及管理方法: ZL200810038367.7. 2012.

[9] 蒋昌俊, 曾国荪, 陈闵中, 等. 网格环境下动态在线式任务调度系统及其调度方法: ZL200510110168.9. 2008.

[10] 郝东, 蒋昌俊, 林琳. 基于 Petri 网与 GA 算法的 FMS 调度优化. 计算机学报, 2005, 28(2): 201-208.

[11] 袁禄来, 曾国荪, 姜黎立, 等. 网格环境下基于信任模型的动态级调度. 计算机学报, 2006, 29(7): 1217-1224.

[12] 支青, 蒋昌俊. 一种适于异构环境的任务调度算法. 自动化学报, 2005, 31(6): 865-872.

[13] 杜晓丽, 蒋昌俊, 徐国荣, 等. 一种基于模糊聚类的网格 DAG 任务图调度算法. 软件学报, 2006, 17(11): 2277-2288.

[14] 杜晓丽, 王俊丽, 蒋昌俊. 异构环境下基于松弛标记法的任务调度. 自动化学报, 2007, 33(6): 615-621.

[15] Yin F, Du X L, Jiang C L, et al. Directed acyclic task graph scheduling for heterogeneous computing systems by dynamic critical path duplication algorithm. Journal of Algorithms and Computational Technology, 2009, 3(2): 247-270.

[16] Ni L N, Zhang J Q, Yan C G, et al. A heuristic algorithm for task scheduling based on mean load on grid. Journal of Computer Science and Technology, 2006, 21(4): 559-564.

[17] 蒋昌俊, 曾国荪, 苗夺谦, 等. 基于分布式体系结构的多元数据源交通信息融合方法: ZL200710039110.9. 2009.

[18] 汤宪飞, 蒋昌俊, 丁志军, 等. 基于 Petri 网的语义 Web 服务自动组合方法. 软件学报, 2007, 18(12): 2991-3000.

[19] 孙萍, 蒋昌俊. 利用服务聚类优化面向过程模型的语义 Web 服务发现. 计算机学报, 2008, 31(8): 1340-1353.

[20] 范小芹, 蒋昌俊, 王俊丽, 等. 随机 QoS 感知的可靠 Web 服务组合. 软件学报, 2009, 20(3): 546-556.

[21] Wang P W, Ding Z J, Jiang C J, et al. Constraint-aware approach to web service composition. IEEE Transactions on Systems, Man and Cybernetics: Systems, 2014, 44(6): 770-784.

[22] Wang P W, Ding Z J, Jiang C J, et al. Automatic web service composition based on uncertainty execution effects. IEEE Transactions on Services Computing, 2016, 9(4): 551-565.

第四章　网络大数据勘探与挖掘分析

4.1　网络大数据资源服务框架

大数据技术及相应的基础研究已经成为科技界的研究热点，大数据研究作为一个横跨信息科学、社会科学、网络科学、系统科学、心理学、经济学等诸多领域的新兴交叉方向正在逐步形成。尽管大数据中几乎包含了所有需要的信息，但是由于其在数量、类型、动态特征等方面大大超出了人类的认知，如何高效处理这么多的动态信息成为一个公认的难题。近年来，研究者们已经提出了一些创新的方法来构建大数据平台，这些研究推动了大数据相关技术的发展和创新。Google针对大数据问题提出了具有代表性的技术：Google 文件系统(Google File System, GFS)和 MapReduce 处理模型[1,2]。Hadoop 和 HDFS 已经发展成为大数据分析的主要平台[3,4]。文献[5]提出了采用网格体系结构的方式来管理大数据的框架。文献[6]提出了包括数据的访问和计算、数据隐私和领域知识以及大数据挖掘算法三个层次的大数据处理框架。目前已有的这些大数据分析平台的研究工作，侧重于大数据管理、处理、分析和可视化这几个部分中的一个或两个方面。但是，随着大数据爆炸式增长、多样化趋势等特征越来越显著，现有的方法本质上缺少对数据整体上的考虑，无法刻画和度量数据资源的总体分布及数据成分等特征。目前已经有一些关于大数据分析的研究工作，集中在大数据的存储、加工和分析技术，这些研究推动了大数据相关技术的发展和创新。

基于这样的考虑，我们指出大数据分析的首要任务是通过数据“勘探”的方法，形成大数据资源宏观上的认识[7,8]。为此，我们提出了一个基于索引网络的大型数据资源服务框架[9,10]，包括三个主要部分：数据资源识别和获取、数据资源存储和分析、网络信息服务平台，如图 4.1 所示。

数据资源识别和获取。大型数据资源通常是分散的、异构的，而且由于数据量非常大，完全获取数据的方式显然不可能实现，需要通过抽样的方法，获取少量有效样本以统计出总体的分布。在数据资源识别和获取这一层次，一方面，将通过探讨所访问的互联网资源的类型、数据成分、网络接口限制等特点，正确分析这些因素对数据获取和分析的影响，建立符合大规模网络数据资源特性的统计模型。另一方面，在综合考虑各种网络限制的基础上，通过数据资源勘探与挖掘等方法，引入拒绝抽样等技术确保样本单元的独立性。

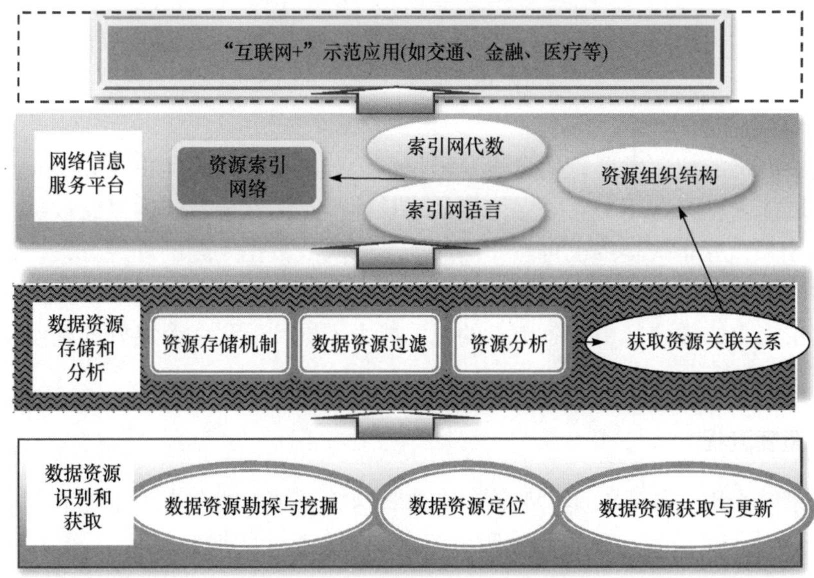

图 4.1　大数据资源服务框架

数据资源存储和分析。目前海量异构数据一般采用分布式存储技术，如 GFS 和 HDFS，但它们仍不能解决数据的爆炸性增长带来的存储问题，静态的存储方案并不能满足数据的动态演化所带来的挑战。因此，在数据资源存储和分析这一层次，需要根据特定的数据资源建立相应的分析和存储方法，一个良好的存储机制可以多样化地支持资源分析。而资源分析的目的是提取数据资源之间的关联。其中，复杂数据分析方法有助于从多个数据源推断出聚集的分析结果，侧重于结构化数据的数值型统计分析，而针对非结构化和半结构化数据，为了得到更有价值的数据信息分析结果，需要借助机器学习等语义分析技术，获取数据资源之间的语义和逻辑关系。

网络信息服务平台。网页是目前互联网服务中最基本的资源，在信息呈现、支持应用程序和提供服务等方面发挥主导作用。每天都有众多的网页加入互联网中，其中大部分是冗余的、无序的。因而从互联网上查找所需的服务资源是非常有挑战性的。为此，我们已经在 Web 超链分析领域进行了深入的研究，并将网页之间的超链接视为现实世界的客观关系，并在此基础上，提出了建立基于网页的分类和超链接分析的索引网络模型[11,12]，并给出了其代数运算的定义。索引网络支持根据具体要求获取服务资源，以及寻找它们之间的语义关联，能产生更丰富的知识和更有价值的信息服务。文献[13]～文献[15]对这一原型系统进行了更深入的探讨。

4.2　分布式爬虫任务调度策略

随着网络的快速发展，信息飞速增长，传统的单机网络爬虫及集中式网络爬虫的抓取能力已经跟不上互联网信息的增长速度。而在分布式的概念被越来越多提及的今天，分布式爬虫也自然而然成为了解决大数据问题的理想方案。分布式爬虫由多个分散在广域网中部署的节点组成，能够并行地进行抓取工作，满足人们对爬虫能力的需要。由于各节点的抓取能力不同，所以一个良好的调度策略是必不可少的[16]。

4.2.1　调度流程

本系统采用主从式的爬虫架构[17]，如图 4.2 所示。主节点为主控节点，负责 URL 任务的调度分发，从节点为爬虫节点，负责具体的抓取 URL 工作。

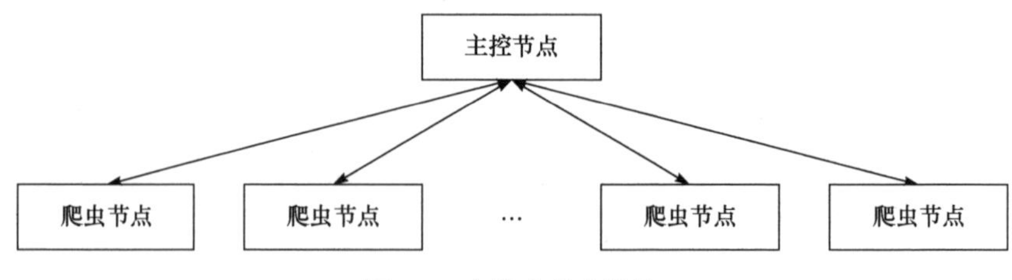

图 4.2　主从式爬虫架构

在主控节点，设计了一张节点表、三个 URL 队列、一个调度模块和一个爬虫反馈模块。主控节点的调度流程如图 4.3 所示。

节点表中记录着各个爬虫节点的信息，包括节点 ID、主机地址、权值等。它必须动态更新信息以反映最新的爬虫执行状态和负载情况。一般来说有两种合理的更新方式，一种方式是每当一个爬虫节点进行了一次 URL 任务的反馈时，附带提供给主控节点它最新的工作状态信息；另一种方式是每隔一段时间爬虫节点向主控节点报告一次它最新的工作状态信息。两种方式可以根据具体情况进行选择。当系统因为完成所有任务或是管理员的维护干预而结束时，节点表会被记录至硬盘，以备后续使用。

三个 URL 队列分别是待抓取 URL 队列、已分配 URL 队列和已抓取 URL 队列。从种子 URL 开始，所有新发现并等待抓取的 URL 会被放置在待抓取 URL 队列中。已分配 URL 队列则存放着那些已经被调度到爬虫节点进行抓取但还未返回抓取结果的 URL。而当 URL 抓取完成时，则会被存入已抓取 URL 队列中。调度模块首先从待抓取 URL 队列中取出一条 URL，再从节点表中取出各节点信息，并从中选择一个爬虫节点进行调度，将该 URL 分配给该爬虫节点，并将该 URL 存入已分配 URL 队列中。而当一个爬虫节点完成一条 URL 的抓取任务后，它会告知主控节点完成了哪条 URL，并且返回该 URL 对应页面中所有的外链。在收到爬虫节点的反馈信息后，爬虫反馈模块将从已分配 URL 队列中删除该 URL，并将其存入已抓取 URL 队列中，最后将该 URL 对应的外链经去重后存入待抓取 URL 队列。

这里，采用了 Bloom 过滤[18]的方式进行去重。首先先建立一张比特表，其中每一个比特都被初始化为零。随后需要设置一个哈希函数，用来将每一条 URL 映射成为比特表中的一个比特。同一条 URL 一定会被映射到同一个比特中。当一个 URL 需要去重时，首先利用哈希函数将其映射至一个比特，之后查看该比特的值，若为 0，即可认为该 URL 是一条新的 URL，最后将该比特置 1。否则，说明这条 URL 之前已经被抓取过，直接丢弃即可。当然，这样的方式一定会遇到冲突的问题，为了降低冲突的概率同时保证去重过程的低时间开销，采用多次哈希的方式，对一条 URL 根据不同的哈希函数进行多次哈希。只有所有哈希结果都相同时，才认为两条 URL 是相同的。利用这种方式，可以保证当比特表相对 URL 数足够大时去重的准确性。

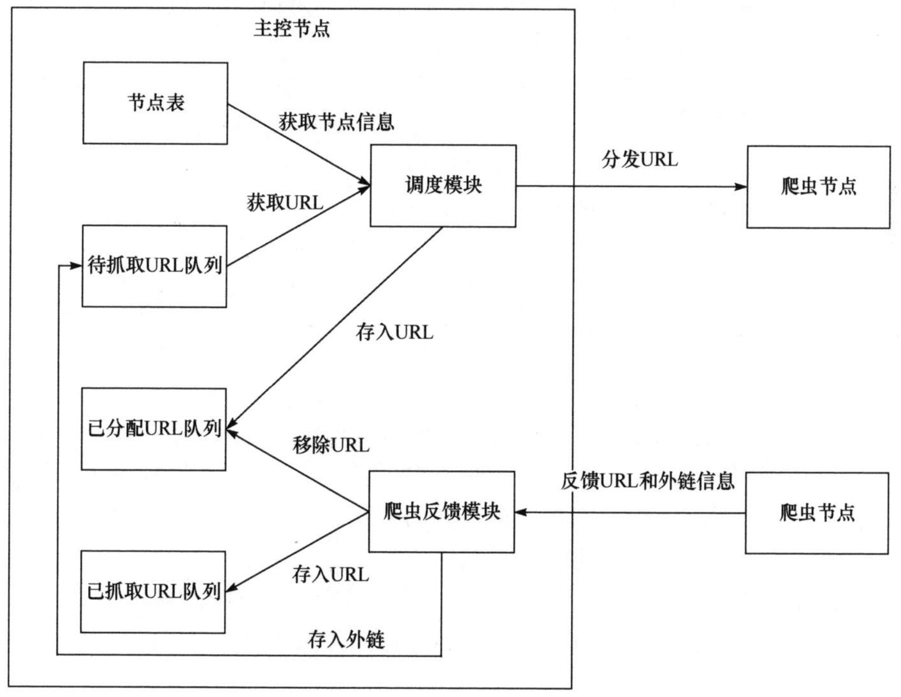

图 4.3　主控节点的调度流程图

该调度过程中还会遇到一些问题。首先，必须保证队列的线程安全。其次，待抓取 URL 队列会增长迅速，很容易溢出。这里提供了两种较好的释放方法。一种方法是不断进行内外存的交换，可以很好地记录所有的 URL，但是很耗费时间，不过这个过程可以尝试在主控节点较空闲时完成；另一种方法是当队列快要溢出时，阻止所有尝试插入的新 URL，而在被消耗到一个较空的时候重新允许插入，这会造成一些 URL 的丢弃，不过在后续的抓取过程中，这些 URL 很有可能会被重新发现，如果可以容忍这些页面可能的丢失，那么这是一个简单的好办法。最后，每条 URL 应该关联一个深度值，当从一条 URL 发现一条同一网站的外链时，外链的深度将在原 URL 的深度值上加 1。当深度值到达一定的程度时，URL 对应的页面价值就被认为较低，可以直接丢弃。这样的方式还有一个好处，可以帮助避免一些爬虫陷阱。

在每个爬虫节点，设计了两个 URL 队列。一个是待抓取 URL 队列，另一个是抓取结果队列。接收模块在接收到主控节点发送的抓取命令后，将 URL 取出存入待抓取 URL 队列中。每个工作线程负责具体的抓取工作，一旦空闲则尝试从待抓取 URL 队列中取出一条，开始具体的抓取工作。抓取完毕后，URL 和其对应页面中的外链信息将会一起存入抓取结果队列中。发送模块则会按一定时间间隔将所有抓取完毕的 URL 以及其对应页面中的外链信息一并反馈给主控节点。爬虫节点的工作流程如图 4.4 所示。

一般来说，一个主控节点可以轻松支持数百个爬虫节点，这样的爬虫架构足够完成大多数的爬虫任务。如果要应用到大规模的分布式系统中，可以于本系统之上增加一个调度层，该调度层主要用于按照网络延迟信息进行任务调度。在这种规模的爬虫系统中，上述的整个爬虫系统可以视为其中的一个爬虫节点。

假设一个爬虫任务需要平均在 $t_1$ms 的时间内抓取 u 条 URL，而一个爬虫节点平均需要 $t_2$ms 的时间去完成一个任务，那么爬虫系统所需要的爬虫节点数就为

$$\left\lceil \frac{t_2 \times u}{t_1} \right\rceil \tag{4-1}$$

举例来说，假设目前需要抓取的几个网站平均每小时会更新 50000 个网页，一个爬虫节点需要 500ms 的时间去抓取一个网页，那么为了及时抓取所有的这些网页，爬虫系统所需要的节点数根据式(4-1)可以计算得到为 7 个。这样，爬虫系统配置 7 个节点即可完成所需要的爬虫任务。

除了节点的计算性能及带宽之外，t_2 的大小还和工作线程数有关。图 4.5 展示了它们之间的关系。同样完成 10 万条 URL 任务，开启不同线程的爬虫节点花费的时间明显不同。

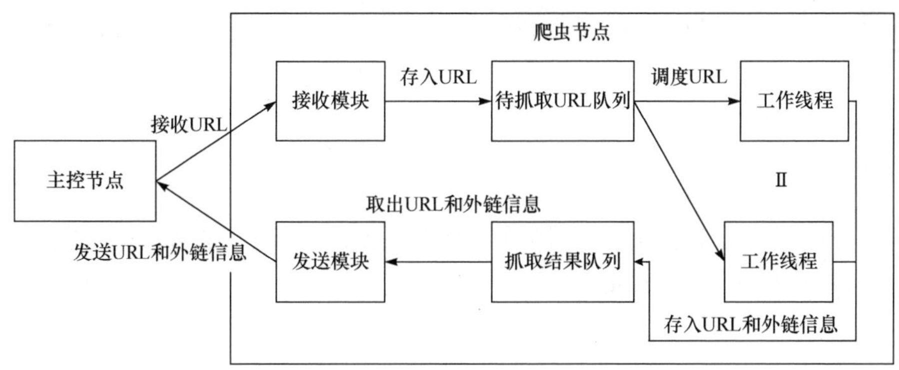

图 4.4　爬虫节点的工作流程图

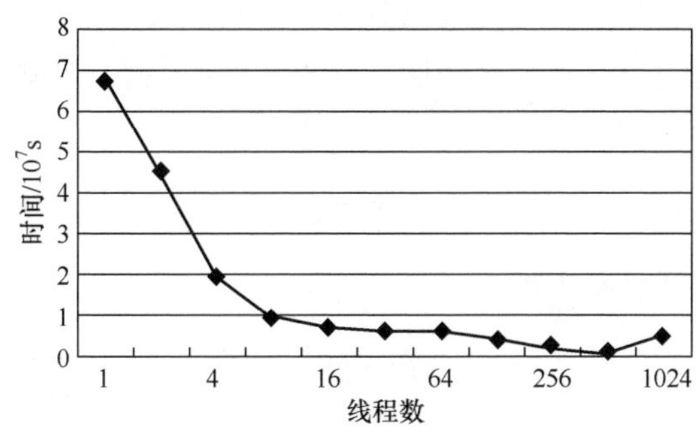

图 4.5　线程数和完成任务时间的关系图

可以看出，在开启 512 线程时，爬虫系统完成所有 URL 抓取任务的时间最少。不过该值在不同性能的爬虫节点上可能不尽相同。因此确定爬虫系统的每个节点应该开启多少线程也是相当重要的。一种简单的方式是让管理员根据经验人工设置线程数。这种方式虽然简单但显然比较粗糙，因为管理员给一批相似的节点一般都会设置同一个值。另一种方式是设计一个小程序用来测试开启不同线程时的任务完成效率，并智能地选择最合适的线程数。这种方式相对比较复杂，测试时也会有很多因素需要考虑。不过一个爬虫节点只需要在接入爬虫系统之前进行一次测试即可，因此测试所带来的时间开销还是可以接受的。

4.2.2　负载均衡策略

设计负载均衡策略时可以考虑的因素有 CPU 性能、CPU 使用率、内存使用率、传输时延等，但这些因素最终会体现在时间上，因此采用时间这一指标作为负载均衡的衡量标准，也是确定权值时的一个重要组成部分。根据一个爬虫节点之前的运行情况，可以判断出它之后可能的运行状况。

具体来说，对于一个爬虫节点，假设它已完成的任务数是 n 个，一共花费的

总时间是 t。这里的时间包括从主控节点分配出任务至该爬虫节点直到该节点反馈完毕为止，这样传输时延也会被计算在内。那么这个爬虫节点平均完成一个任务需要花费的时间为

$$\overline{t} = \frac{t}{n} \tag{4-2}$$

假设已分配给该爬虫节点但仍未完成的任务数是 m 个，那么该爬虫节点完成剩余任务所需要的时间就是 $\overline{t} \times m$，即

$$T = \frac{t}{n} \times m \tag{4-3}$$

显然，随着剩余任务数 m 的增加，T 也会增加，这意味着该节点完成剩余任务需要的时间变多。为了让所有爬虫节点尽可能在同一时间完成各自的任务，主控节点就应该给该节点分配更少的任务以达到负载均衡。也就是说，T 增加时，权值 W 应该则应该减少。因此，对 T 取倒数得

$$W = \frac{1}{T} \tag{4-4}$$

将式(4-3)代入式(4-4)中得

$$W = \frac{n}{t \times m} \tag{4-5}$$

由于节点可能处于空闲状态，所以 m 可能为零，而在式(4-5)中，m 在分母的位置。为了让分母不为零，使用 m+1 替换 m，这样可得

$$W = \frac{n}{t \times (m+1)} \tag{4-6}$$

注意到，在式(4-6)中，t 和 n 表示节点花费的总时间和完成的总任务数。那么随着 t 和 n 的不断变大，平均时间 n/t 一定会趋向稳定。然而，这并非所期望的，因为权值趋于稳定时，节点当前的状态就无法在权值中体现出来。由于希望权值能够反映出一个节点的当前情况，所以借鉴了滑动窗口的概念，对权值进行了修改。假设只考虑最近 k 个任务的完成状态，在这 k 个任务中，t_i 为最近第 i 个任务完成的时间，那么权值 W 为

$$W = \frac{k}{\sum_{i=1}^{k} t_i \times (m+1)} \tag{4-7}$$

在式(4-7)中，k 可以根据实际的爬虫环境进行设定。在本系统中，将其设置为 100。

4.2.3　调度策略

为了实现负载均衡，我们提出了一种基于加权轮叫算法的调度策略，调度过

程如图 4.6 所示。选用加权轮叫作为调度算法主要考虑了以下方面。

1. 简单高效

爬虫调度算法部署在系统的主控节点，是整个系统运转的核心。若每次调度都需要较多的时间，爬虫节点就有可能闲置从而导致资源浪费，因此，算法必须做到简单高效。除了每个爬虫节点对应的一个权值外，加权轮叫算法只需两个简单变量，并且可以在 $O(x)$内完成一次调度，这里的 x 是爬虫节点数。

2. 支持权值动态变化

在本爬虫系统中，爬虫的调度和反馈是异步进行的。每当爬虫节点进行一次反馈，权值都会更新。因此能够支持动态权值的调度算法一定会比一段时间取一次权值的算法更为合适。在加权轮叫算法中，所有用到的节点对应权值都是直接从节点表中取得的，这意味着每次取得的权值都是当前最新的值，因此调度更为准确。一般来说，许多其他算法会将权值降序排列以获取最大的权值，但是一旦权值发生了变化，那些算法就需要重新对这些权值进行排序，而加权轮叫算法不需要像那些算法一样维护一个序列，因此更高效、更能适应权值的动态变化。

3. 可以预估权值的变化趋势

在分布式环境中，节点间的通信会遇到许多问题，比如网络时延甚至网络中断。因此一个好的算法应该能够根据目前的权值大致估计后续权值的变化趋势，并据此进行调度，而不是完全依赖爬虫反馈时的权值更新。而在加权轮叫算法中，设定阈值的更改与各爬虫节点对应的权值变化趋势是相匹配的，这意味着即使爬虫节点短时间没有更新权值，算法也能较准确地进行分配任务。

4. 低权值的爬虫节点不会饿死

和其他大多数调度问题一样，爬虫任务调度也会面临低权值节点可能饿死的问题。无论一个节点的权值多低，它也应该在不断工作，而不是被闲置，否则就造成了资源的浪费。在加权轮叫算法中，不论权值高低，每一次阈值从最大值减少到零(或小于零)的一系列分配过程中，各爬虫节点都会得到调度的机会。这使得在权值更新不及时的情况下，低权值的爬虫节点也不会饿死。

所谓加权轮叫算法，其实就是轮流询问每个爬虫节点其权值是否符合条件，若符合条件则分配给它一个 URL，询问完毕后无论是否符合都继续询问下一个爬虫节点，如此不断循环进行下去。从图 4.6 中可以看到，算法首先会选择当前所有爬虫节点中最大的权值作为该轮的阈值。当询问到的权值不小于该阈值时即视为符合条件，进行调度，否则视为不符合条件，不进行调度。当所有节点都询问完成后，阈值将自减，然后继续下一轮的询问。当阈值减至零(或小于零)时，重新设定其为当前所有爬虫节点中最大的权值。

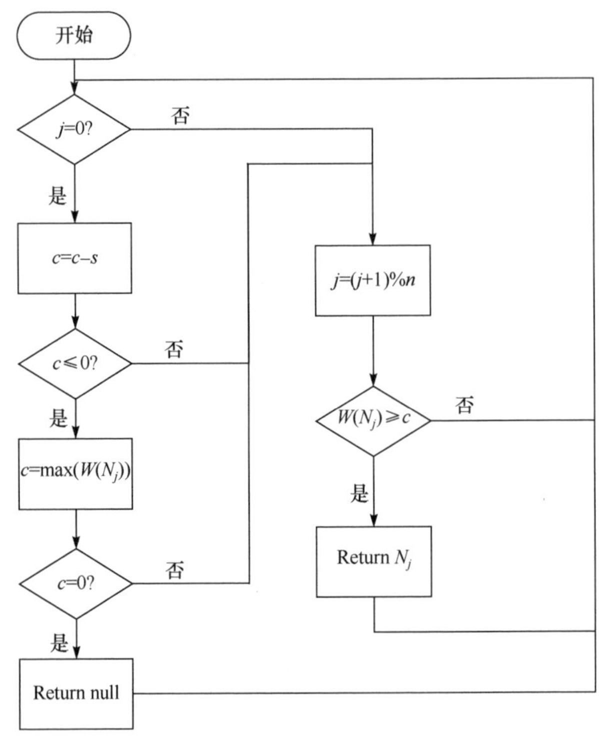

图 4.6　加权轮叫算法调度过程图

接下来给出一个示例来说明算法如何工作。假设有三个爬虫节点 A、B 和 C，它们的权值分别为 2、4 和 3。这里若设置步长 s 为 1，那么阈值的初值就是 4。首先开始第一轮的询问，A 小于 4，因此跳过，B 大于等于 4，因此被选中得到调度机会，而 C 没有。接着第二轮询问开始，阈值变为 3，询问 A，跳过，询问 B 和 C，则都得到了调度。如此不断询问，直至阈值减至零时，一共进行了 2+4+3=9 次调度，得到调度的节点依次是 BBCABCABC。在这所有的 9 次调度中，权值为 2 的 A 节点得到了 2 次调度的机会，权值为 4 的 B 节点得到了 4 次调度的机会，权值为 3 的 C 节点则得到了 3 次调度的机会。注意到，当阈值从 4 减至 3 时，若 A 节点的权值在此时变为 3，而 C 节点的权值变为 2，那么 A 就会得到调度，而 C 则没有。

注意到，这里的权值 $W(N_j)$ 对于一个爬虫节点而言即是式(4-7)中的 W，分子 k 在本系统中为 100，分母是完成这 k 个任务的时间之和。一般来说，完成一个任务花费的时间是 500～5000ms，因此分母就会大于分子，于是权值 W 就会是一个在(0, 1)区间的小数，并不能适用于加权轮叫算法，必须将其做出一些改变。首先让它乘以一个系数 a，接着对它进行取整操作，这样权值 W 就会在零到一个正整数的区间内变化。这样，权值 W 为

$$W = \frac{a \times k}{\sum_{i=1}^{k} t_i \times (m+1)} \tag{4-8}$$

在式(4-8)中，a 值可以根据爬虫的情况进行设定。在本系统中，将 a 设定为 300000。当 m 为零时，W 会在 120 左右浮动。当有更多 URL 任务时，该值可以相应地调大。

在本系统中，步长 s 被置为 1。这里给出一个例子来解释为何如此设置。假设给两个爬虫节点分配任务，第一个节点平均每 2.3s 能完成一个 URL 任务，第二个节点平均需要 3.3s 才能完成一个 URL 任务,那么它们的权值就会根据式(4-8)被初始化为 130 和 90。当步长 s 被置为 1 时，在阈值从最大值减至零的过程中，第二个节点就会被调度 90 次，第一个节点则会被调度 130 次。这意味着分配给第一个节点和第二个节点的任务数之比大约是 3.3∶2.3，是符合预期的。换句话说，在本调度策略中，权值可以被理解为在一轮调度中分配给该节点任务的数量。

不过调度中还有一个问题。当所有的爬虫节点都在满负荷运作时，它们的权值都会变为零。如果一个节点完成了一些任务从而使得权值变为了某正整数，那么主控节点就会立刻将 URL 不断地调度给该爬虫节点，直至该节点的权值重新变为零。当任务数或节点数较少时，这就会直接导致负载不太均衡。在这种情况下，需要另外增加一个措施来帮助负载均衡，即限制给同一个节点连续分发任务的数量，称为辅助负载均衡策略。具体而言，可以记录已连续分发的任务数和节点 ID。当分发一个新的 URL 任务时，比较该节点是否为上一次调度的节点，若是则将任务数加 1，否则就将连续分发的任务数清零，并记录新的节点 ID。这样，主控节点就不会再无限制地持续分配给同一个节点任务。由此，调度中的误差变得更小，爬虫系统的负载也就更为均衡。

4.2.4　错误恢复机制

本系统的错误恢复机制可以分为两个部分，分别为针对爬虫节点的错误恢复机制和针对 URL 的错误恢复机制。

当一个爬虫节点突然宕机时，主控节点也应该能实时捕捉到这一情况，并对这个系统出现的错误进行恢复。一般可以考虑的方案是心跳机制。不过本系统在实现时采用了 Socket 的方式，直接捕捉 Socket 抛出的 IO 异常就能捕捉到节点断开连接的情况，接着继续查找出已分配 URL 队列中所有分配给该爬虫节点的 URL，并将它们重新进行分配。这样，针对爬虫节点的错误恢复机制就完成了。

另外，本系统监控了已分配 URL 队列，当一条 URL 长时间在队列中时，就

认为该 URL 未被及时反馈，出现了一些状况，比如在传输过程中丢失了。因此需要对其重新分发。值得注意的是，这条 URL 实际上已被分发出去了两次，若第一次其实没有丢失，而在重新分发以后被找回了，那也并无关系。因为当第二次反馈给主控节点该 URL 完成信息时，爬虫反馈模块会尝试删除已分配 URL 队列中的该 URL，而该 URL 其实已在第一次反馈时移除了，因此尝试失败，系统会直接忽略该 URL。这样，针对 URL 的错误恢复机制也就完善了。

4.2.5 实验与分析

实验采用了四台计算机以搭建分布式环境，其中两台计算机的 CPU 是 Inter(R) Core(TM) 2 Duo CPU P7450 @ 2.13GHz，内存是 2GB，操作系统为 Windows XP Professional SP3 x86，网络带宽为 10M 光纤，另外两台计算机的 CPU 是 Inter(R) Xeon(R) CPU E3-1230 V2 @ 3.30GHz，内存为 8GB，操作系统为 Windows 8.1 Professional x64，网络带宽为 20M 光纤。程序语言采用 Java。

在实验中，爬虫系统中共有四个爬虫节点。主控节点分别使用四种调度策略对其进行任务调度。前两种为提出的调度算法，第一种没有采用辅助负载均衡策略，称为原系统，第二种则采用了辅助负载均衡策略，称为改进系统。第三种调度算法为最大权值调度算法，它永远会调度给当前权值最高的节点，第四种调度算法是一个哈希算法。对前三种调度策略，让爬虫节点分别每 100ms 和每 10ms 进行一次反馈，这样一共有七种调度方式，分别用这七种调度方式进行实验，实验一共分配 5000 条 URL，并计算所有任务完成时，每个节点完成抓取这些 URL 任务的时间及完成的任务数。实验结果如图 4.7 和图 4.8 所示，其中四个节点已经分别按它们的处理速度进行了排序。

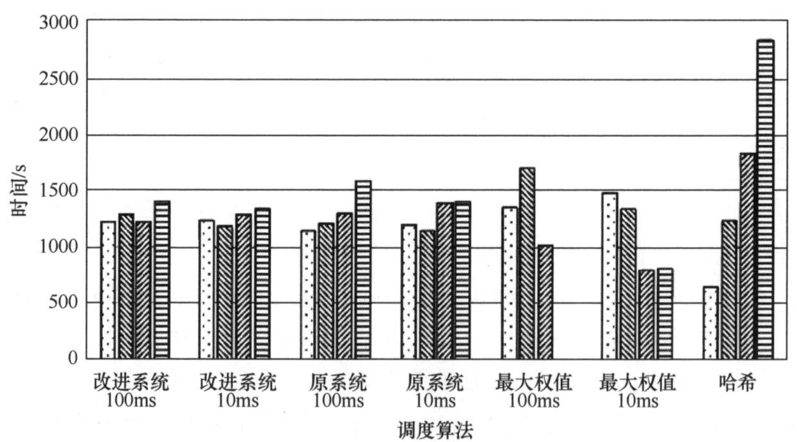

图 4.7　各爬虫节点花费的时间

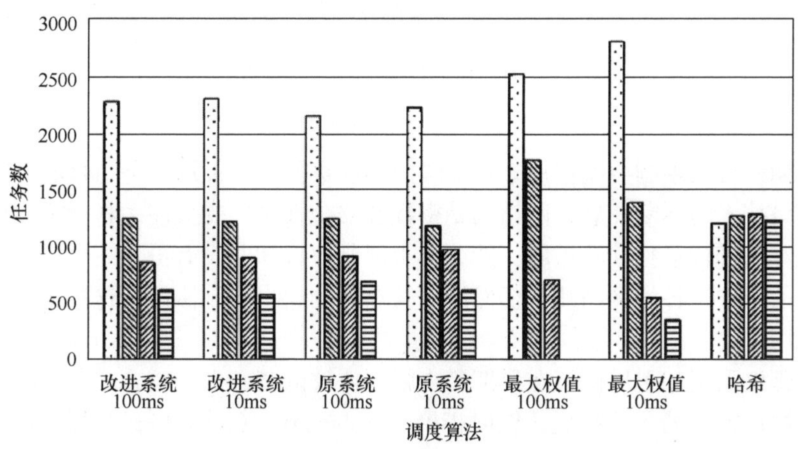

图 4.8 各爬虫节点完成的任务数

从图 4.7 中可以看出，本系统及最大权值调度算法相比哈希算法明显花费了较少的时间。原因可以从图 4.8 中很容易发现，哈希算法会随机向各个节点进行调度而不管各节点的抓取能力如何。各个爬虫节点都被分配了差不多的任务数，高性能节点自然会比低性能节点更快地完成任务，这也使得整个系统花费了更多的时间完成实验。而在本系统和最大权值调度算法之间，可以看到，本系统耗时最多的节点和耗时最少的节点间相差的时间只有 200s，而最大权值调度算法相差的时间近 1000s。显然，本系统相差的时间少了许多，表明本系统的负载平衡性能良好。注意到，最大权值调度算法在 10ms 反馈间隔时的表现还不错，然而在 100ms 反馈间隔时却相当较差，这是因为最大权值调度算法一直选择最大权值的爬虫节点进行调度，直到该节点的权值变化不是最大的为止，而 100ms 的反馈间隔时主控节点就会分发大量的任务给权值最大的爬虫节点。不过在本系统中，即使反馈间隔时间较长，负载依然足够平衡，这正是因为本系统的调度算法可以预测权值变化的趋势。

除此之外，比较一下原系统与改进系统。改进系统花费了较少的时间完成整个实验，各节点间花费的时间也更均匀，尽管两个系统之间只有些微小的差距。这也说明了加入到系统中的辅助负载均衡策略对减小误差起了作用。系统限制了连续分发给同一个节点任务的最大数目。这意味着无论节点性能或反馈间隔如何，节点间的最大误差同样被限制了。

综上所述，与传统调度算法相比，基于加权轮叫的调度算法拥有良好的负载平衡性。

4.3　爬虫限制与引导协议

早期的爬虫限制协议仅用于告知爬虫哪些页面可以抓取，哪些页面不能抓取。随着网络技术的不断发展，网站的私密性和安全性也广受关注，各大搜索引擎公司分别对其进行了独立的扩展。然而爬虫限制协议却并没有得到一个权威的机构或组织的维护，各大网站几乎仍然沿用着早期的爬虫限制协议，这些扩展几乎得不到应用。

本爬虫限制和引导协议在早期爬虫限制协议的基础上，整合了各大搜索引擎对爬虫协议提出的各项扩展，同时扩展了 robots.txt 文件的格式和指令集，以及 Sitemap.xml 中的一些标签，提出了限制和引导的概念。扩展后的爬虫限制和引导协议可以让网站全方面更完整细致地表达它们对来访爬虫各方面的限制要求及引导方式。利用本协议，网站还可以使用统一的方式为爬虫提供方便抓取的 Deep Web 页面和 AJAX 页面。

4.3.1　访问方式

本协议的访问方式沿用原爬虫限制协议中指定的形式，即网站将所有本协议支持的指令存放在一个名为 robots.txt 的文本报告件中，并将其放置在网站服务器的根目录下，能保证所有访问者都可以通过 HTTP 对其进行访问。robots.txt 存放地址示例如表 4.1 所示。

表 4.1　robots.txt 存放地址示例

网站地址	robots.txt 地址
http://www.example.com/	http://www.example.com/robots.txt
http://www.example.com:8080/	http://www.example.com:8080/robots.txt

当网络爬虫访问一个网站时，必须首先尝试访问该网站的 robots.txt。如果访问成功，即服务器的响应指示成功(HTTP 状态码 2××)，网络爬虫必须阅读其中内容，并识别它，按照适用于该网络爬虫的所有命令访问该网站。如果访问失败，即服务器响应表明该资源不存在(HTTP 状态代码 404)，则表明该网站对网络爬虫的访问没有任何限制和引导，网络爬虫可以自由访问该网。当访问时遇到其他情况时，本协议无明确要求，以下是推荐的处理方式。

① 如果服务器的响应指示限制访问(HTTP 状态码 401 或 403)，网络爬虫可以认为该网站禁止任何爬虫访问，应停止对该网站的一切访问。不过网络管理员应该最大限度保证 robots.txt 可以被爬虫访问到。

② 如果服务器的响应指示网站临时故障(HTTP 状态码 5××)，网络爬虫可以推迟一段时间再访问。

③ 如果服务器的响应表示重定向(HTTP 状态代码 3××)，网络爬虫可遵循重定向到一个可以访问的资源，并将其作为该站的 robots.txt 进行解析。

4.3.2　格式

在本协议中，robots.txt 包含多行指令，如表 4.2 所示。

表 4.2　robots.txt 每行格式

名称	格式	解释
指令行	<Field>":" <value>	<Field>为指令名称，<value>为指令内容，指令名称后跟一个冒号，随后跟着指令内容
左花括号行	{	左起第一个非空白字符为一个左花括号，后可跟注释
右花括号行	}	左起第一个非空白字符为一个右花括号，后可跟注释
空行		空行的作用是分割两个指令段，这里不应该有注释出现，否则就是注释行
注释行	"##"<value>	爬虫访问到注释行时可直接忽略

其中，本协议将 Field 的类型分为限制和引导两种，限制表示该指令是网站的命令，来访爬虫必须严格遵循，引导表示该指令是网站的建议，可供来访爬虫参考，所有的 Field 如表 4.3 所示。

本协议中，robots.txt 的内容分为三段，第一段是协议描述段，第二段是指令序列段，第三段是全局指令段。每段之间用空行进行分割。在协议描述段中，一共可包含两行，一行是 Robot-version 指令行，用以表明该 robots.txt 协议的版本号；另一行是 Last-modified 指令行，告知来访爬虫该 robots.txt 最后的更新时间。

在指令序列段中，可包含多段指令序列，每段之间用一个空行进行分割。每段指令序列由指令对象段和指令内容段组成。指令对象段可由 User-agent 指令行、Ip-allow 指令行和 Ip-disallow 指令行组成，用以告知爬虫是否适用于该段指令序列。来访爬虫应该按从上往下的顺序检查每一段指令序列中的指令对象段，直到发现与某一段指令对象段匹配，则继续解析该段指令序列的指令内容段，并按照其指示抓取该站。

在全局指令段中，指令内容是全局性的，即所有爬虫都应查看并解析。

表 4.3　指令名称列表

Field	解释	类型
Robot-version	协议版本号	限制
Last-modified	本站 robots.txt 最后修改时间	限制

续表

Field	解释	类型
User-agent	来访爬虫的标识	限制
Ip-allow	允许访问的爬虫 IP 地址	限制
Ip-disallow	禁止访问的爬虫 IP 地址	限制
Disallow	禁止访问的资源内容	限制
Allow	允许访问的资源内容	限制
Crawl-delay	同一爬虫两次访问间隔最短时间	限制
Ip-delay	同一 IP 地址的爬虫两次访问间隔最短时间	限制
Request-rate	同一爬虫在一段时间内可以访问的次数	限制
Ip-rate	同一 IP 地址的爬虫在一段时间内可以访问的次数	限制
Visit-time	允许爬虫访问的时间段	限制
Time-forbidden	临时禁止爬虫访问的时间段	限制
Language	爬虫访问需要支持的语言	限制
Encoding	爬虫访问需要支持的编码方法	限制
Cookie	爬虫访问时应该使用的 Cookie	限制
Mirror-site	要求爬虫访问该镜像网站而不是本站	限制
Sitemap	网站地图，引导爬虫抓取本站	引导
Host	镜像网站的主站域名	引导
Index-page	希望爬虫索引的页面	引导
Change-always	每次访问时都会改变的页面	引导
Change-hourly	每个小时更新一次的页面	引导
Change-daily	每天更新一次的页面	引导
Change-weekly	每周更新一次的页面	引导
Change-monthly	每月更新一次的页面	引导
Change-yearly	每年更新一次的页面	引导
Change-never	已存档不会再更新的页面	引导

左花括号行和右花括号行应该成对出现，表明介于两行之间的内容是从属于括号外的内容，括号内的指令是对括号外指令的细化。花括号行应放置在指令内容段内。而花括号内的内容则相当于一个指令序列段，同样应该按指令对象段和指令内容段组成。不同的是，除了 User-agent 指令行、Ip-allow 指令行和 Ip-disallow

指令行外，花括号内的指令对象段还可以由 Allow 指令行和 Disallow 指令行组成，用于在资源路径上具体细化指令。花括号行的指令方式可以平行使用多个，也可以嵌套使用。

值得注意的是，注释以“##”开始，之后所有该行的内容均认为是注释，爬虫可以忽略。因此注释应该跟在一行其他内容之后，或是单独作为注释行的形式出现。这里使用“##”作为注释的标记，而不是原爬虫限制协议中的“#”，是因为随着 JavaScript 的普及，现在“#”经常作为 URL 中的一个字符出现。

下面是一个简单的示例。

```
Robot-version: 3.0
Last-modified: 30 Oct 2014 04:31:17 UT

User-agent: WebCrawler
Disallow: /data
Allow: /data/open

User-agent: infoseeker
User-agent: wiseRobot
Allow: /info
Allow: /news
{
User-agent: infoseeker
Allow: /info/hot
Crawl-delay: 5
}

Sitemap: http://www.example.com/documents/example_sitemap.xml
Visit-time: 1:00-16:00 UT ##8:00-17:00 Beijing Time is not allowed
Language: zh-cn, zh
```

在这个例子中，前两行属于协议描述段，给出了版本号和最后修改时间。后三行属于全局指令段，给出了网站 Sitemap 的位置、允许访问时间以及网站使用的语言。中间一共是两段指令序列。第一段的指令对象是名为 WebCrawler 的爬虫，指令内容给出了该爬虫允许访问的资源路径。第二段的指令对象是名为 infoseeker 和 wiseRobot 的爬虫，指令内容先给出它们只允许访问本站根目录下/info 和/news 开头的资源路径对应的内容，随后给出一对花括号行，里面的内容表明 infoseeker爬虫在访问本站根目录下/info/hot开头的资源路径对应的内容时必须以最低 5s 的间隔进行。

4.3.3　指令

表 4.3 中所示指令的使用方式如下。

1. Robot-version

该指令表示 robots.txt 的版本号，在 robots.txt 的第一行中给出，<value>目前只有 3 个值可选，分别为 1.0、2.0 和 3.0。1.0 表示 1994 年提出的最原始的版本，只支持 User-agent、Disallow 两个指令，2.0 表示 1997 年提出的改进版本，支持 User-agent、Disallow、Allow 三个指令，3.0 表示本协议提出的版本，为当前最新版本，所有用到本协议的 robots.txt，第一行均应该为 Robot-version: 3.0，将来可能有更高的版本号。

该指令曾经被提出，却被逐渐遗弃，正是因为各大搜索引擎公司分别对爬虫限制协议进行扩展，没有一个统一的标准，所以很难用版本号来标识 robots.txt 中采用到的指令。而目前已经将所有指令整合，因此一旦将版本号标识为 3.0 时，本协议中所有规定的指令都应该被支持。

类型：限制。

缺省值：1.0。

示例：

Robot-version: 3.0

2. Last-modified

该指令表示 robots.txt 的最后修改时间，在 robots.txt 的第二行中给出，<value>为最后修改的时间，时间的格式由 RFC822 给出，<value>即为 RFC822 中 5.1 给出的 date-time 值，注意的是年份在 RFC822 中为 2 个数字，而本协议中允许 2 个数字或 4 个数字，如 14 和 2014 均表示 2014 年。

爬虫解析到最后修改时间后，可与以前保存在爬虫端的副本进行比较，如果 robots.txt 已经进行了更新，则必须按照最新的 robots.txt 进行抓取。这里提出 Last-modified 指令，而不是使用 robots.txt 文件的最后修改时间属性是因为考虑到网站在给出 robots.txt 时可能采用动态生成的方式，这样爬虫访问到的文件最后修改时间属性永远是最新。当文件的最后修改时间属性与指令给出的最后修改时间不符时，应以指令给出的时间为准。

类型：限制。

缺省值：robots.txt 文件的最后修改时间属性。

示例 1：

Last-modified: 30 Oct 2014 04:31:17 UT

示例 2：

Last-modified: Thu, 30 Oct 2014 04:31 UT

示例 3：

Last-modified: 30 Oct 2014 12:31 +0800

这三个示例表示的是同一时间，为北京时间 2014 年 10 月 30 日，中午 12 时 31 分，示例 1 另外给出了秒数。

3. User-agent

该指令沿用爬虫限制协议的定义。每一个爬虫都应该有一个自己的名字，并且在爬虫访问网页时应作为 HTTP 报文 User-agent 头的一部分发送给网站。爬虫的名字应简短，突出重点，容易识别，且由 26 个英文字母的大小写和 10 个数字以及下划线组成。所有商用爬虫都必须公布自己的爬虫名字，且不轻易变动。

该指令应在指令对象段中出现，当来访爬虫的名字中包含该指令的<value>时，就表示该指令对象段所对应指令内容段中的所有指令都适合于来访爬虫，其中所有限制类型的指令都必须严格遵循。<value>无大小写之分，除了特殊值“*”外，由 26 个英文字母的大小写和 10 个数字以及下划线组成，与爬虫名字的规则一致。

值得注意的是，在一个指令对象段中，各条 User-agent 指令之间，以及各条 User-agent 指令与所有 Ip-allow 和 Ip-disallow 组合出允许访问的 IP 段之间均为或的关系，即只要符合其中任意一条，就可以忽略该指令对象段中剩余的内容，直接开始解析对应指令内容段中的内容，并严格遵循其中所有限制类型的指令。另外，所有指令序列中最多只有一个指令序列是适合于来访爬虫的。也就是说，爬虫从上到下解析各指令序列的指令对象段时，只需要匹配第一段符合的指令对象段即可，之后所有的指令序列均可忽略。一般而言，最后一个指令序列的指令对象段只由“User-agent: *”构成，所有之前没有匹配到的爬虫都会匹配到该条指令，不过如果网站并没有如此做，导致来访爬虫没有匹配到任何一个指令序列，那么表示除了 robots.txt 之后可能的全局指令外，网站对来访爬虫没有其他限制。

除此之外，robots.txt 只有爬虫才会访问，因此如果 User-agent 的<value>为浏览器名称，是无任何作用的。

类型：限制。

缺省值：无缺省值，若 User-agent 的<value>为空，则该条指令无效。

示例 1：

User-agent: infoseeker

表 4.4 是一些可以匹配或不匹配的爬虫名字。

表 4.4 爬虫名称及是否匹配示例 1 中的指令

爬虫名字	是否匹配
infoseeker	是
InfoSeeker	是
BobbyInfoSeeker	是
info_seeker	否
informtionSeeker	否
infoseek	否

示例 2：

User-agent: infoseeker

User-agent: wiseRobot
表 4.5 是一些可以匹配或不匹配的爬虫名字。

表 4.5 爬虫名称及是否匹配示例 2 中的指令

爬虫名字	是否匹配
infoseeker	是
Wiserobot	是
inforobot	否

示例 3：

User-agent: *
表示匹配任何一个爬虫。

4. Ip-allow 和 Ip-disallow

这两条指令应在指令对象段中出现，表示对来访爬虫 IP 地址的限制。<value>为 IP 地址，由 RFC791 规定，用点分十进制表示，由 4 个数组成，中间用“.”隔开，每个数都是 0～255 中的一个整数。其中每个数的位置都可以使用通配符“*”来匹配 0～255 中的任何一个数。特别的，可以使用“*”来表示“*.*.*.*”，即任何 IP 地址。称所有连续的 Ip-allow 指令或 Ip-disallow 指令行为一个 Ip-allow 和 Ip-disallow 指令组，它规定了一个网站所有允许访问的爬虫 IP 地址和所有不允许访问的路径爬虫 IP 地址。爬虫必须从上到下遍历所有指令组中的每条指令，以获知自己是否可以访问该站，若有多条指令匹配，则匹配最后一条指令。注意，当一个 Ip-allow 和 Ip-disallow 指令组的第一条指令是 Ip-allow 指令且<value>不是“*”

时，则爬虫应该认为这些指令组是在“Ip-disallow: *”的基础上开始的；同样的，当指令组的第一条指令是 Ip-disallow 指令且<value>不是“*”时，爬虫应该认为这些指令组是在“Ip-allow: /”的基础上开始的。

类型：限制。

缺省值：Ip-allow: *，即无任何限制。

示例 1：

Ip-disallow: 222.69.212.*

表 4.6 是一些匹配或不匹配的爬虫的 IP 地址。

表 4.6　爬虫 IP 地址及是否匹配示例 1 中的指令

爬虫 IP 地址	是否匹配
222.69.212.14	否
222.69.222.14	是
223.50.148.3	是

示例 2：

Ip-disallow: 222.69.*.*

Ip-allow: 222.69.212.14

Ip-allow: 222.69.212.15

表 4.7 是一些匹配或不匹配的爬虫的 IP 地址。

表 4.7　爬虫 IP 地址及是否匹配示例 2 中的指令

爬虫 IP 地址	是否匹配
222.69.212.13	否
222.69.212.14	是
222.69.212.15	是
222.69.222.14	否
223.50.148.3	是

示例 3：

Ip-allow: *

表示对爬虫的 IP 地址不做限制，一般这种情况下，可以在指令对象段中只使用 User-agent 指令，而不需要 Ip-allow 或 Ip-disallow 指令。

5. Allow 和 Disallow

这两条指令沿用爬虫限制协议的定义。它们是指令内容段中最重要的指令，位置一般在指令内容段的最前端，告诉爬虫所给出的相对路径是否可以访问。<value>为一个相对路径，一般而言以“/”开始，表明其路径相对于网站的根目录。<value>中的字符为 URL 规范字符以及通配符“*”和“$”，其中“$”匹配行结束符，“*”匹配 0 或多个任意字符。称所有连续的 Allow 指令或 Disallow 指令行为一个 Allow 和 Disallow 指令组，它规定了一个网站所有允许访问的路径和所有不允许访问的路径。爬虫必须从上到下遍历所有指令组中的每条指令，以获知自己可以访问的资源路径。注意，当一个 Allow 和 Disallow 指令组的第一条指令是 Allow 指令且<value>不是“/”或“*”时，则爬虫应该认为这些指令组是在“Disallow: /”的基础上开始的；同样的，当指令组的第一条指令是 Disallow 指令且<value>不是“/”或“*”时，爬虫应该认为这些指令组是在“Allow: /”的基础上开始的。

注意，“/robots.txt”总是允许被访问的，且不应该出现在 Allow 和 Disallow 指令的<value>中，其中字符不区分大小写。

类型：限制。

缺省值：Allow: /，即无任何限制。

示例 1：

Disallow: /tmp

表 4.8 是一些允许或不允许抓取的资源路径。

表 4.8 资源路径及根据示例 1 中的指令是否允许抓取

资源路径	是否允许抓取
/tmp	否
/temp	是
/tmp1	否
/tmp.html	否
/tmp/tmp0001.html	否

示例 2：

Allow: /tmp/

表 4.9 是一些允许或不允许抓取的资源路径。

表 4.9 资源路径及根据示例 2 中的指令是否允许抓取

资源路径	是否允许抓取
/tmp	否
/temp	否

续表

资源路径	是否允许抓取
/tmp1	否
/tmp.html	否
/tmp/tmp0001.html	是

示例 3：

Disallow: /news/

Disallow: /info

Allow: /info/open

表 4.10 是一些允许或不允许抓取的资源路径。

表 4.10　资源路径及根据示例 3 中的指令是否允许抓取

资源路径	是否允许抓取
/news/news0001.html	否
/info/infoShow.html	否
/info/latest/info0001.html	否
/info0001.html	否
/info/open/info0001.html	是
/tmp/tmp0001.html	是

6. Crawl-delay 和 Ip-delay

Crawl-delay 指令由 Yandex 提出，本协议将其整合。这两条指令应出现在指令内容段中，表示爬虫两次访问该站应该间隔的时间，<value>为一个整数或小数，表示间隔的秒数。其中，Crawl-delay 以爬虫为目标，而 Ip-delay 则以 IP 地址为目标。该指令当网站希望限制爬虫访问频率时可以使用。

类型：限制。

缺省：0，即无任何限制。

示例：

Crawl-delay: 5

7. Request-rate 和 Ip-rate

这两条指令应出现在指令内容段中，表示爬虫在一定时间内可以访问该站的次数，<value>格式为一个整数，后紧跟“/”，接着一个整数或小数，最后是一个字母。第一个整数表示这段时间内爬虫可以访问的次数，第二个数为整数或小数，表示时间，最后一个字母是时间的单位，可以为 s、m 和 h，分别表示秒、分和时。这两个指令中，Request-rate 以爬虫为目标，而 Ip-rate 则以 IP 地址为目标。该指令当网站希望限制爬虫访问频率时可以使用。

注意，如果网站需要根据该指令进行技术限制时，应该以爬虫第一次访问的时间开始计算，而不是按照一个固定时间段来计算，如 Request-rate: 500/h 表示爬虫应该以每小时 500 次的频率访问该站，那么假设一个爬虫第一次访问的时间是 5:12，那么网站应该保证该爬虫在 5:12～6:12 当中可以正常访问剩下的 499 次。

类型：限制。

缺省：无限制。

示例：

Request-rate:500/h

8. Visit-time 和 Time-forbidden

这两条指令应出现在指令内容段中，表示这段时间段内爬虫允许或禁止访问本站，<value>格式为时间，后接“-”，再接时间。时间格式与 Last-modified 指令中规定的格式相同。如果第一个时间没有指定地区，而第二个时间指定了地区，那么第一个时间也应该认为是在这个地区内。一般而言，Visit-time 更多用于每天允许爬虫访问的时间，因此一般可以不指定日期，在这种情况下，如果第二个时间早于第一个时间,则认为允许访问的时间是第一个时间到第二天的第二个时间。而 Time-forbidden 更多是用于临时禁止爬虫访问的情况，比如网站开展了一个活动，将会面临大量的访问量，在这种情况下，利用 Time-forbidden 给出具体的一段不允许访问的时间，日期一般应该被指定。

类型：限制。

缺省：无。

示例 1：

Time-forbidden: 30 Oct 2014 00:00:00 UT-2 Nov 2014 23:59:59 UT

示例 2：

Visis-time: 01:00 +0800-06:00 +0800

9. Language

这条指令应在指令内容段中使用，用以通知爬虫该站使用的语言，爬虫必须支持该语言才能来访问该站。<value>为一系列语言，中间用“,”分割。

类型：限制。

缺省值：无限制。

示例：

Language: en-us,en

10. Encoding

这条指令应在指令内容段中使用，用以通知爬虫该站使用的编码方法，通常指压缩方法，爬虫必须支持该编码方法才能来访问该站。<value>为一系列编码方法，中间用“,”分割。

类型：限制。

缺省值：无限制。

示例：

Encoding: gzip,deflate

11. Charset

这条指令应在指令内容段中使用，用以通知爬虫该站使用的字符集，爬虫必须支持该字符集才能来访问该站。<value>为一系列字符集，中间用“,”分割。

类型：限制。

缺省值：无限制。

示例：

Encoding: gb2312,utf-8

12. Cookie

这条指令应出现在指令内容段中，表示爬虫访问本站时应该在 HTML 头中加入的 Cookie 键值对，<value>格式和 HTML 头中 Cookie 的形式一致。当爬虫在 HTML 头中不加入本指令指定的 Cookie 时，网站可以拒绝爬虫的任何访问。

类型：限制。

缺省：无。

示例：

Cookie: visitor=crawler

13. Mirror-site

这条指令应出现在指令内容段中，对于具有多个镜像的网站，用以告知来访爬虫应该访问的域名地址，而不是访问本站。<value>为域名。

类型：限制。

缺省：无。

示例：

Mirror-site: www.example.com

14. Sitemap

这条指令由 Google 提出，本协议将其整合，并对 Sitemap 协议进行了扩展。这条指令应出现在指令内容段中，表示网站地图所在位置。

网站地图可以有 txt、xml 和 xml 索引三种格式。其中，xml 和 xml 索引格式的文件遵循 Sitemap 协议，而 txt 格式则为所有数据网页的罗列，即忽略了 xml 中所有对数据网页的描述标签。建议网站管理员只将传统通用网络爬虫无法通过链接访问到的 Deep Web 数据页面网址加入到 Sitemap 中，而不是将服务器下静态文件全部列出，或使用传统通用网络爬虫抓取自己的网站后，将所有得到的页面列出。原因是这样列出的页面是传统爬虫可以方便地抓取到的，Sitemap 并没有带来任何帮助。而事实上，在 Sitemap 应该罗列的是那些隐藏在搜索表单背后的 Deep Web 页面。如果网站管理员无法列出那些页面，建议可以采取以下几种方式累积 Deep Web 页面。

(1) 根据网站所在领域的知识，列出 1 组或多组 Top-*N* 个专有数据网页，添加到 Sitemap 中，每隔一段时间将 Top-*N* 表单中新出现的专有数据网页添加到 Sitemap 中。

(2) 列出最近用户访问的 *M* 条专有数据页面，添加到 Sitemap 中，每隔一段时间将新的 *M* 条专有数据页面添加到 Sitemap 中。

(3) 列出最近一段时间内所有被访问的专有数据页面，添加到 Sitemap 中，每隔一段时间将新的专有数据页面添加到 Sitemap 中。

(4) 每当一个专有数据页面被访问时，添加到 Sitemap 中。

除此之外，当网站管理员认为一个页面可能不会被传统爬虫识别时，可以为其设计一个对应的爬虫页面，专供爬虫抓取。该页面呈现的内容应与原页面基本一致，并且该网页不应该采用任何的异步访问技术，爬虫只需对该网页进行一次访问即可拿到全部的页面内容。这样的方式可能会对以下情况带来方便。

(1) 页面中含有大量 AJAX 等为用户体验设计的异步呈现方式，网站可以生成其静态快照作为爬虫页面。

(2) 页面中含有大量图片、视频、flash 等非文字形式为用户设计的信息呈现方式，而通用爬虫可能无法识别这些内容，网站可以在爬虫页面中以文字描述的形式代替这些资源的链接。

(3) 页面中含有大量 css 代码，对爬虫没有任何帮助，网站可以在爬虫页面中删除这些内容。

除了 Sitemap 协议中定义的标签外，本协议在<url>孩子节点中扩展了两个标签，第一个是<type>，可选值为 data、list 和 other，用以告知爬虫该页面的类型。data 表示该页面中的内容就是数据页面，爬虫无须跟踪该页面中的任何链接。list 表示该页面中的内容是一系列数据页面 URL 的列表，如搜索结果返回页，爬虫应该对其中每一条 URL 进行访问并抓取。other 表示其他页面，爬虫可以根据传统访问方式自由访问。另一个是<srcloc>标签，用以表示爬虫页面所对应的原始网页地址。比如原始网页地址为

http://www.example.com/news/hot.asp?date=1030&id=8

为其设计的爬虫页面地址为

http://www.example.com/crawler/news/20141030008.html

那么在 Sitemap 中就可以表示为

```
<url>
<loc>http://www.example.com/crawler/news/20141030008.html</loc>
<srcloc>http://www.example.com/news/hot.asp?date=1030&id=8</srcloc>
<lastmod>2014-10-30</lastmod>
<changefreq>daily</changefreq>
<priority>0.8</priority>
<type>data</type>
</url>
```

Google 提出的 Sitemap 协议中特别提到了一些使用细节，本协议继续沿用。Sitemap 的所有数据数值应为实体转义过的，文件本身应为 UTF-8 编码的，网站可以提供多个 Sitemap 文件，但提供的每个 Sitemap 文件包括的网址不得超过 50000 个，并且未压缩时不能大于 10MB。这些限制条件有助于确保 Web 服务器不会因传输非常大的文件而遇到麻烦。如果要列出超过 50000 个网址，网站需要创建多个 Sitemap 文件。如果预计 Sitemap 网址数量会超过 50000 个或大小超过 10MB，应考虑创建多个 Sitemap 文件。如果网站的确提供了多个 Sitemap，可以将其列在 Sitemap 索引文件中。Sitemap 索引文件则只能列出不超过 1000 个 Sitemap。

类型：引导。

缺省：无。

示例：

Sitemap: http://www.example.com/sitemap.xml

15. Host

这条指令由 Yandex 提出，本协议将其整合。这条指令应出现在指令内容段中，对于具有多个镜像的网站，用以告知来访爬虫首选域名。<value>为域名。

类型：引导。

缺省：无，即本站。
示例：
Host: www.example.com

16. Index-page

这条指令由 360 提出，本协议将其整合。这条指令应在指令内容段中使用。网站使用该指令来告知爬虫哪些经常更新的页面，即希望爬虫经常来访问的资源路径。<value>为一个相对路径，一般以“/”开始，表明其路径相对于网站的根目录。其中字符为 URL 规范字符以及通配符“*”和“$”。
类型：引导。
缺省值：无。
示例 1：
Index-page: /news/newslist.html
示例 2：
Index-page: /news/
示例 3：
Index-page: /news/news*.html$
Index-page: /news/*/list.html

17. Change-always、Change-hourly、Change-daily、Change-weekly、Change-monthly、Change-yearly 和 Change-never

这几条指令扩展自 Sitemap 协议，提供了一种更大粒度的描述方式。这几条指令应在指令内容段中使用，用以通知爬虫抓取页面的更新频率，表达希望爬虫按照相应间隔来进行访问的意图。<value>为一个相对路径，一般而言以“/”开始，表明其路径相对于网站的根目录。其中字符为 URL 规范字符以及通配符“*”和“$”。
类型：引导。
缺省值：无。
示例 1：
Change-hourly: /news/newslist.html
示例 2：
Change-daily: /news/hot/*.html

4.3.4 类 BNF 范式

本协议的类 BNF 语法基本和爬虫限制协议一致，基本采用 RFC822 中的定义。

除了“|”表示选择外，静态文本由“”进行引用，左右括号“(“和”)”用来将元素分组，[]表示可选项，<*n*>*表示接下去的元素可以重复 *n* 次或更多次，缺省值为 0，即 0 次或多次。与爬虫限制协议中不一致的是用到了“#”，该符号由 RFC 2616 进行了定义。

robotstxt=*blankcomment | *blankcomment head 1*commentblank record *(1*commentblank 1*record) 1*commentblank globalrecord *blankcomment

爬虫限制协议分为头部、一系列的指令序列和全局指令段三部分。

blankcomment=1*(blank | commentline)

空行或注释行，用于文件开头和结尾可能的空白部分。

commentblank=*commentline blank *(blankcomment)

空行，必有一行为纯空白行，用于区分两个指令段。

commentline=comment CRLF

注释行。

comment=*space "##" anychar

注释。

blank=*space CRLF

空行。

space=1*(SP | HT)

空格。

CRLF=CR LF

回车换行。

head=versionline *commentline lastmodline

头部，包括版本号和最后修改时间。

record=robotrecord *commentline rule

指令序列，包括指令对象和指令规则。

globalrecord=*(commentline | ruleline)

全局指令段。

versionline=*space "Robot-version:" *space version [comment] CRLF

版本号行。

lastmodline=*space "Last-modified:" *space date-time [comment] CRLF

最后修改时间行。

robotrecord=(agentrecord | iprecord | agentrecord iprecord)

指令对象，包括爬虫名字和 IP 地址。

agentrecord=agentline *(commentline | agentline)

爬虫名字。

iprecord=ipline *(commentline | ipline)

IP 地址。

agentline=*space "User-agent:" *space agent [comment] CRLF

爬虫名字行。

ipline=(ipdisallowline | ipallowline)

IP 地址行。

ipallowline=*space "Ip-allow:" *space ipaddress [comment] CRLF

允许的 IP 地址行。

ipdisallowline=*space "Ip-disallow:" *space ipaddress [comment] CRLF

禁止的 IP 地址行。

rule=1*ruleline *(commentline | ruleline) *innerrule

指令规则。

ruleline=(disallowline | allowline | sitemapline | crawldelayline | ipdelayline | requestrateline | iprateline | visittimeline | hostline | indexpageline | changealwaysline | changehourlyline | changedailyline | changeweeklyline | changemonthlyline | changeyearlyline | changeneverline | languageline | encodingline | charsetline | mirrorsiteline | timeforbiddenline | cookieline | extension)

指令规则行，包括禁止路径行、允许路径行、网站地图行、延迟时间行、IP 延迟时间行、请求间隔行、IP 请求间隔行、访问时间行、主机行、索引页行、常变更页行、小时变更页行、天变更页行、周变更页行、月变更页行、年变更页行、不变更页行、语言行、编码行、字符集行、镜像站点行、禁止访问时间行、Cookie 行以及可能的扩展行。

innerrule=lparenthesisline [robotrecord] *commentline rule *commentline rparenthesisline

内部规则。

lparenthesisline=*space "{" [comment] CRLF

左括号行。

rparenthesisline=*space "}" [comment] CRLF

右括号行。

disallowline =*space "Disallow:" *space rpath [comment] CRLF

禁止路径行。

allowline=*space "Allow:" *space rpath [comment] CRLF

允许路径行。

sitemapline=*space "Sitemap:" *space httpurl [comment] CRLF

网站地图行。

crawldelayline=*space "Crawl-delay:" *space int [comment] CRLF

延迟时间行。

ipdelayline=*space "Ip-delay:" *space int [comment] CRLF

IP 延迟时间行。

requestrateline=*space "Request-rate:" *space rate [comment] CRLF

请求间隔行。

iprateline=*space "Ip-rate:" *space rate [comment] CRLF

IP 请求间隔行。

visittimeline =*space "Visit-time:" *space date-time [comment] CRLF

访问时间行。

hostline =*space "Host:" *space host [comment] CRLF

主机行。

indexpageline=*space "Index-page:" *space httpurl [comment] CRLF

索引页行。

changealwaysline=*space "Change-always:" *space rpath [comment] CRLF

常变更页行。

changehourlyline=*space "Change-hourly:" *space rpath [comment] CRLF

小时变更页行。

changedailyline=*space "Change-daily:" *space rpath [comment] CRLF

天变更页行。

changeweeklyline=*space "Change-weekly:" *space rpath [comment] CRLF

周变更页行。

changemonthlyline=*space "Change-monthly:" *space rpath [comment] CRLF

月变更页行。

changeyearlyline=*space "Change-yearly:" *space rpath [comment] CRLF

年变更页行。

changeneverline=*space "Change-never:" *space rpath [comment] CRLF

不变更页行。

languageline=*space "Language:" *space language [comment] CRLF

语言行。

encodingline=*space "Encoding:" *space encoding [comment] CRLF

编码行。

charsetline=*space "Charset:" *space charsetval [comment] CRLF

字符集行。

mirrorsiteline=*space "Mirror-site:" *space host [comment] CRLF

镜像站点行。

timeforbiddenline=*space "Time-forbidden:" *space date-time [comment] CRLF

禁止访问时间行。

cookieline=*space "Cookie:" *space set-cookie-string [comment] CRLF

Cookie 行。

extension=*space token ":" *space value [comment] CRLF

可能的扩展指令行。

version　=1*DIGIT "." 1*DIGIT

版本号格式。

agent=token

爬虫名字格式。

ipaddress=(IPv4address | IPv6address)

IP 地址格式。

rpath="/" path

路径格式。

int=1*DIGIT

整数格式。

rate　=1*DIGIT "/" *DIGIT ("s" | "m" | "h")

时间间隔格式。

encoding=1#(codings [";" "q" "=" qvalue])

编码格式。

language=1#(language-range [";" "q" "=" qvalue])

语言格式。

charsetval=1#((charset | "*")[";" "q" "=" qvalue])

字符集格式。

value=<any CHAR except CR or LF or "##">

值格式。

anychar=<any CHAR except CR or LF>

任何字符。

CHAR=<any US-ASCII character (octets 0 - 127)>

字符。

CTL=<any US-ASCII control character (octets 0 - 31) and DEL (127)>

控制字符。

CR=<US-ASCII CR, carriage return (13)>

回车。

LF=<US-ASCII LF, linefeed (10)>

换行。

SP=<US-ASCII SP, space (32)>

空格。

HT=<US-ASCII HT, horizontal-tab (9)>

水平制表符 Tab。

其中 token 由 RFC1945 定义，IPv6address 和 IPv4address 由 RFC2373 定义，date-time 由 RFC822 定义，httpurl 和 host 由 RFC1738 定义，codings、qvalue、language-range 和 charset 由 RFC2616 定义，set-cookie-string 由 RFC6265 定义，path 由 RFC1808 定义。

4.3.5　示例

假设现在有一个网站，域名是 www.example.com，http://www.exmple.com/index.html 是本站的首页，分别链接到 news、data 和 info 三大板块，分别对应 http://www.exmple.com/news/、http://www.exmple.com/data/和 http://www.exmple.com/info/三个路径。

其中 news 板块的网址诸如 http://www.exmple.com/news/20141030/001.html 为本站提供的新闻，每日都会更新，其中新闻正文在发布时就已写成 HTML，可以在源代码中直接看到，而评论部分则采用 AJAX 方式呈现。

data 板块的网址主要有三个，第一个为 http://www.exmple.com/data/search.php，为本站 Deep Web 数据的查询页，第二个为 http://www.exmple.com/data/list.php，为本站 Deep Web 数据查询结果的列表展示页，根据查询的不同，网址后会接不同的 get 参数，第三个为 http://www.exmple.com/data/item.php，为具体数据页面，由动态生成的列表展示页中各条结果链接到，一般会跟 get 参数诸如 id=000001，另外对一些热门的数据则会跟 get 参数 hot=true。

info 板块的网址诸如 http://www.exmple.com/info/help.html，为本站的各类信息，很少改动，是静态页面。

另外，本站下面还有 http://www.example.com/tmp/路径，为临时文件地址，不希望用户访问；http://www.example.com/admin/路径，为管理员使用地址，不希望爬虫访问。

本站对两家搜索引擎表示信任，允许他们的爬虫(WiseSearcher 和 ooCrwaler)抓取本站 data 中的内容，不过对于有 hot 标记的内容，只允许在非拥挤时段(晚上 7：00～9：00 外)访问。另外根据本站的服务器端监控记录，发现爬虫 BadCrwaler 以及在 IP 地址段 222.69.212.*和 222.69.213.*的若干爬虫总是恶意抓取本站，导致本站服务器极度拥挤，因此需要禁止其抓取本站。除此之外的所有爬虫都可以抓取本站除 data 外的任何内容。当然，本站是中文网站，因此来访爬虫应该能支持中文，另外由于本站为小型网站，不希望爬虫以太高频率访问，所以希望爬虫两次访问应间隔至少 1s。

建立 http://www.exmple.com/robots.txt 文件，并在其中写如下内容。

```
Robot-version: 3.0
Last-modified: 30 Oct 2014 04:31:17 UT

User-agent: WiseSearcher
User-agent: ooCrwaler
Disallow: /tmp/
Disallow: /admin/
{
Allow: /data/item.php?id=*&hot=true
Visit-time: 21:00-19:00 +0800
}

User-agent: BadCrwaler
Ip-disallow: 222.69.212.*
Ip-disallow: 222.69.213.*
Disallow: /

User-agent:*
Disallow: /data/
Disallow: /tmp/
Disallow: /admin/

Sitemap: http://www.example.com/sitemap.xml
Crawl-delay: 1
Language: zh-cn, zh
```

4.4　基于集聚系数的自适应聚类方法

4.4.1　问题提出

目前，在网络大数据话题发现中，应用在词聚类中的大多数聚类算法需要人为事先设定参数，如设定聚类的个数、类的密度、类的大小等。由于互联网信息数据量庞大，以及词和词之间关系的复杂，没有人可以事先确定词聚类最终形成的类的个数、每个类的密度和每个类中词的个数等数值。一般来讲，这些聚类算法往往会形成特定聚类形状，因而失去一些类固有的特征。例如，在词聚类中常被使用的 k-means 算法，它的聚类形状都是一些球状簇，又如 DBSCAN (Density-Based Spatial Clustering of Applications with Noise)算法需要事先设定全局参数 ε 和 minPts，这在词关联关系分布类似幂律分布的词聚类应用中较不合理。实际上，为了真实地显示词聚类的类结构特征，应用在词聚类上的聚类算法应该是自学习的。此外，大多数的聚类算法忽略了聚类对象之间的关系，例如 k-means 及它的各类衍生算法如 k-medoids 等，聚类过程中只考虑了聚类对象和中心聚类对象之间的相似关系，DBSCAN 算法只考虑了聚类对象在一定空间范围之内的连通关系，这样会使得词聚类的结果中，类结构不紧凑，具体表现为每个类所表示的话题内容不明晰，甚至一个类包含多个话题。因此，本节提出了基于集聚系数的词的自适应聚类算法(A Self-learning Word Clustering Algorithm Based on Clustering Coefficient，CBCC)[19]。该算法可以自动学习词类的结构特征，将词和词两两之间的关联关系考虑进来，自动确定聚类个数并形成最终的词类结果。

4.4.2　集聚系数概述

聚类中，很多聚类算法都是根据给定的 k 值聚类，这要求用户在使用聚类算法之前就有一定的领域知识。智能的聚类算法可以根据聚类模型的实际情况，动态地分析模型结构，最后给出适当的 k 值。聚类的基本标准是类内元素间的相似度高，而类间元素间的相似度低。但是，到目前为止，并没有一个较好的标准来判断类内元素间整体的相似度，以及类之间的相异度。为此，本章借鉴图论中的知识，引入了集聚系数的概念。所谓集聚系数[20]，是用来描述一个图中的顶点之间聚集成团的程度系数。具体来说，是一个点的邻接点之间互相连接的程度。集聚系数分为局部集聚系数和平均集聚系数。局部集聚系数可以测量图中每个顶点附近的集聚程度，而平均集聚系数可以评估一个图中所有顶点的平均集聚程度。

对于图 $G=(V, E)$，$V=\{v_1,v_2,v_3,\cdots,v_n\}$，$E=\{e_{ij}:(i,j)\in S\subset[1,2,\cdots,n]^2\}$，其中，$e_{ij}$ 表示连接点 v_i 和 v_j 的边。每个顶点与邻居节点连接的边用 N 来表示，N_i 表示与点 v_i 连接的边的集合，边的数量就是顶点的度，记作 $|N_i|$。C_i 表示顶点 v_i 的局部集聚系数，它等于所有与 v_i 相连的顶点之间边的数量除以这些顶点之间最多可能连接的边数。对于无向图，n 个顶点之间最大的边连接数为 $n(n-1)/2$，因此 C_i 的分母就是 $|N_i|(|N_i|-1)/2$，$|N_i|$ 是与顶点 v_i 连接的边数。顶点 v_i 的局部集聚系数 C_i 的形式化表示为

$$C_i = \frac{\left|\left\{e_{jk}: v_j, v_k \in N_i, e_{jk} \in E\right\}\right|}{\frac{|N_i|(|N_i|-1)}{2}} \tag{4-9}$$

从图 4.9 可以发现两图中顶点 A 的局部集聚系数是相等的。

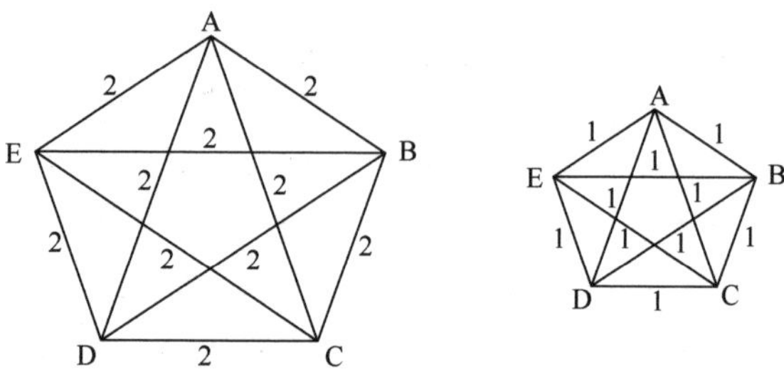

图 4.9　两个不同权重的 5 阶完全图

如果图中边的权重代表的是距离，则右图中顶点间的距离要比左图中顶点间的距离更紧密；如果图中边的权重代表的是关系值，那么左图中顶点间的关系要比右图中顶点间的关系更紧密。因此，在图的集聚系数的计算过程中，应将边的权重也考虑进来。考虑了边权重之后，顶点的局部集聚系数计算公式为

$$C_i = \frac{\left|\left\{e_{jk}: v_j, v_k \in N_i, e_{jk} \in E\right\}\right|}{\frac{|N_i|(|N_i|-1)}{2} \cdot \frac{\sum_{j \in N_i} e_{ji}}{|N_i|}} \tag{4-10}$$

其中，$\frac{\sum_{j \in N_i} e_{ji}}{|N_i|}$ 表示与 v_i 连接的邻居节点间边的权重，v_j 、v_k 表示数据点 j、k，N_i 表示数据点 v_i 的邻接点集合，E 是边的集合，$|N_i|$ 表示 N_i 的数目，e_{jk} 表示连接节点 j 和节点 k 的边。可以看出，在无权图中，一个顶点 v_i 的局部集聚系数 C_i 总是在 0～1。0 表示 v_i 的邻居节点之间没有抱团的联系，而 1 表示 v_i 的邻居节点之间联系紧密，接近完全图。在有权图中，当节点与其邻居节点接近完全图，并且节点之间的距离趋向零时，节点的局部集聚系数值趋向 $+\infty$ 。

图 4.10 中，节点 1 的邻居节点 2、3、4 之间有 3 条连接边，因此节点 1 的局部集聚系数是 $3/c_3^2=1$ 。右图节点 1 的邻居节点 2、3、4 之间有 3 条连接边，因此节点 1 的局部集聚系数是 $3\bigg/\left(c_3^2.\frac{s_{12}+s_{13}+s_{14}}{3}\right)=\frac{3}{s_{12}+s_{13}+s_{14}}$ 。

知道了一个图中每个顶点的局部集聚系数，就可以计算出整个图的平均集聚系数。定义图的平均集聚系数[20]为 $\overline{C}=\frac{1}{n}\sum_{i=1}^{n} C_i$ ，它用来衡量一个图在整体上的

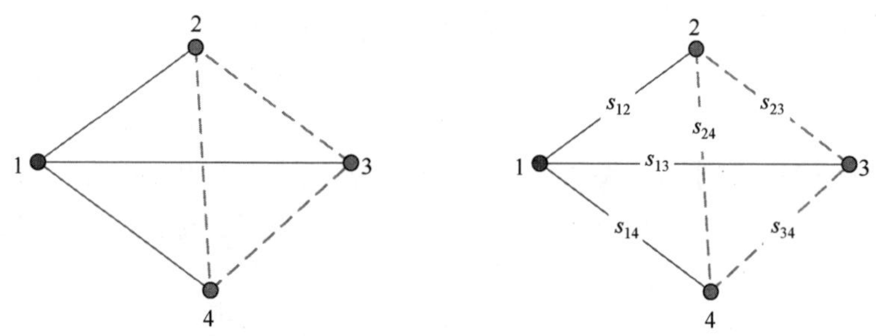

图 4.10　左图为无权图，右图为有权图

集聚程度。本节中的词关系采用共现关系。在同一篇文章中，我们会发现，词之间的共现关系是有传递性的。但是在整个网页集的样本空间范围上，词之间共现关系的传递性就不成立。因此，在词聚类过程中，对于词构成的类，计算其类内词之间的相似度时，可以使用集聚系数这个定义。

假设现有图 $A=(V_A,E_A)$ 和图 $B=(V_B,E_B)$，图 A 和图 B 之间有部分顶点之间有边关联。根据之前介绍的带权重的局部集聚系数计算方式，现定义一个图的类内集聚程度计算方式为

$$\text{intra}(A)=\frac{\sum_{v_i\in V_A,e_{ij}\in E_A}C_i}{|V_A|},\quad \text{intra}(B)=\frac{\sum_{v_i\in V_B,e_{ij}\in E_B}C_i}{|V_B|} \tag{4-11}$$

其中，v_i 表示数据点 i，V_A 表示类 A 中数据点的集合，V_B 表示类 B 中数据点的集合，$|V_A|$ 表示类 A 中数据点的数目，$|V_B|$ 表示类 B 中数据点的数目，e_{ij} 表示连接数据点 i 和 j 的边，E_A 表示类 A 中边的集合，E_B 表示类 B 中边的集合，C_i 是根据式(4-10)计算的 v_i 的局部集聚系数，$\text{intra}(A)$ 和 $\text{intra}(B)$ 分别表示类 A 和类 B 的类内集聚程度。

当分析两个图之间的关系时，我们会着重分析连接两个图的那些点。因为这些点之间的连接关系表示了这两个图之间的关联关系。假设现有图 $A=(V_A,E_A)$ 和 $B=(V_B,E_B)$，定义图 A 和图 B 之间的类间集聚程度为

$$\text{inter}(A',B)=\frac{\sum_{v_i\in V_A,e_{ij}\in U}C_i}{|V_{A'}|},\quad \text{inter}(B',A)=\frac{\sum_{v_i\in V_B,e_{ij}\in U}C_i}{|V_{B'}|},\quad U=E_A\cup E_B \tag{4-12}$$

其中，U 表示 $E_A\cup E_B$ 边的集合，$\text{inter}(A',B)$ 和 $\text{inter}(B',A)$ 分别表示类 A 受类 B 关联和类 B 受类 A 关联的类间集聚程度。

图 A' 由图 A 和与 A 有关联关系但属于图 B 的顶点组成图，B' 由图 B 和与 B 有关联关系但属于图 A 的顶点组成图，$|V_{A'}|$ 表示 A' 类中顶点的数目，$|V_{B'}|$ 表示类 B' 中顶点的数目，V_A 表示类 A 中顶点的集合，V_B 表示类 B 中顶点的集合，e_{ij} 表

示连接数据点 i 和 j 的边。如果 $\text{inter}(A',B)$ 大于 $\text{intra}(\overline{A})$，则表明把那些属于图 B 但与图 A 有关联关系的点划分给 A 可以提高图 A 的类内集聚程度。同理，如果 $\text{inter}(B',A)$ 大于 $\text{intra}(\overline{B})$，则表明把那些属于图 A 但与图 B 有关联关系的点划分给图 B 可以提高图 B 的类内集聚程度。当 $\text{inter}(A',B) \geqslant \text{intra}(\overline{A})$ 和 $\text{inter}(B',A) \geqslant \text{intra}(\overline{B})$ 同时成立时，则表明合并图 A 和图 B 可以获得一个新类，新类的类内集聚程度要比图 A 和图 B 各自的类内集聚程度高。

类似地，如果图 C 可以被分成 C^1 和 C^2 两个图，当 $\text{inter}(C^1,C^2) < \text{intra}(\overline{C^1})$ 和 $\text{inter}(C^2,C^1) < \text{intra}(\overline{C^2})$ 同时成立时，则表明图 C^1 和图 C^2 与图 C 相比，有更高的类内集聚程度，如图 4.11 所示。

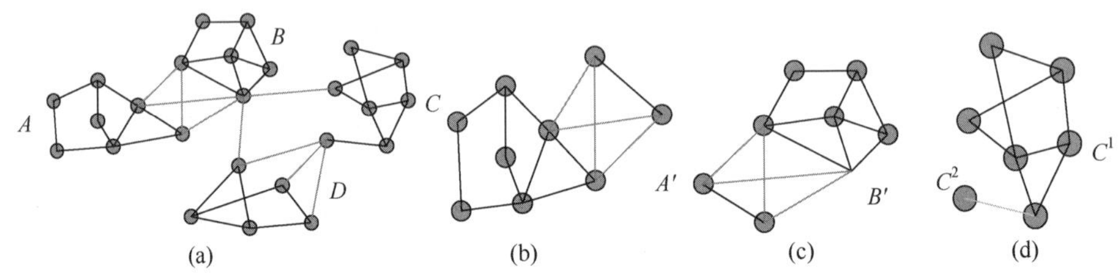

图 4.11 图 A、B、C 和 D 以及 A'、B'、C^1 和 C^2

4.4.3 词的自适应聚类算法

大多数应用于词聚类的聚类算法都需要事先设定聚类数目。这要求实验者实现对词聚类领域有一定的先验知识。为此，本节提出一种词的自适应聚类算法，该算法基于带权重的集聚系数进行自适应聚类，无须事先设定聚类数目的参数。

(1) 自适应聚类算法框架

自适应聚类算法分为两个主要步骤，如图 4.12 所示。首先，建立的词关联网

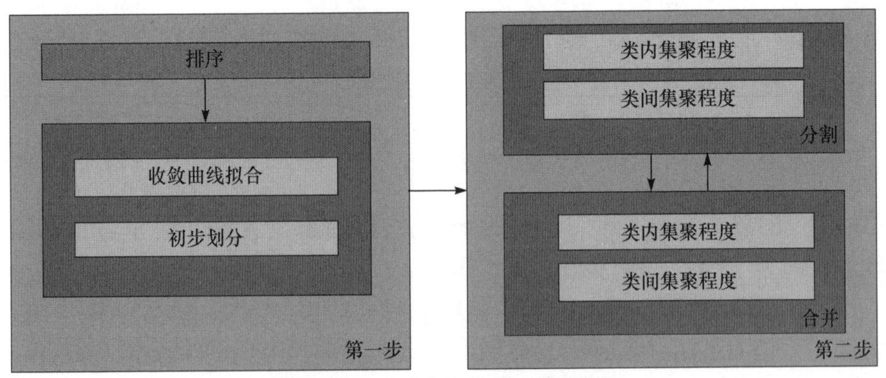

图 4.12 自适应聚类算法框架图

模型[21]，把词对之间的关联关系降序排序，计算关联关系收敛速率，依次从词关系队列中取出最大关联关系值的词对，进行初步划分，得到初步聚类结果；其次，根据前面介绍的类内集聚程度和类间集聚程度分割并合并初步聚类结果，获得最终的词聚类结果。

(2) 初步聚类

根据已经构建完成的词关联网模型和排好序的词关系队列，进行初步聚类，图 4.13 为初步聚类的具体流程示意图，包括如下几个步骤。

① 对聚类对象集中词对之间的关联关系分布信息进行统计，并根据统计的分布信息，采用曲线拟合技术，获取聚类对象集中词对之间的关联关系分布曲线 y_n。

② 依次从已排好序的词对关系队列中，取出关联关系值最大的词对 $I(a,b)$，判断该词对中词 a 是否归属于某个类(A)，若是，则进行步骤③；若否，则进行步骤⑦。

③ 判断另一个词 b 是否归属于类 A，若是，词 a 和词 b 建立关联关系；若否，则进行步骤④。

④ 判断词是否归属于别的某个类(B)，若是，则进行步骤⑤；若否，则进行步骤⑥。

⑤ 词 a 和词 b 建立关联关系，更新类 A 和类 B 之间的关系。

⑥ 判断提取出来的词 a 和词 b 之间的关联关系的大小是否满足类 A 的结构特征；若是，则将词 b 加入到类 A，词 a 和词 b 建立关联关系；若否，新建类 C，将词 b 插入到类 C，连接词 a 和词 b，更新类 A 和类 C 之间的关联关系。

⑦ 判断另一个词 b 是否归属于某个类(B)，若是，则进行步骤⑧；若否，则进行步骤⑨。

⑧ 判断提取出来的词 a 和词 b 之间的关联关系的大小是否满足类 B 的结构特征；若是，则将词 a 加入到类 B，词 a 和词 b 建立关联关系；若否，新建类 D，将词 a 插入到类 D，连接词 a 和词 b，更新类 B 和类 D 之间的关联关系。

⑨ 新建类 D，将词 a 和词 b 插入到类 D，词 a 和词 b 建立关联关系。

具体步骤中，所涉及的判断词对之间的关联关系是否符合一个类(A)的结构，其原理是依据步骤①中所求得的关联关系曲线，可计算关联关系收敛速率，再根据类 A 的结构特征来预测类 A 接下来所接收的词对关联关系范围。具体来说，假设类 A 中的词个数为 n_1，类 A 中词对间的平均关系权重为 $\text{avg}(n_1)$，待检测的词对间关联关系权重为 w_1，所述类 A 的平均关系权重收敛速率为 y'_{n_1}，若满足 $(1+y'_{n_1})\times\text{avg}(n_1)>w_1$，则表示符合类 A 的结构；否则，表示不符合。

具体步骤中，所涉及的更新类之间的关联关系，具体是指在维护类间关系的数据结构中，判断这两个类的类间关系是否已存在。若存在，则在已存在的类间关系中，新添加本次涉及的两个词以及词对之间的关联关系；若不存在，则新添加一个类间关系，类间关系记录了这两个类的类名，以及本次涉及的两个词和词对之间的关联关系。

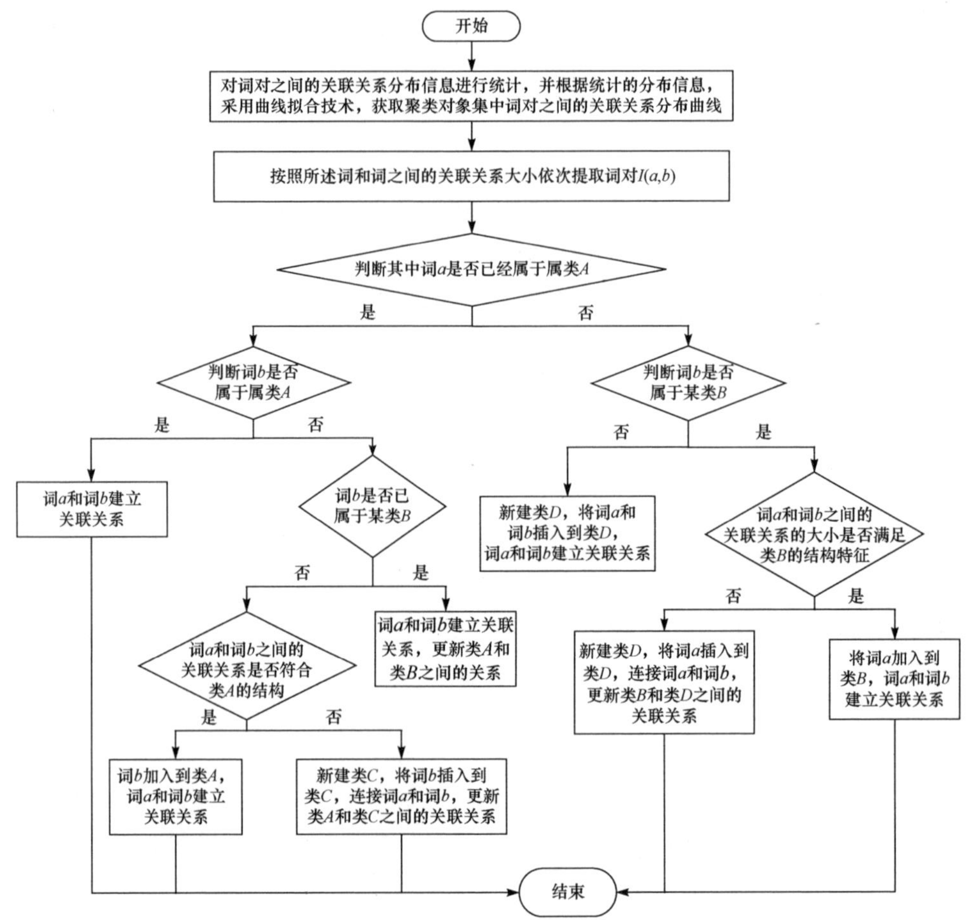

图 4.13 初步聚类流程图

通过以上步骤，进行初步词聚类操作，可获得如图 4.14(a)所示的词聚类结果(用顶点表示词)。

(3) 自适应聚类

观察图 4.14(a)，可发现某些类的部分词需要被划分出去，有些类需要进一步合并。通过对初步聚类结果的分割和合并 0 后，图 4.14(a)可变化为图 4.14(b)。为此，有两个衡量的标准可以用来解决类的分割和合并操作。

假设现有一个类 A，有一种可能的分割方式，将产生子类 A_1' 和 A_2'。

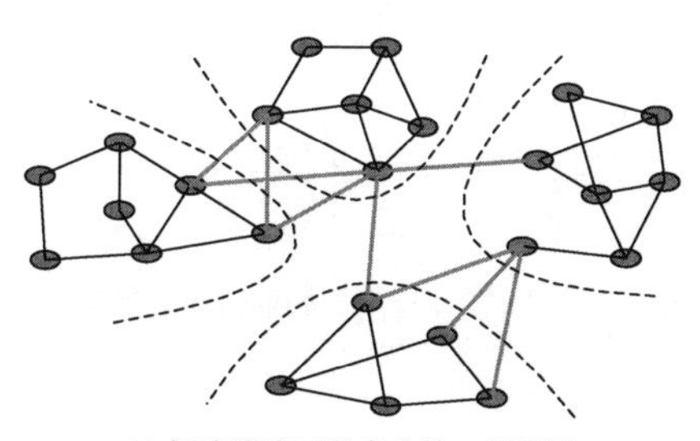

(a) 初步聚类可能产生的一种结果

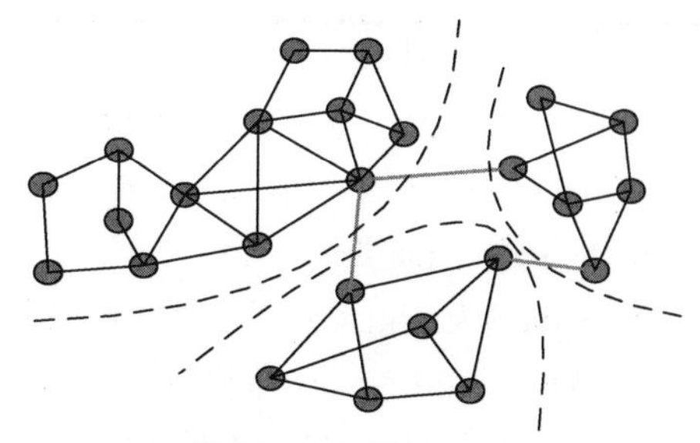

(b) 经过分割和合并操作后的聚类结果

图 4.14　词聚类结果

如果 $\text{intra}(\overline{A}) < \text{inter}(A_1', A_2')$ 和 $\text{intra}(\overline{A}) < \text{inter}(A_2', A_1')$ 同时成立，则以这样的分割方式分割类 A；否则，取消分割。

假设现有类 A 和类 B，类 A+B 表示由类 A，类 B 以及类 A 和类 B 之间的关联关系共同组成。

如果 $\text{inter}(A', B) \leqslant \text{intra}(\overline{A+B})$ 和 $\text{inter}(B', A) \leqslant \text{intra}(\overline{A+B})$ 同时成立，则合并类 A 和类 B；否则，不合并类 A 和类 B。

自适应聚类过程[22]，主要流程如图 4.15 所示。该过程可根据设置的 flag 或迭代次数迭代进行。每次迭代分为类的分割和类的合并两部分。类的分割：从初步聚类的结果集中依次取出未进行分割判断过的类，对该类进行预分割，并判断预分割后的两个类关系是否满足分割标准，若满足，则根据预分割的方式对该类进行实际分割，并更新类之间的关系表 interMap 和 flag 值为 true；若不满足，则取消该预分割方式，继续获取下一个未进行分割判断过的类，直到所有的初步聚类结果集中的类都进行过分割判断过程，表示本次迭代过程中类的分割部分结束。待类的分割部分结束后，开始类的合并。类的合并：从类的分割部分产生的类之间的关系表 interMap 中依次获取新的 inter 关系，该关系包含了具有关联关系的两个类名和具体的类间关联关系，根据该 inter 关系计算这两个类是否满足合并条件，若满足，则将这两个类名和 value 值(类间集聚程度和类内集聚程度差)添加到 mergeQueue 中，若不满足，则继续获取下一个未进行合并判断过的 inter 关系，直到所有的 inter 关系都判断过为止。对最终获得的 mergeQueue 根据 value 值降序排序，优先合并 value 值大的类间关系，更新 interMap 表，到此表示本次迭代的类的合并部分结束。

(4) 算法主要流程

算法 4.1 词的自适应聚类算法

输入：词关联网模型(M)

输出: 词聚类结果

将 M 中的词对及词对间的关联关系存储于 pairWeightList

对 pairWeightList 中的元素，根据词对间的关联关系从大到小降序排序

结果存储于 dataList

统计 pairWeightList 中词对的关联关系分布，用曲线拟合技术获取分布曲线

while(从 dataList 获取词对(w_1, w_2)!=null){

    re = 1/词对 w_1 和 w_2 间的关联关系

    if(w_1, w_2 都不属于任何类){

        新建一个类 C，类 C 中加入 w_1 和 w_2, w_1 和 w_2 建立关联关系, 更新 avg(C)}

    if(词对中有一个词(i.e. w_1)归属于某个类(i.e. A){

        if(词 w_2 也归属类 A 中){

          w_1 和 w_2 建立关联关系}

        else{

            if(词 w_2 属于某个类 B，$A \neq B$){

                w_1 和 w_2 建立关联关系，在 interMap 中加入新的元素

                inter($A|B$,$w_1|w_2|$re)}

            else{

                if(re<avg(A)×(1+rate(A))){

                    将 w_2 加入到类 A 中, w_1 和 w_2 建立关联关系, 更新 avg(A)}

                else{

                    新建一个类 B, 将 w_2 加入到类 B 中，w_1 和 w_2 建立关联关系，在 interMap 中加入新的元素 inter($A|B$,$w_1|w_2|$re)}}}}

}// end while，完成初步聚类

while(flag){

    flag=false

    for(类 c_i: 初步聚类结果集){

        if($\text{intra}(c_i) < \text{inter}(c_i^1, c_i^2) \,\|\, \text{intra}(c_i) < \text{inter}(c_i^2, c_i^1)$)

            分割 c_i, flag = true, 更新 interMap

    }//end for

    根据类之间的关联关系降序排序 interMap

    for(inner in : interMap){

        获取($c_p \mid c_q$, interaction)

        if($\text{intra}(\overline{c_p}) < \text{inter}(c_p', c_q)$ && $\text{intra}(\overline{c_q}) < \text{inter}(c_q', c_p)$){

$\text{value} = (\text{inter}(c'_p, c_q) + \text{inter}(c'_p, c_q) - \text{intra}(\overline{c_p}) - \text{intra}(\overline{c_q}))/2$

在 mergeQueue 中加入($c_p|c_q$, value), flag = true}

}//end for

根据 value 值对 mergeQueue 降序排序

for(item it : mergeQueue)

合并 it, 更新 interMap

}//end while

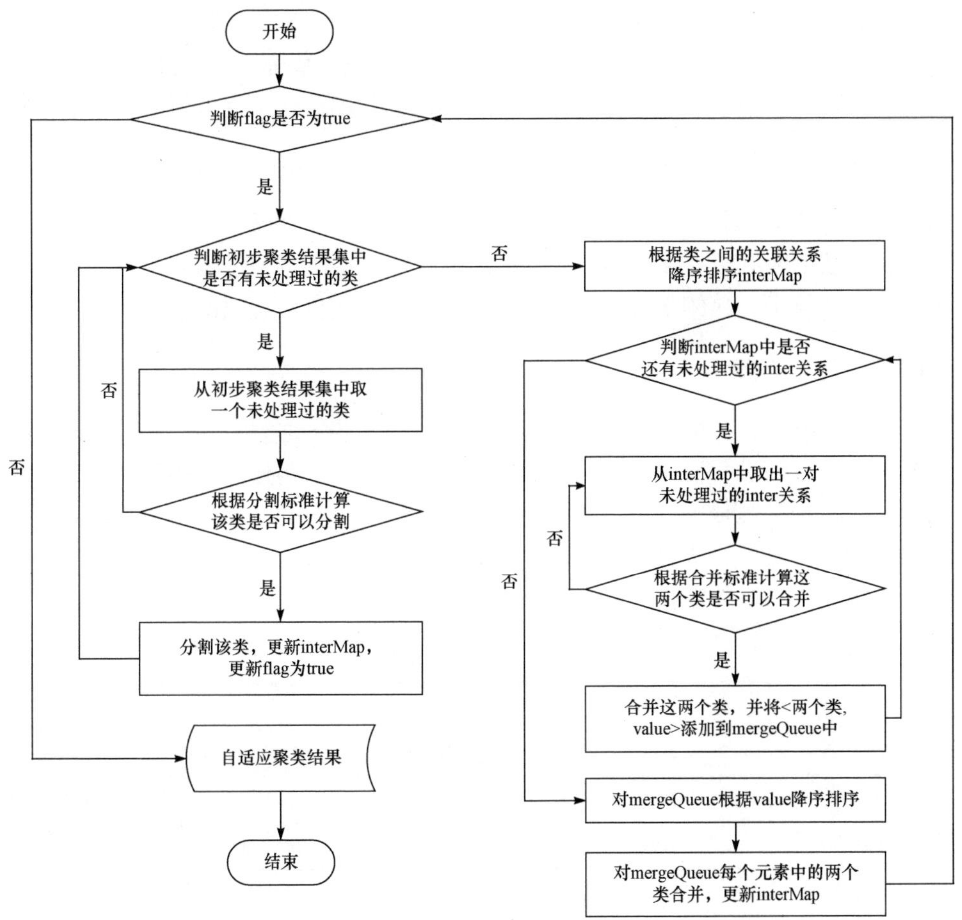

图 4.15 自适应聚类流程图

pairWeightList 是一个 list，每一个元素为一个词对和词对间的关联关系，数据结构形式为“$w_1|w_2$, correlation”，correlation 为词对间的关联关系值。dataList

是根据词对间的关联关系从大到小降序排序后的 list。avg(C)是类 C 中的词对关联关系平均值。interMap 是一个用来存储类间关联关系的 map 数据结构，其每一个元素是($c_p \mid c_q$, interaction)类型的数据结构。mergeQueue 是一个存储需要进一步合并的类的数据结构。

对于算法的时间复杂度评估，主要是分析算法的分割和合并过程。计算每个词的局部集聚系数的复杂度 $O(n^2)$ ，计算一个类的类内集聚程度的复杂度为 $O(n^3)$ ，计算类间集聚程度的复杂度也为 $O(n^3)$ 。对于分割过程，需要检查部分词被分割出去的情况，因此该部分的复杂度为 $O(n^4)$ 。对于合并过程，只需计算合并后的新类的类内集聚程度和合并前的两个类各自的类内集聚程度，因此该部分的复杂度为 $O(n^3)$ 。假设一开始需要进行词聚类的词个数为 n，最终形成的类的个数为 k，则 $\sum_{i=1}^{k} n_i^4 \leqslant n^4 , \sum_{i=1}^{k} n_i = n$ 。为了达到算法的终止条件，可以设定一个迭代次数参数 m，则整个算法的时间复杂度为 $O(mn^4)$ 。除分割和合并过程外，剩余的排序、曲线拟合和预处理过程，时间复杂度分别为 $O(n\log n)$ 、 $O(n^3)$ 和 $O(n)$ 。因此，算法的时间复杂度为 $O(n^4)$ 。实际上，经过初步聚类过程后，每个类中词的个数都比较小，总体来说，该聚类算法时间上还是比较有效的。

4.4.4 实验与分析

本节基于中文互联网网页集进行词聚类操作。首先，通过爬虫从 www.ifeng.com 网站的博客、资讯、科技、财经和教育版块爬取网页，构建一个小型的互联网网页集。然后使用 cx-extractor 软件抽取每个网页的正文文本，接着用 ANSJ 中文分词器进行中文分词。待获得中文词后，构建词关联网模型，再进行对比实验和主题演化实验。本章的实验环境如表 4.11 所示。

表 4.11 实验环境

算法	实现语言	软件环境	硬件环境
k-medoids	Java	JDK 6.0、Eclipse、Win8	内存 4.00GB
DBSCAN	Java	JDK 6.0、Eclipse、Win8	内存 4.00GB
CBCC	Java	JDK 6.0、Eclipse、CentOS Release 6.2	内存 15.5GB

(1) 对比实验

本实验用 k-medoids、DBSCAN 和 CBCC 算法进行实验，并对实验结果进行分析。

本实验中，以 2014.02.15～2014.03.15 为时间段，共爬取 25498 个网页，获得

934574 个词对以及词对间的关联关系。根据词对间的关联关系从大到小降序排序之后，选取前 20000 个词对分别使用 k-medoids 和 CBCC 算法进行实验。实验结果如表 4.12 所示。

表 4.12 k-medoids 算法和 CBCC 算法的部分词聚类结果

聚类算法	词所在类的内容
k-medoids	乡镇、事权、云南、人口、住房、**使用权**、农业、农户、农村、农村土地、出让金、利用外资、劳动力、医疗、历史、同价、城镇、外来人口、学者、底线、建材、建筑面积、承包地、政府性、政府部门、文化、物质、现象、用地、科研经费、经营权、结果、行政、长三角、集体土地、面积、预算
CBCC	集体土地、住房、房子、房价、土地、**使用权**
k-medoids	原因、地方、基金、**央行**、建议、收益率、数量、示范区、红包、经理、观念、货币、资金、辽阳市
CBCC	标准、区域、风险、集体、利益、**央行**、组织、政府、地区、地方、机会、数量、进程、资金、建议、程度、政策、条款
k-medoids	东西、产品、公众、商业、地图、大众、实体、客机、手机、支付宝、牌照、**线下**、视频、账号、银行业
CBCC	资源部、**线下**、财产、公众、支付宝、徐德明
k-medoids	主席、代表、保险、养老金、利益、周报、媒体、学生、官员、尺度、工资、差距、收入、政府、新闻、渠道、科技、空间、**群体**、记者、资源、需求、马云
CBCC	净利润、收入、工资、**群体**
k-medoids	**中心**、京东、传统、制度、北京、国际、委员、巨头、技术、根本性、猴子、重点、领域
CBCC	国际、领域、技术、**中心**

其中，k-medoids 中 k 的参数值为 200，词网模型构建过程中 k 最近邻图的 k 参数值为 6。为方便对比分析两种算法的词聚类结果中类结构的不同之处，以图的形式展示类结构，如图 4.16 和图 4.17 所示。

从图 4.16 中，可以发现“使用权”这个词是该类的中心词，类中其他的词均与“使用权”有一定的关联关系。但是，类中其他词之间很少有关联关系。图 4.17 中所选的三个词均来自图 4.16，图 4.17 显示了这三个词在采用本章所述算法结果中的类分布情形。从图 4.17 中，分析发现每个类无中心词，而同一个类中的词，两两之间有较高的关联关系。k-medoids 算法展示了中心词和其他词之间的关联关系，可表示中心词的多个方面；而 CBCC 算法显示了词两两之间的关系，聚焦于这些词的共同方面。

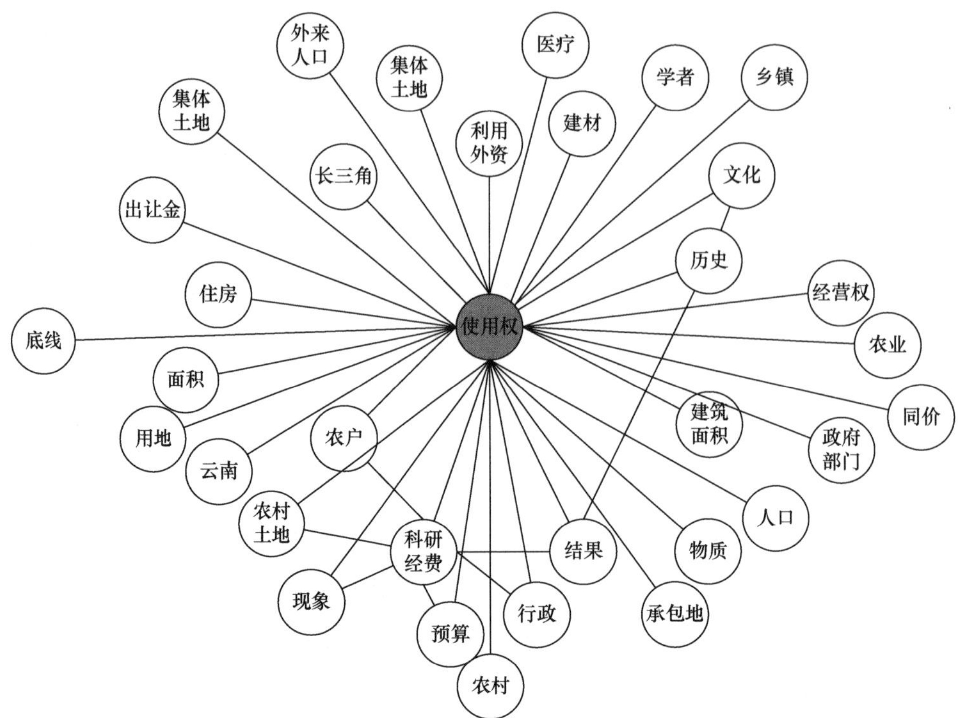

图 4.16　基于 k-medoids 算法的词聚类结果中，关键词“使用权”所在类的分布

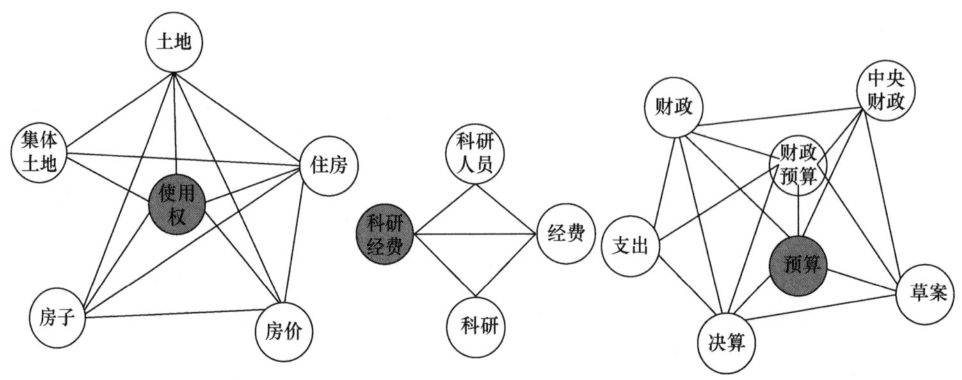

图 4.17　关键词“使用权”、“科研人员”和“预算”在 CBCC 聚类算法结果中类的分布情况

尽管 DBSCAN 算法是一个无中心词的聚类算法，但是它依然忽略词和词两两之间的关联关系。实验结果显示，使用 DBSCAN 算法进行词聚类，其最终生成的类的个数总是介于 2～4，而每个类中词的个数要么小于 10 个，要么大于 1000 个。具体实验结果如表 4.13 所示。

表 4.13 DBSCAN 算法聚类结果类的个数

半径 / minPts	0.05	0.055	0.06	0.065	0.07	0.075	0.08	0.085
3	4	4	4	4	4	4	4	4
4	2	2	2	2	2	2	2	2
5	2	2	2	2	2	2	2	2
6	2	2	2	2	2	2	2	2

需要注意的是，DBSCAN 结果中，其中一个类是噪声类。如果聚类结果中类的个数是 2，则实际上只有一个类的数据是非噪声类，因为两个类中有一个类是噪声类。类的个数越少，就意味着每个类中所含的词语个数越多。尽管无法把含有那么多词的类用图或者表的形式展示出来，但仍可以从侧面反映出 DBSCAN 算法没有把聚类对象两两之间的关系考虑进来。此外，实验结果也表明 DBSCAN 算法并不适合密度变化趋势明显的聚类应用，如词聚类。

(2) 主题演化实验

本实验以十天为一个时间段，分三个时间段从爬回来的数据源中获取网页进行主题演化实验。具体来说，2014.02.21～2014.03.02 共有 5661 个网页；2014.03.03～2014.03.13 共有 18527 个网页；2014.03.14～2014.03.23 共有 583 个网页。表 4.14 是针对个别关键词在不同时间段的聚类结果。

表 4.14 个别关键词在不同时间段中的聚类结果

关键词	时间段	聚类结果
乘客	2014.02.21～2014.03.02	客户、出租车、**乘客**、车辆、用户
	2014.03.03～2014.03.13	军舰、马来西亚、北京机场、护照、**乘客**、发布会、手机、大陆
	2014.03.14～2014.03.23	工作组、**乘客**、隐忧
淘宝	2014.02.21～2014.03.02	声明、草稿、团队、消息、网站、工程、计划、金融、基金、**淘宝**、智能、平台、全球、设备、方式、科技、交易平台
	2014.03.03～2014.03.13	阿里、平台、微信、创始人、供应链、**淘宝**
	2014.03.14～2014.03.23	阿里、收益、团队、**淘宝**
央行	2014.02.21～2014.03.02	收入、净利润、**央行**、观念、政府、产业、地方、数量、毛利率、资金、比例、程度、政策、关联方、产品质量、官员、群体
	2014.03.03～2014.03.13	**央行**、人大代表
	2014.03.14～2014.03.23	实体、客户、线下、结算处、**央行**、二维码、人民银行、传统、支付宝

从主题演化的实验中，可以看出，CBCC 算法可以对特定的词对象进行时间的演变研究。例如，第一组“乘客”的数据表明，在 2014.02.21～2014.03.02 范围

内，“乘客”是作为一种交通情形中存在的形式，在 2014.03.03～2014.03.13 范围内，由于马航事件的发生，“乘客”和“军舰、马来西亚、北京机场、护照、发布会、手机、大陆”这类词聚在一起；之后，由于马航事件过去一周多的时间，在 2014.03.14～2014.03.23 时间段内，“乘客”和“工作组、隐忧”聚在一起。

在第二组“淘宝”中，可以发现，和“淘宝”聚在一起的词，都是常常出现在电子商务的词，尽管有了变化，但是没有特殊的词出现，可以猜测，淘宝在这段时间内没有特别特殊的新闻报道。而第三组“央行”中，可以发现，在 2014.02.21～2014.03.02，“央行”和金融的一些词聚在一起，这是正常的情形，而 2014.03.03～2014.03.13 中，“央行”和“人大代表”在一起，实际上，在这段时间内召开了两会。接着在 2014.03.14～2014.03.23 时间段内，“央行”和“客户、支付宝、实体、线下”之类的词聚在一起，这期间有大量的新闻报道了央行对支付宝的余额宝、二维码支付的叫停。

4.5 小 结

针对数据勘探和采集，本章探讨了分布式爬虫的关键技术，提出了一种基于加权轮叫算法的调度策略，并且设计了各爬虫节点的权值计算公式，利用节点工作效率和工作状态的反馈信息，实现了各爬虫节点间的负载平衡。为了给数据勘探建立良好的基础和环境，我们在爬虫限制协议的基础上，整合了各大搜索引擎公司独立对其的扩展，并扩展了协议的格式和指令集，提出了爬虫限制和引导协议，让网站可以表达它们对来访爬虫的各种要求。

面向数据挖掘分析，针对目前的聚类算法在计算类的相似度时没有考虑类中元素两两之间的关系，本章提出一种新的基于集聚系数的自适应聚类算法。该算法首先通过最大关联关系优先和关联关系曲线收敛速率完成初步聚类，接着基于集聚系数计算类内集聚程度和类间集聚程度，从而进行类的分割和合并，自适应确定类的个数，最终获取聚类结果。通过主题演化实验可以发现，该算法在热点话题发现、话题演化的应用中表现良好。

参 考 文 献

[1] Ghemawat S, Gobioff H, Leung S T. The Google file system//The 19th ACM Symposium on Operating Systems Principles, New York, 2003.

[2] Dean J, Ghemawat S. MapReduce: simplified data processing on large clusters. Communications of the ACM, 2008, 51(1):107-113.

[3] Olofson V, Eastwood M. Big data: what it is and why you should care. IDC White Paper, 2012.

[4] Ferguson M. Architecting a big data platform for analytics. IBM White Paper, 2012.

[5] Garlasu D, Sandulescu V, Halcu I, et al. A big data implementation based on grid computing// International Conference on Networking in Education and Research, Sibiu, 2013.

[6] Wu X D, Zhu X Q, Wu G Q, et al. Data mining with big data. IEEE Transactions on Knowledge and Data Engineering, 2014, 26: 97-107.

[7] 蒋昌俊. 大数据的勘探与分析的若干思考. 国家自然科学基金委双清论坛, 上海, 2013.

[8] 蒋昌俊. 互联网非合作环境下大数据的探析问题. 中国科学院学术论坛, 北京, 2013.

[9] Jiang C J, Ding Z J, Wang J L, et al. Big data resource service platform for the Internet financial industry. Chinese Science Bulletin, 2014, 59(35): 5051-5058.

[10] 蒋昌俊, 丁志军, 王俊丽, 等. 面向互联网金融行业的大数据资源服务平台. 科学通报, 2014, 36: 3547-3553.

[11] Jiang C J, Ding Z J, Wang P W. An indexing network model for information services and its applications//Proceedings of the 6th IEEE International Conference on Service Oriented Computing and Applications, Kauai, 2013.

[12] Jiang C J, Sun H C, Ding Z J, et al. An indexing network: model and applications. IEEE Transactions on Systems, Man and Cybernetics: Systems, 2014, 44(12): 1633-1648.

[13] Deng X D, Jiang M, Sun H C, et al. A novel information search and recommendation services platform based on an indexing network//Proceedings of the 6th IEEE International Conference on Service Oriented Computing and Applications, Kauai, 2013.

[14] 蒋昌俊, 陈闽中, 闫春钢, 等. 基于网页分类的索引网络构建方法及其索引网构建器: ZL2012104456584. 2012.

[15] 蒋昌俊, 陈闽中, 闫春钢, 等. 网络信息服务平台及其基于该平台的搜索服务方法: ZL2012104454574. 2012.

[16] Ge D J, Ding Z J, Ji H F. A task scheduling strategy based on weighted round robin for distributed crawler. Concurrency and Computation: Practice and Experience, 2016, 28(11): 3202-3212.

[17] 蒋昌俊, 陈闽中, 闫春钢, 等. 基于加权轮叫算法的分布式爬虫任务调度方法: ZL201410073829.4. 2017.

[18] Debnath B, Sengupta S, Li J, et al. BloomFlash: bloom filter on flash-based storage//The 31st International Conference on Distributed Computing Systems, Minnesota, 2011.

[19] Zhong M J, Ding Z J, Sun H C, et al. A self-learning clustering algorithm based on clustering coefficient//Proceedings of The 15th International Conference on Web Information System Engineering, Thessaloniki, 2014.

[20] Vázquez A. Growing network with local rules: preferential attachment, clustering hierarchy and degree correlations. Physical Review E, 2003, 67(5): 056104.

[21] 蒋昌俊, 陈闽中, 闫春钢, 等. 一种词关联网模型的构建方法及其构建器: ZL201410003874.2. 2017.

[22] Jiang C J, Chen H Z, Yan C G, et al. Clustering coefficient-based adaptive clustering method and system: US10037495B2. 2018.

第五章　网络大数据索引网络体系

5.1　资源索引网络模型

本章以大规模网页数据资源为例，首先对其进行分类[1-4]，基于超链接[5-8]建立网页类之间的语义关联，设计包含语义关联的网页组织和管理模型，提出基于分类的网页索引网络模型[9-16]。索引网络模型从纵横两个方面对网页类以及它们之间的语义关联进行组织：层次之间的树状结构刻画不同粒度的网页类之间的父子隶属关系；同层中的网状结构刻画同一个粒度的网页类之间由超链接生成的语义关联。设置网页类的不同粒度，目的是使基于索引网络模型的网络信息服务应用更加灵活化。类之间的语义关联则常常用做推理相关的互联网服务应用。索引网络模型能够刻画网页类以及网页类之间的语义关联，是一种能够支撑语义关联式信息查找的网页组织和管理模型，为构建智能型的网络信息服务提供底层的网页资源组织模型。

本章对索引网络模型的基本单元——网页类的形成、操作、性质等讨论，分别定义了基于分类的网页单层索引网络和基于分类的网页层次索引网络，并给出索引网络模型的构建以及更新算法。

5.1.1　基本定义

本章中，Ω代表全集，包含了互联网上所有的网页。Q 表示一个网页域，为一个网页的集合。基于一个网页域定义一个索引网络。p 表示一个网页，c_i 表示第 i 个网页类的描述，Q_i 表示第 i 个网页类，e_{ij} 表示从 Q_i 到 Q_j 的语义关联强度。$p \in_I c_i$ 表示网页 p 满足第 i 个网页类的描述 c_i，也就是说，p 是网页类 Q_i 的一个实例。θ表示一个阈值，由于互联网络上存在很多垃圾链接，当两个类之间的语义关联大于θ时，才认定两个类之间有某种语义关联存在。此外，本章中使用如下定义：

$$\mathbb{N}^+ = \{1,2,3,\cdots\}\ ,\quad \mathbb{N}_m = \{1,2,\cdots,m\}$$

5.1.1.1　网页类

网页域 Q 在网页类描述 c_i 上的映射得到网页类 Q_i，映射函数用 $Q(c_i)$表示。

网页类 Q_i 定义为

$$Q_i = Q(c_i) = \{p \mid p \in Q \wedge p \in_I c_i\}$$

其含义等同于判断一个网页 p 是否符合一个网页类描述 c_i。对于网页类，以下性质是成立的。

性质 5.1(网页类)

① $Q(\varnothing) = \varnothing$。

② $\neg Q_i = Q(\neg c_i) = Q - Q_i$。

③ $Q_i(c_j) = Q_j(c_i)$。

④ $Q_i(c_k) ■ Q_j(c_k) = (Q_i ■ Q_j)(c_k)$。其中，■可以表示交、并、差操作的任意一种。

证明：

① 任何网页都不属于一个描述为空的网页类。因此，$Q(\varnothing) = \varnothing$。假如用户没有任何需求，不向用户展现任何网页。

② $\neg Q_i$ 代表不满足类描述 c_i 的一个类，因此，$\neg Q_i = Q - Q_i$。

③ $Q_i(c_j) = \{p_i | p_i \in Q_i \wedge p_i \in_I c_j\}$

$$= \{p_i | p_i \in Q \wedge p_i \in_I c_k \wedge p_i \in_I c_j\}$$

$$= Q_j(c_i)$$

④ 假如“■=⋂”

$$Q_i(c_k) \bigcap Q_j(c_k) = \{p_i | p_i \in_I c_i \wedge p_i \in_I c_k \wedge p_i \in_I c_j\}$$

$$= (Q_i \bigcap Q_j)(c_k)$$

当“■=⋂”或者“■=－”时，同理可证。

5.1.1.2　网页类之间的操作

网页类之间的操作与集合操作类似，包含交、并和差运算。网页集合运算之间，性质 5.2 是成立的。

性质 5.2(相同网页域产生的类之间的操作)

① $Q_i \bigcap Q_j = Q(c_i)(c_j)$。

② $Q_i \bigcup Q_j = \neg Q(\neg c_i)(\neg c_j)$。

③ $Q_i - Q_j = Q_i(\neg c_j)$。

证明：

① $Q_i \bigcap Q_j = \{p_i \mid p_i \in Q_i \wedge p_i \in Q_j\} = Q(c_i)(c_j)$。

② $Q_i \cup Q_j = \{p_i | p_i \in Q \wedge (p_i \in_I c_i \vee p_i \in_I c_j)\} = \{p_i | p_i \in Q \wedge \neg(p_i \notin_I c_i \wedge p_i \notin_I c_j)\}$

$$= Q - \{p_i \mid p_i \in Q \wedge (p_i \notin_I c_i \wedge p_i \notin_I c_j)\}$$

$$= Q - Q(\neg c_i)(\neg c_j)$$

$$= \neg Q(\neg c_i)(\neg c_j)$$

③ $Q_i - Q_j = \left\{p_i | p_i \in Q \wedge p_i \in_I c_i \wedge p_i \notin_I Q_j\right\}$

$$= \left\{p_i | p_i \in Q(\neg c_j) \wedge p_i \in_I c_i\right\}$$

$$= Q_i(\neg c_j)$$

以上讨论的是由同一个网页域生成的网页类之间的操作。当操作作用的对象为两个由不同网页域生成的网页类时，具体的操作会变得更加复杂。对于这种类型的网页类，性质 5.3 是成立的。

性质 5.3(不同网页域产生的类之间的操作)

① $Q_i^1 \cap Q_j^2 = (Q^1 \cap Q^2)(c_i)(c_j)$。

② $Q_i^1 \cup Q_j^2 = Q_i^1 \cup Q_j^2 \cup (Q^1 \cup Q^2)(c_i)(c_j)$。

③ $Q_i^1 - Q_j^2 = (Q^1 - Q^2)(c_i) \cup Q_i^1(\neg c_j)$。

证明：

① $Q_i^1 \cap Q_j^2 = \{p_i | p_i \in Q^1 \wedge p_i \in_I c_i \wedge p_i \in Q^2 \wedge p_i \in_I c_j\}$

$$= (Q^1 \cap Q^2)(c_i)(c_j)$$

② $Q_i^1 \cup Q_j^2 = \{p_i | p_i \in Q_i^1 \vee p_i \in Q_j^2\}$

$$= \{p_i | (p_i \in Q^1 \wedge p_i \in_I c_i) \vee (p_i \in Q^2 \wedge p_i \in_I c_j)\}$$

$$= Q_i^1 \cup Q_j^2 \cup (Q^1 \cup Q^2)(c_i)(c_j)$$

③ $Q_i^1 - Q_j^2 = \{p_i | p_i \in Q_i^1 \wedge p_i \notin Q_j^2\}$

$$= \{p_i \mid (p_i \in Q^1 \wedge p_i \in_I c_i) \wedge (p_i \notin Q^2 \wedge p_i \notin_I c_j)\}$$

$$= (Q^1 - Q^2)(c_i) \cup Q_i^1(\neg c_j)$$

不同网页域产生的类之间的操作的文氏图，如图 5.1 所示。

5.1.2 单层索引网络

5.1.2.1 基于分类的网页单层索引网络

定义 5.1 单层索引网络被定义为一个三元组 $N_0 = (Q, C^*, G_0)$，其中：

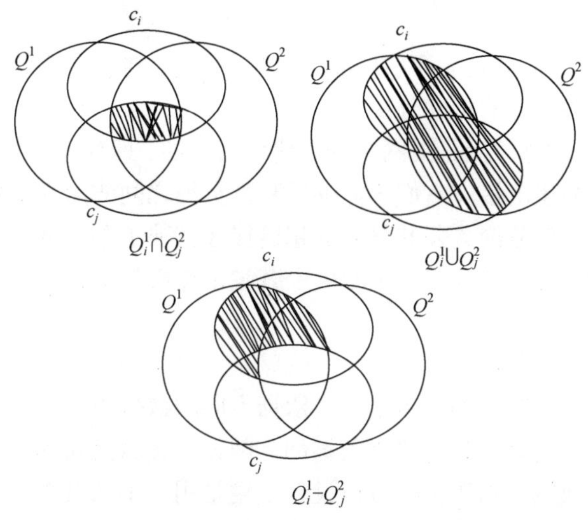

图 5.1　两个网页类之间操作的文氏图(两个网页类由不同的网页域产生)

① $Q=\{p_1,p_2,\cdots,p_n\},n\in\mathbb{N}^+$，代表了一个网页域。

② $C^*=\{c_1,c_2,\cdots,c_m\},m\in\mathbb{N}^+$，代表了一个网页类描述的集合。

③ $G_0=(V,E_0),G_0$ 是一个语义关联图，其中，$V=\{Q_i,i\in\mathbb{N}_m\}$。$Q_i=\{p\in Q\mid p\in_I c_i\}$，$Q$ 代表一个网页类的集合；$E_0=\{(Q_i,Q_j)\mid e_{ij}\geqslant\theta,i,j\in\mathbb{N}_m\}$，$E_0$ 代表一个有向边的集合。

$$e_{ij}=\begin{cases}\dfrac{\sum_{p_x\in Q_i,p_y\in Q_j}i(p_x,p_y)}{|Q_i|}, & i\neq j\\ 0, & i=j\end{cases}$$

$$i\left(p_x,p_y\right)=\begin{cases}1, & p_x\text{有链接指向}p_y\\ 0, & \text{其他}\end{cases}$$

由定义 5.1 可知，当 Q 和 C^*确定之后，G_0 也就能够被推导出来。G_0 代表一个语义关联图，它的顶点代表网页类，有向边代表网页类和网页类之间的语义关联。

G_0 是一个有向图。有向边 e_{ij} 的值代表了从 Q_i 到 Q_j 关联的语义关系的强弱程度。e_{ij} 的值越大，说明从 Q_i 到 Q_j 的语义关联越强。图 5.2 展示了一个包含四个网页类的语义关联图。

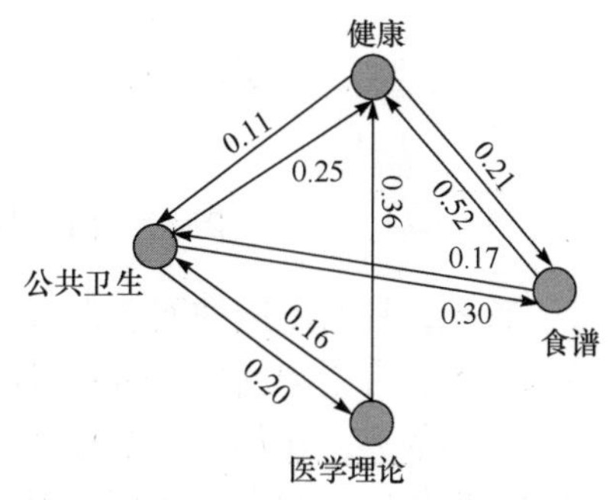

图 5.2　语义关联图的示意图

本章以网页类为基本粒度来构建语义关

联图，主要原因如下。

① 互联网上的信息是无序、冗余的。通过分类，将包含类似信息的网页归整到一起，方便后期信息的特性分析。

② 互联网上的超链接是由网站的创建者给定的，具有一定的随机性。也就是说，存在某些噪声超链接，它们不能够反映网页类之间的语义关联。本章把网页进行分类，认为大部分网页公共具有的超链接才反映了两个网页类之间具有某种语义关联。使用这种方式，在一定程度上减少了噪声超链接所带来的负面影响。

5.1.2.2 网页分类

网页类是语义关联图的基本单元，依据不同的数据组织需求，网页类可以由不同的方式得到。比如，若想建立关键词、网页、领域之间的关联，那么一个网页类就表示一个领域。当然，也可以说，主题是用一个网页类表示的。

基于分类的网页索引网络中，网页类的粒度设置是一个非常重要的问题。网页冗余、散乱地分布在互联网上。本章给出了网页类别划分的原则，即类中的网页具有相似的内容(Similar-function(a, b))，并且它们和其他网页的关联关系也相同(Similar-context(a, b))。当定义了网页类和网页类之间的语义关联之后，按照这种关联组织起来的索引网络中，类的最小粒度也是确定的。在此基础上，本章给出了最小粒度的判定方法，针对两个具体原则，分别从类中网页的相似度及它们与其他类的关联来进行判定。对已有的网页类，若不满足最小粒度的判定准则，则可以将其进行分解得到符合要求的网页类。网页类的粒度约束的示意过程如图 5.3 所示。一般情况下，经过网页分类算法，能得到具有相似内容的网页类；利用网页类之间语义关联的定义，将这些网页类进一步划分，得到最小粒度的网页类。

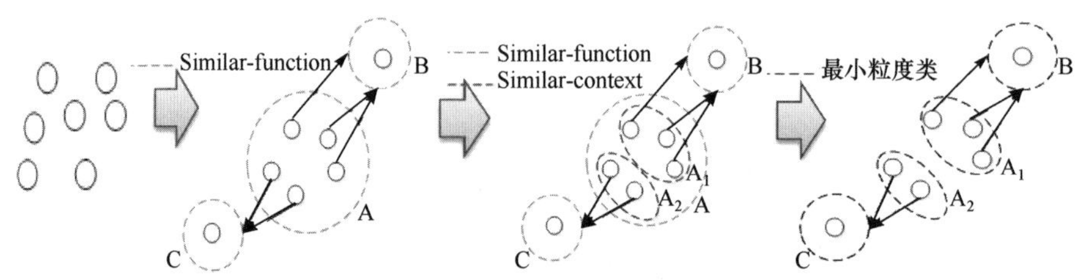

图 5.3　网页类的粒度约束满足的过程示意图

首先，针对不同的网页类型，需要给出不同的网页分类方法。比如，网页可分为三类：有主题网页、Hub 网页、图片网页。主题网页相对 Hub 网页，包含更多的文本描述。比如，一个具体的新闻网页就是典型的主题网页。Hub 网页指专门用来提供网页导向的网页，因而是超链接聚集的网页。一般情况下，网站的首页属于 Hub 网页，导航网页也属于 Hub 网页。图片网页是指网页的内容是通过图片的形式体现的，其中文字很少，大多仅仅是对图片的一个说明。借用HTMLSparser(HTM 解析器)来计算网页的信噪比，判断出网页的类别。对于主题网页，直接利用网页中的文本进行分类；对于 Hub 网页，利用与之关联的网页的域名分为导航网页或者网站首页，再依据网站的标题、关键词等对网页进行分类；对于图片网页，只能依据图片的描述文本对其进行分类。

其次，利用网页类之间语义关联的定义，将这些网页类进一步划分，得到最小粒度的网页类。最小粒度网页类的判定准则如下。

判定准则： 设定 $G=(V,E)$为一个语义关联图，网页类 $Q_i \in V$ ，如果 $\forall Q_j \in V$，e_{ij} 和 e_{ji} 都满足 n-度均匀分布，那么，网页类 Q_i 对于该语义关联图 G 是一个最小粒度的类。

定义 5.2(n-度均匀分布) 设定 $G=(V,E)$为一个语义关联图，网页类 $Q_i,Q_j \in V$ 。当 $e_{ij} \geqslant \theta$ 时，如果 Q_i 中的任意 $n\times|Q_i|$ 个网页中，至少包含一个网页存在一条到 Q_j 中网页的超链接。那么，e_{ij} 满足 n-度均匀分布。

以上定义中，$0<n<1$ 为一个变量，用来约束网页类粒度的大小。

5.1.3 层次索引网络

以不同的粒度来定义网页类，并且把这种层次粒度结构添加到单层索引网络中，便得到了层次索引网络。

定义 5.3 定义层次索引网络为一个三元组 $N=(Q,S,G)$ 。其中，$S=(C^*,R)$ ，$G=(V,F,E)$ 。

① Q 代表一个网页域。

② $S=(C^*,R)$ 表示一个层次索引网络的构建规则，其中，C^*为一个网页类描述的集合，$R=\{(c_i,c_j)\mid\forall p\in\Omega,p\in_I c_j\Rightarrow p\in_I c_i,i,j\in\mathbb{N}_m\}$ ，R 包含了层次索引网络中的所有网页类和网页类之间的父子关联。

③ $G=(V,F,E)$ 表示一个语义关联网络。其中，V 表示一个网页类的集合，$F=\{(Q_i,Q_j)\mid(c_i,c_j)\in R;i,j\in\mathbb{N}_m\}$ ；F 是一个网页类之间的父子关联集合，包含了 V 中存在的、所有的网页类之间的父子关联；$E=\{(Q_i,Q_j)\mid e_{ij}\geqslant\theta,Q_i,Q_j\in\breve{V}\}$ ，$\breve{V}=\{Q_x\in V\mid\nexists Q_y\in V\to(Q_x,Q_y)\in F,x,y\in\mathbb{N}_m\}$ ，E 是一个网页类之间的语义关联集合，包含了 V 中所有叶子类之间的语义关联。

例 5.1 设定 Q 代表一个健康/医学的网页域，并且 Q 中包含的所有网页如表 5.1 所示。假定索引网络构建规则 $S=(C^*,R)$ 给定如下。

① C^*={健康与医疗(Health/Medical)，卫生保健(Sanitation/Healthcare)，医学(Medicine)，塑身/减肥(Sculpting/Lose Weight)，保健/养生(Healthcare/Regimen)，

生育/避孕(Fertility/Contraception)，各地卫生(Sanitation)，医学理论(Medical Theory)}为用户指定的类的集合。实际上，描述一个类有很多种方式，比如，特征向量、类名等。本章中，用常用的类特征向量的方式来描述一个类。表 5.2 展示出了 C^*中叶子网页类以及它们的特征向量。

② R={(健康与医疗，卫生保健)，(健康与医疗，医学)，(卫生保健，各地卫生)，(卫生保健，生育/避孕)，(卫生保健，保健/养生)，(卫生保健，塑身/减肥)，(医学，医学理论)}。假设 Q 中包含的网页如表 5.1 所示。设定θ=0，那么，F={({1～11}，{1～7, 9～11})，…，({2～3,5～7,9～11}，{7,9})}；E={({1,2,4}，{2,6,10})，…,({2,6,10}，{7,9})}。索引网络形成的语义关联图如图 5.4 所示。

图 5.4(a)直观地展示出了一个语义关联图。一个语义关联图由两大主要的部分组成：纵向树状结构表示类之间的父子关系、横向同层之间的有向图结构表示类之间的语义关联关系。其中，圆圈代表网页类；有向实线表示网页类之间的父子关系；有向虚线代表叶子类之间的语义关联关系。由于当语义关联图中的叶子类以及它们之间的语义关联增加时，用图 5.4(a)的方式，图会显得很乱，所以，本节用图 5.4(b)中所示的方式来展示一个语义关联图。与图 5.4(a)的表示方式相比较，图 5.4(b)的方式对类之间的层次关系表示得很模糊，但却能更直观地展现出叶子类之间的语义关联关系。图 5.4(b)中，圆圈代表网页类，内嵌的圆圈表示孩子类，有向实线表示叶子类之间的语义关联关系。

表 5.1　健康与医疗相关的网页

序号	网页	所属类	关键词	是否首页
1	基础医学理论 http://www.med66.com/web/jichuyixuelilun/	医学理论	基础医学理论、基础医学、相关资料	是
2	国际中医保健网 http: //www.gjzybj.com/	保健/养生 塑身/减肥 医学理论	中医资讯、中医理论、美容减肥、保健养生、方剂、针灸推拿、拔罐、刮痧、中医资料、药膳食疗	是
3	39 减肥频道 http: //fitness.39.net/	塑身/减肥	健康减肥、减肥、减肥方法、减肥食谱、减肥瘦身、减肥药、瘦脸、瘦腰、瘦腿、减肥产品、减肥瑜伽、减肥茶	否
4	百拇医药 http://www.100md.com/index/0H/10/Index.htm	医学理论	医学理论、理论书籍	否
5	减肥吧 http: //www.bjgtop.com/index.html	塑身/减肥	减肥药、减肥产品、减肥方法、快速减肥、减肥药排行、减肥瑜伽	是
6	医药网 http://www.pharmnet.com.cn/health/bjys/	保健/养生	保健养生、保健养生资讯、针灸保健、保健药酒、职业病、养性怡情、运动强身	是
7	好孕网 http: //www.haoyun10.com/	生育/避孕	好孕网、怀孕、孕妇、分娩、月子、新生儿、孕妇课堂、孕期、胎教	是

续表

序号	网页	所属类	关键词	是否首页
8	北京大学医学部 http: //www.bjmu.edu.cn/	其他	北京大学医学部、内容管理、信息发布、知识管理、知识门户、教育门户、电子政务、竞争情报系统	是
9	中国孕妇网 http: //www.zgyunfu.com/	生育/避孕	妊娠、分娩、孕妇饮食、孕妇知识、孕妇图片、孕妇保健、怀孕避孕、坐月子	是
10	大众养生网 http: //www.cndzys.com/	保健/养生	大众养生网、中医养生、养生知识、经络理疗、食疗养生、道家养生、黄帝内经养生、传统运动养生、风水养生、疾病预防	是
11	中国美容美体网 http: //www.ilife.cn/	塑身/减肥	美容、护肤、美体、瘦身、香水、彩妆、保健品	是

假如 $F=\varnothing$，那么，层次索引网络就变成了单层索引网络。层次索引网络比单层索引网络的表达能力更强。借助于类与类之间的父子层次关系，可以丰富网页的搜索方式，比如，"在某个类的所有子孙类中搜索网页""在某个类的兄弟类中搜索网页"等。在层次索引网络中，只需要计算叶子类之间的语义关联即可。它们的父类之间、甚至祖先类之间的语义关联可以由叶子类之间的语义关联推理得到。

表 5.2　网页类的特征向量

序号	类名称	特征向量
1	各地卫生	卫生、卫生厅、卫生机构、卫生信息、卫生局
2	保健/养生	保健、养生、中医保健、亚健康、养生网、足疗、按摩、保健网
3	生育/避孕	育儿、怀孕、孕妇、人流、妊娠、分娩、胎教
4	塑身/减肥	瘦身、塑身、减肥、燃脂、减肥方法、减肥咨询、减肥药、美体
5	医学理论	医学理论、基础医学、医学书籍、医学、

5.1.3.1　索引网络的构建

当构建一个索引网络时，需要定义网页类的集合，以及网页类之间语义关联的生成规则。依据层次索引网络的定义可知，同层之间网页类之间的语义关联可以由给定的规则计算得出。但是，让用户人工定义网页类以及网页类之间的父子关系集合，工作量巨大，也是不可行的。实际上，索引网络中包含的网页类以及网页类之间的父子关系，也可以由半人工或者全自动化的方式得到。本节给出一种基于 WordNet 的、半人工的方式来构建层次索引网络。

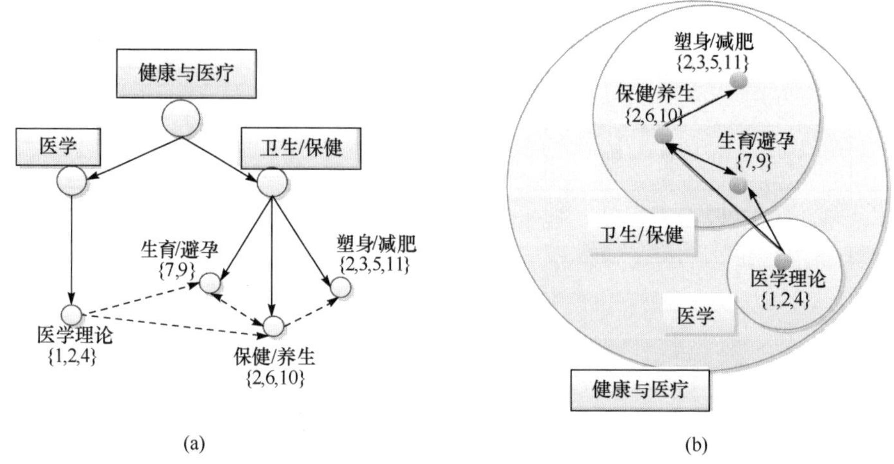

图 5.4　例 5.1 中的语义关联图

例 5.2　(基于 WordNet 构建层次结构)假如由三个属性，分别是“人”、“颜色”、“衣服”来构建网页类的特征向量，进一步形成网页类的层次架构。

①依据 WordNet，摘取了名词“衣服”“人”“颜色”三个词的下位词结构，如图 5.5(a)～(c)所示。把三个词“人”“颜色”“衣服”的基本属性分别看作 C^*中第一层中三个网页类的特征词。

②第一层的网页类两两求交集，得到它们的子类。例如，“儿童”和“睡衣”两个类的交集(类特征的并集)生成了类“儿童&睡衣”。“儿童”“睡衣”两个类均是“儿童&睡衣”这个类的父类。

③重复②，第 n+1 层中的网页类，由第 n 层中网页类的两两相交获得；最终，生成的网页类之间的层次关系如图 5.5(d)所示。注意：因为由三个属性“人”“颜色”“衣服”生成的层次架构很大，图 5.5(d)中只示意列出了部分的类特征。

实际上，例 5.2 仅仅是示范了一种层次结构的生成方式。目的是表明非人工生成索引网络层次结构的方式是存在的。也就是说，在现实应用中，构建一个索引网络是完全可行的。

本节给出单层索引网络的初始化过程。基于网页类别和超链接的语义关联图构造算法如算法 5.1 所示。

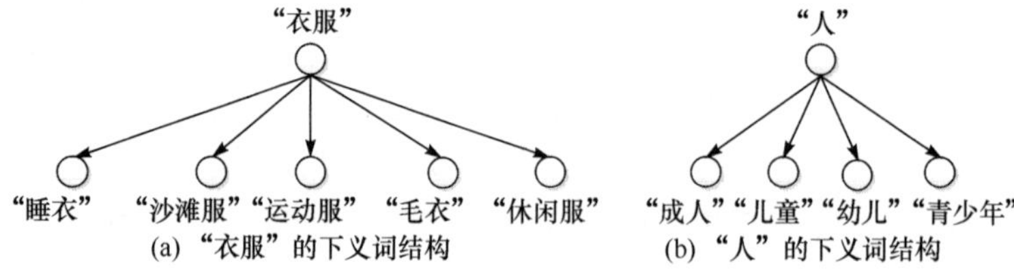

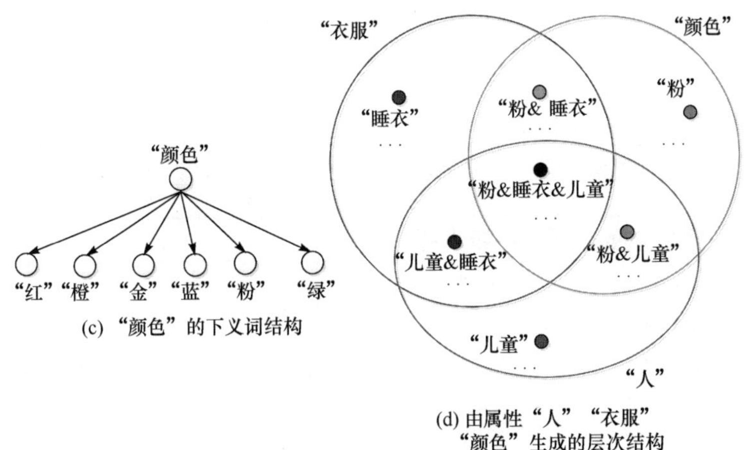

(c) “颜色”的下义词结构

(d) 由属性“人”“衣服”“颜色”生成的层次结构

图 5.5　例 5.2 中构建的层次关系

算法 5.1　基于网页类别和超链接的语义关联图构造算法

输入：网页集 Q，主题集 $C^*=\{c_1,c_2,\cdots,c_m\}$

输出：$G=(V, E)$

初始化，$E=\varnothing;V=\{Q_1,\cdots Q_i,\cdots Q_m\};\forall Q_i\in V,Q_i=\varnothing;i<i\leqslant m$

for 每个 $p_i\in Q$，判断 p_i 是否满足 c_j

　　if $p_i\in_I c_j$

　　添加 p_i 到 Q_j

　　end if

end for

$\forall Q_i,Q_j\in V$，计算 e_{ij}

if $e_{ij}\geqslant\theta$

将 e_{ij} 添加到 E

end if

5.1.3.2　层次索引网络的更新

由于互联网络的开放性属性，互联网上的网页处于不断变化中。为了保证较好的信息服务质量，索引网络中的网页信息必须与互联网上的信息保持一致。因此，给出索引网络的更新算子是有必要的。本章给出了两个索引网络的更新算子，并给出了对应的实现算法。

定义 5.4　设 $N=(Q, S, G)$是一个索引网络，加入一个新增网页集合 $\varDelta$，那么，更新后的索引网络 $\bar{N}=(\bar{Q},S,\bar{G})$，其中，$\bar{Q}=Q\cup\varDelta$；$\bar{G}=(\bar{V},\bar{F},\bar{E})$，$\bar{V}=\{\bar{Q_i},i\in\mathbb{N}_m\}$，

$\overline{Q_i} = Q_i \cup \{p \mid p \in \Delta \wedge p \in_I c_i$ $\overline{F} = \{(\overline{Q_i}, \overline{Q_j}) | (c_i, c_j) \in R, i, j \in \mathbb{N}_m\}$，$\overline{E} = \{(\overline{Q_i}, \overline{Q_j}) \mid e_{ij} \geqslant \theta,$ $\overline{Q_i}, \overline{Q_j} \in \tilde{\overline{V}}$，$\tilde{\overline{V}} = \{\overline{Q_x} \in \overline{V} \mid \nexists \overline{Q_y} \in \overline{V} : (\overline{Q_x}, \overline{Q_y}) \in \overline{F}, x, y \in \mathbb{N}_m\}$。

简要地说，当索引网络的网页域新增加一个网页集合 Δ 时，能够得到一个基于网页域 $Q \cup \Delta$ 的索引网络。具体的更新过程如算法 5.2 所示。

算法 5.2 通过扩展网页域更新索引网络

输入：$N=(Q, S, G)$，网页集合 Δ

输出：$\overline{N} = (\overline{Q}, S, \overline{G})$

初始化条件：$\overline{V} = V$，$\overline{F} = F$，$\overline{E} = E$，$\overline{Q_i} = Q_i$，$V_{pi} = \varnothing$，$\overline{Q} = Q \cup \Delta$
for $\forall p_i \in \Delta$
　for $\forall c_i \in C^*$
　if $p_i \in_I c_i \wedge \overline{Q_i} \neq \varnothing$
　　将 p_i 添加到 $\overline{Q_i}$；将 $\overline{Q_i}$ 添加到 V_{pi}
　end if
　if $p_i \in_I c_i \wedge \overline{Q_i} = \varnothing$
　　将 $\overline{Q_i}$ 添加到 $\overline{V}$；添加 p_i 到 $\overline{Q_i}$；添加 $\overline{Q_i}$ 到 V_{pi}
　　for $\forall \overline{Q_j} \in \overline{V}$
　　　if $(c_i, c_j) \in \mathrm{R}$
　　　　将 $(\overline{Q_i}, \overline{Q_j})$ 添加到 $\overline{F}$
　　　end if
　　　if $(c_j, c_i) \in R$
　　　　将 $(\overline{Q_j}, \overline{Q_i})$ 添加到 $\overline{F}$
　　　end if
　　end for
　end if
　end for
end for
for $\overline{Q_i} \in \overline{V}$
　if $\forall \overline{Q_j} \in \overline{V}, (\overline{Q_i}, \overline{Q_j}) \notin \overline{F}$
　　添加 $\overline{Q_i}$ 到 $\tilde{\overline{V}}$
　end if
end for

---

for $\forall p_i \in \Delta$ 获取所有链接

for $\forall \overline{Q_i} \in V_{pi}$

  if $\overline{Q_i} \in \tilde{\tilde{V}}$

    for $\forall \overline{Q_j} \in \tilde{\tilde{V}}, j \neq i$

      Tem=e_{ij} * $|Q_i|$

      for $\forall p_j \in$ 获取所有超链接

        if $p_j \in \overline{Q_j}$

        Tem=Tem+1

        end if

      end for

      $e_{ij} = \dfrac{\text{Tem}}{\left|\overline{Q_i}\right|}$

    end for

  end if

end for

for $\forall p_i \in \Delta$ 获取所有超链接

  for $\forall p_j \in$ 获取的所有超链接

    for $\forall \overline{Q_j} \in V_{pj}$， $\overline{Q_i} \in V_{pi}$

      if $\overline{Q_j} \in \tilde{\tilde{V}}, \overline{Q_i} \in \tilde{\tilde{V}}, i \neq j$

      $e_{ji} = (e_{ji} * \left|Q_j\right| + 1) / |\overline{Q_j}|$

      end if

    end for

  end for

end for

return $\overline{N} = \{\overline{Q}, S, \overline{G}\}$

算法 5.2 中，V_{pi} 是一个中间变量。它定义了一个网页类的集合，它中间的每个类都包含网页 p_i。算法 5.2 包含了五个步骤。步骤 1 完成算法中变量的初始化；步骤 2 完成语义关联图中每个网页类的更新；步骤 3 更新语义关联图中的叶子网页类集合；步骤 4 和步骤 5 完成类与类之间语义关联关系的更新。假设变量 m 代表索引网络中网页类的数目，集合中最大的网页出度为 o，集合中最大的网页入度为 q。算法 5.2 中，步骤 2～步骤 5 的复杂度分别为 $O(|\Delta|m^2)$ 、$O(m^2)$ 、$O(|\Delta|m^2 o)$ 、

$O(|\varDelta|(|Q|+|\varDelta|+qm^2))$，因此，算法 5.2 的整体复杂度为 $O(n^4)$。

例 5.3 假设拓展例 5.1 中的索引网络网页域，并且要增加的网页集合 $\varDelta$ 如表 5.3 中所示。将表 5.3 中的网页加入到 Q 中，并且使用算法 5.2 的过程获得更新后的语义关联图，如图 5.6 所示。

表 5.3 健康与医疗包含的网页

序号	网页	类名称	关键词	是否首页
1	鲁网-医疗卫生 http://www sdnews.com.cn/ylws/gdws/	各地卫生	各地卫生、医疗卫生频道、山东新闻网	否
2	云南省卫生厅 http://www.pbh.yn.gov.cn/	各地卫生	云南省卫生厅	是
3	国家医学考试网 http://www.nmec.org.cn/	其他	国家、医学、考试	是
4	腾讯女性 http://lady.qq.com/diet/diet.htm	保健/养生 塑身/减肥 生育/避孕	女性频道、服饰、美容、美体、健康、情感、职场、避孕、瘦身、减肥、护肤	否

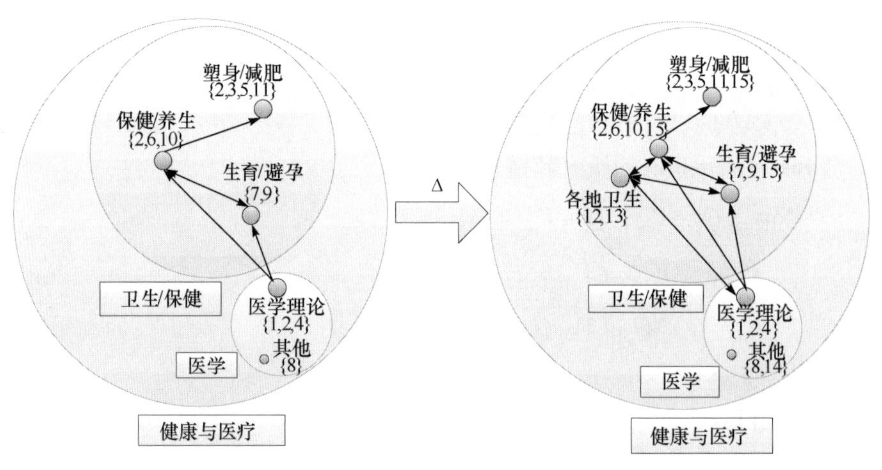

图 5.6 索引网络更新示意图

类似地，当需要删掉网页域中的某些网页时，同样能够对索引网络进行更新。

定义 5.5 设 $N=(Q, S, G)$是一个索引网络；需要从网页域 Q 中删掉一个网页集合$\varDelta$，那么，更新后的索引网络 $\bar{N}=(\bar{Q},S,\bar{G})$，其中，$\bar{Q}=Q-\varDelta$；$\bar{G}=(\bar{V},\bar{F},\bar{E})$，$\bar{V}=\{Q_i-\varDelta \mid c_i\in C^*\}$，$\bar{F}=F\cap(\bar{V}\times\bar{V})$，$\bar{E}=E\cap(\bar{V}\times\bar{V})$。

5.2 索引网络代数

索引网络模型是基于网页分类和超链接统计分析而构建的一种网页组织模

型，生成了能够刻画网页类之间的现实关联的语义关联图。面向主题的探索式搜索、个性化搜索等基于语义关联图构建智能型网络信息服务应用的过程中，需要完成从语义关联图中提取网页/子图结构、将两个索引网络合并为一个索引网络等操作。为了应对这些需求，本节定义了一系列操作算子，称为索引网络代数。其中，为了完成语义关联图中选择性地提取网页/子图，定义了语义关联图的单目操作。为了对基于不同分类体系构建的索引网络进行合并，定义了索引网络/语义关联图的双目操作。此外，为了优化用户对语义关联图的查询效率，对操作算子的优先级别进行讨论，并给出了操作等价转换公式。

5.2.1　索引网络构建规则之间的操作

实际应用中，索引网络中的构建规则可能会被人为地变更。用户可以把多种规则进行组合生成一种新的规则。因此，定义针对 C^*的操作算子是必要的。实际上，当使用不同的形式化方法去描述一个网页集合时，针对 C^*操作的形式化方法是不一样的。因此，在规则层的操作算子的定义依赖于具体的应用场景，并且由网页类的抽象描述形式决定。例如，本章中使用类的特征向量来描述一个类，假设有两个网页类

$$Q_1 = \{w_1, w_2, \cdots, w_n\}$$

$$Q_2 = \{w'_1, w'_2, \cdots, w'_m\}$$

在应用中，需要找到一个网页集合 Q'，其中包含的网页既属于 Q_1 又属于 Q_2。那么，可以定义操作

$$c' = c_1 \wedge c_2 = (w_1 \vee w_2 \vee \cdots \vee w_n) \wedge (w'_1 \vee w'_2 \vee \cdots \vee w'_m)$$

5.2.2　多个索引网络之间的操作算子

后台数据库需要被整合的应用场景很多，比如，上海市互联网信息中心关注整个上海市的互联网建设情况；北京市互联网信息中心关注整个北京市的互联网建设情况；每个行政区域只需要建立局部的网页数据库，并进行分析就好。中国互联网信息中心关注整个国家的情况，需要把各个行政区域的数据库进行整合分析。此外，想要分析两个行政区域互联网建设情况的差异性，需要定义后台数据库的比对操作算子。虽然，本章以互联网上最常见的资源——网页为对象，对索引网络的构建、操作进行说明，实际上，所提索引网络的抽象概念，以及索引网络的单网、多网等操作算子，同样适用于互联网络上其他类型的资源。

考虑到基于不同分类体系构建的索引网络进行合并的情况，在这种场景下，两个或者多个索引网络需要被整合成一个新的索引网络。依据不同的合并需求，定义了叠加和、共性和、乘积三个不同的运算，分别以不同的合并方式来整合多

个索引网络。其中，叠加和是一种全包含式的索引网络合并方式，合并后的索引网络包含了原网中所有存在的网页、网页类以及网页类之间的语义关联。共性和是一种保守的合并方式，本着“大家都认为是对的，才是对的”理念，抽取多个索引网络中的公共部分，形成一个新的索引网络。乘积是一种集思广益类型的合并方式，求取多个索引网络中的属性并集，利用这个属性并集形成新的索引网络生成规则，进而形成一个新的索引网络。

考虑到对多个索引网络模型的分析对比，定义了索引网络的差和对称差两个操作算子。差操作的结果展现了一个索引网络对比另一个索引网络的不同之处，目的是提炼出一个数据库不同于另一个数据库的区别。对称差操作的结果展现了两个索引网络的不同程度，目的是提炼出多个数据库中的非公共特性集合。直观地说，上海市互联网信息中心与北京市互联网中心后台中网页索引网络的差，展现出了上海市互联网络不同于北京市互联网络的特征。而两个后台中网页索引网络的对称差，展现出了互联网络的区域化特征。

本节中，N_i 和 G_i 分别表示索引网络和关联图，其中，$N_i = (Q^i, S_i, G_i)$, $i = \{1,2\}$ 表示一个索引网络，$G_i = (V_i, F_i, E_i)$ 表示它形成的语义关联图。

用索引网络语义关联图的变化来直观地展现索引网络的变化过程。

定义 5.6　两个索引网络的叠加和定义为

$$N = N_1 + N_2 = (Q, S, G)$$

其中，$Q = Q^1 \cup Q^2$，$S = (C^*, R)$，$C^* = C_1^* \cup C_2^*$，$R = R_1 \cup R_2 \cup R_{12}$，$R_{12} = \{(c_i, c_j) \in \varDelta_R \mid \nexists c_k, (c_i, c_k) \in \varDelta_R \wedge (c_k, c_j) \in \varDelta_R\}$，$\varDelta_R = \{(c_i, c_j) \in \varDelta \mid \forall p \in \varOmega, p \in_I c_j \Rightarrow p \in_I c_i\}$，$\varDelta = \{(c_i, c_j) | \{c_i, c_j\} \subsetneq C_1^* \wedge \{c_i, c_j\} \subsetneq C_2^*, c_i, c_j \in C^*\}$，$G = (V, F, E)$ 是 N 所形成的语义关联图。

在以上定义中，$\varDelta$ 包括了所有新加入的网页类的序对；$\varDelta_R$ 包含了 $\varDelta$ 中存在的所有的(祖先，子孙)网页类序对；R_{12} 包含了 $\varDelta_R$ 中存在的所有的(父亲，儿子)网页类序对。以上定义中，具体给出了两个索引网络进行叠加和后，形成的新的网页域 Q 和新的索引网络的构建规则 S；运算之后得到的语义关联图 G 由 Q 和 S 计算得出。

两个索引网络 N_1 和 N_2 的叠加和，生成一个新的索引网络 N。N 包含存在于原来两个索引网络中的所有的网页、网页类、网页类之间的父子关系、网页类之间的语义关联。

例 5.4　假定有两个索引网络 N_1 和 N_2，他们的语义关联图分别如图 5.7(a)和(b)所示。那么，N_1 和 N_2 经过叠加和运算后，形成新的索引网络 N。N 的语义关联图如图 5.7(c)所示。需要注意的是，在这个例子中，叠加操作的结果使得新的索引网络中引入了两个新的网页类序列对，$\varDelta = \{$(各地卫生，医学理论)，(医学理论，各地卫生)}。但是，$\Delta_R = \varnothing$。本例中，叠加和运算并没有引入新的父子关系，仅仅是引入了两个新的、网页类之间的语义关联。引入的两个语义关联关系分别为(各地卫生，医学理论)和(医学理论，各地卫生)。

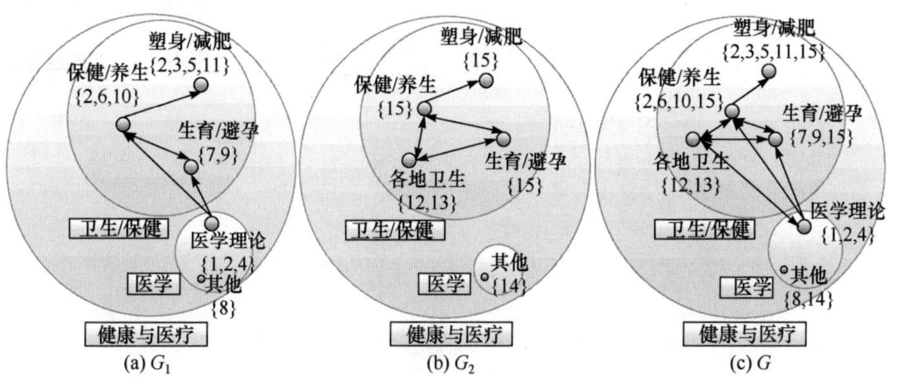

图 5.7　两个索引网络叠加和的示意图

定义 5.7　两个索引网络的共性和定义为

$$N = N_1 \oplus N_2 = (Q, S, G)$$

其中，$Q = Q^1 \cap Q^2$，$S = (C^*, R)$，$C^* = C_1^* \cap C_2^*$，$R = R_1 \cap R_2$，$G = (V, F, E)$是N所形成的语义关联图。

两个索引网络N_1和N_2进行共性和操作，形成一个新的索引网络N。N包含原有两个索引网络中公共存在的部分，包括网页、网页类、网页类之间的父子关系、网页类之间的语义关联。共性和、叠加和两种操作，都是对两个索引网络进行合并。它们的不同之处在于，共性和只提取出两个索引网络中公共的部分形成一个新的索引网络；叠加和则简单地把两个索引网络中的所有内容都叠加在一起。图 5.8 中，用一个例子展示了一个共性和的示意图。假定有两个索引网络N_1和N_2，其语义关联图分别如图 5.8(a)和(b)所示。那么，N_1和N_2经过共性和运算后，形成新的索引网络N。N的语义关联图如图 5.8(c)所示。

定义 5.8　两个索引网络的差定义为

$$N = N_1 - N_2 = (Q, S, G)$$

其中，$Q = Q^1 - Q^2$，$S = (C^*, R)$，$C^* = C_1^* - C_2^*$，$R = R_1 - R_2$，$G = (V, F, E)$是N所形成的语义关联图。

定义两个索引网络之间的差，目的是提取一个索引网络N_1不同于索引网络N_2的地方。两个索引网络N_1和N_2的差操作形成一个新的索引网络N。N包含了所有N_1中存在而N_2中没有的信息。图 5.9 用例子展现了差运算导致的索引网络中语义关联图的变化过程。图 5.9(a)和(b)分别表示两个索引网络N_1和N_2中的

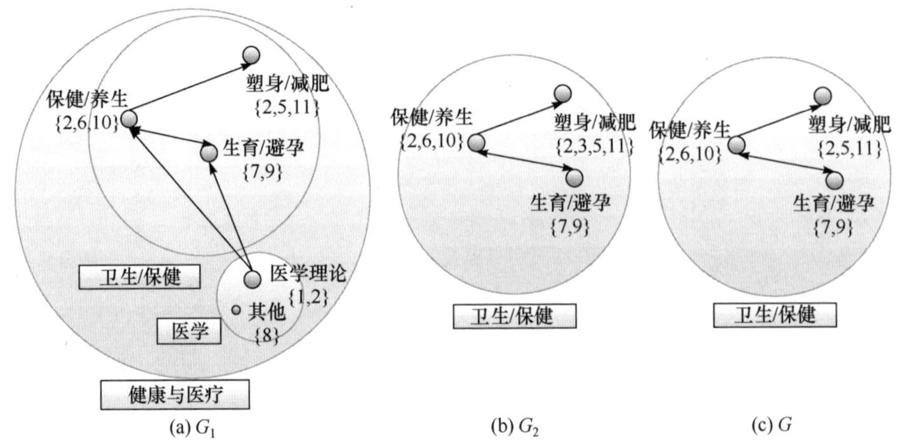

(a) G_1　(b) G_2　(c) G

图 5.8　两个索引网络共性和的示意图

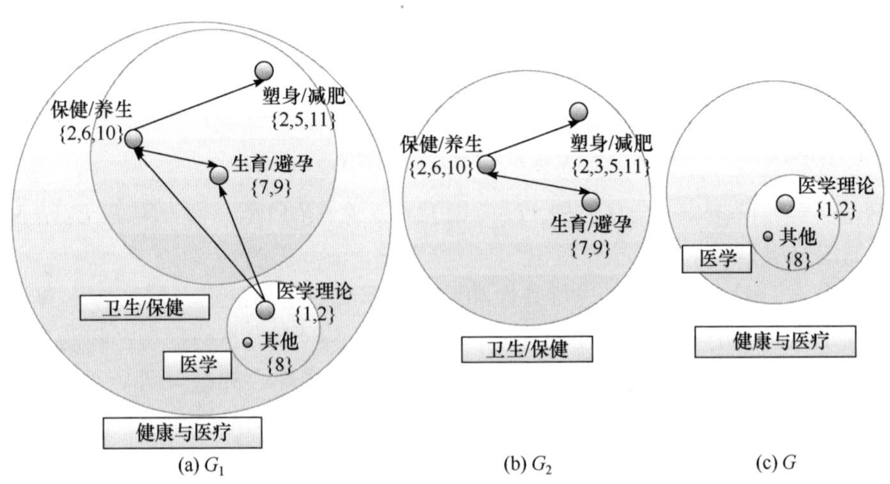

(a) G_1　(b) G_2　(c) G

图 5.9　两个索引网络差的示意图

语义关联图 G_1 和 G_2，在图 5.9(c)中展示出了 $N_1 - N_2$ 形成的语义关联图 G 。

定义 5.9　两个索引网络的对称差定义为

$$N = N_1 \ominus N_2 = (Q, S, G)$$

其中，$Q = (Q^1 - Q^2) \cup (Q^2 - Q^1)$ ，$S = (C^*, R)$，$C^* = (C_1^* - C_2^*) \cup (C_2^* - C_1^*)$，$R = (R_1 - R_2) \cup (R_2 - R_1)$ ，$G = (V, F, E)$ 是 N 所形成的语义关联图。

定义两个索引网络之间的对称差，目的是分析索引网络 N_1 和 N_2 之间的差异。两个索引网络 N_1 和 N_2 的对称差操作形成一个新的索引网络 N 。N 的复杂程度直接体现两个索引网络的差异程度。当两个完全相同的索引网络进行对称差操作时，结果为一个空的索引网络。图 5.10 用例子展现了对称差运算导致的索引网络中语义关联图的变化过程。图 5.10(a)和(b)分别表示两个索引网络 N_1 和 N_2 中的语义关联图 G_1 和 G_2，在图 5.10(c)中展示出了 $N_1 \ominus N_2$ 形成的语义关联图 G 。

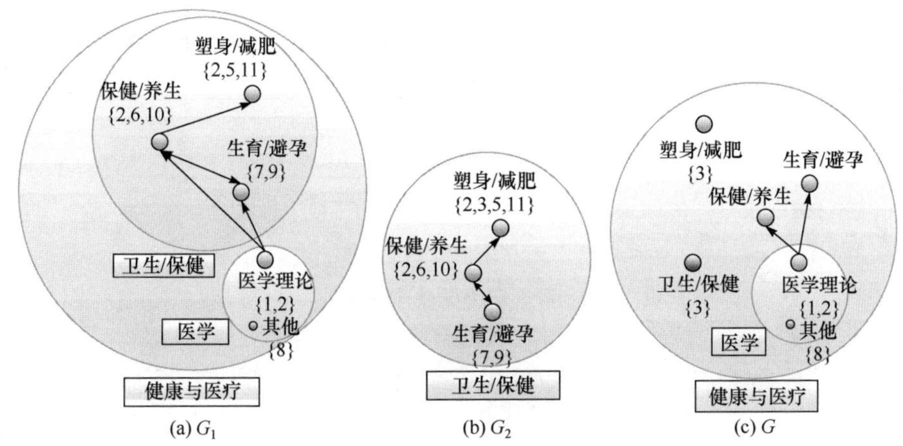

图 5.10　两个索引网络对称差的示意图

定义 5.10　两个索引网络的乘积定义为

$$N = N_1 \cdot N_2 = (Q,S,G)$$

其中，$Q = (Q^1 \cap Q^2)$ ，$S = (C^*, R)$，$C^* = C_1^* \cdot C_2^*, R = R_1 \circ C_2^* \cup R_2 \circ C_1^*$，$C_1^* \cdot C_2^* = \{c_i \cdot c_j \mid c_i \in C_1^* \wedge c_j \in C_2^*\}$ ，$c_i \cdot c_j \in C_1^* \cdot C_2^*$ 表示同时满足 c_i 和 c_j 的类描述，$R_x \circ C_y^* = \{(c_i \cdot c_k, c_j \cdot c_k) | (c_i, c_j) \in R_x \wedge c_k \in C_y^*\}, x, y \in \{1,2\}$ ，$G = (V,F,E)$ 是 N 所形成的语义关联图。

上述两个索引网络的乘积，我们定义了一种两个索引网络 N_1 和 N_2 进行融合的方式。$C^* = C_1^* \cdot C_2^*$ 生成了索引网络 N 包含的类描述集合，其中，包含了 N_1 和 N_2 所包含的类描述集合的并集，以及由这两个集合中的类描述约束条件两两取并集生成的类描述。基于以上定义，可以得到，对于任意 $c_x \in C^*, c_x = c_i \cdot c_j \Rightarrow Q_x = Q_i \cap Q_j, i \in \mathbb{N}_{m1}, j \in \mathbb{N}_{m2}$ 。$R_x \circ C_y^*$ 定义了由类的父子关系集合 R_x 和类描述集合 C_y^* 形成的类的父子关系集合。其物理含义是两个具有父子关系的网页类，与同一个网页类进行交集运算后，形成的两个新的网页类也具有父子关系。

例 5.5　基于表 5.1 中的网页集合，依据不同的形成规则，可以得到两个索引网络 N_1 和 N_2 。G_1 和 G_2 分别如图 5.11(a)和(b)所示。其中，$C_1^* = \{$健康与医疗，卫生保健，医学，塑身/减肥，保健/养生，生育/避孕，医学理论，其他$\}$，$C_2^* = \{$健康与医疗，网站首页，非网站首页$\}$。N_1 和 N_2 进行乘积运算，得到新的索引网

络 N 。N 对应的语义关联图 G 如图 5.11(c)所示。C = {健康与医疗，健康与医疗∧网站首页，健康与医疗∧非网站首页，卫生保健∧网站首页，卫生保健∧非网站首页，…，其他∧非网站首页}。R = {(健康与医疗，健康与医疗∧网站首页)，(健康与医疗，健康与医疗∧非网站首页)，(健康与医疗∧网站首页，卫生保健∧网站首页)，…，(医学∧非网站首页，其他∧非网站首页)}。

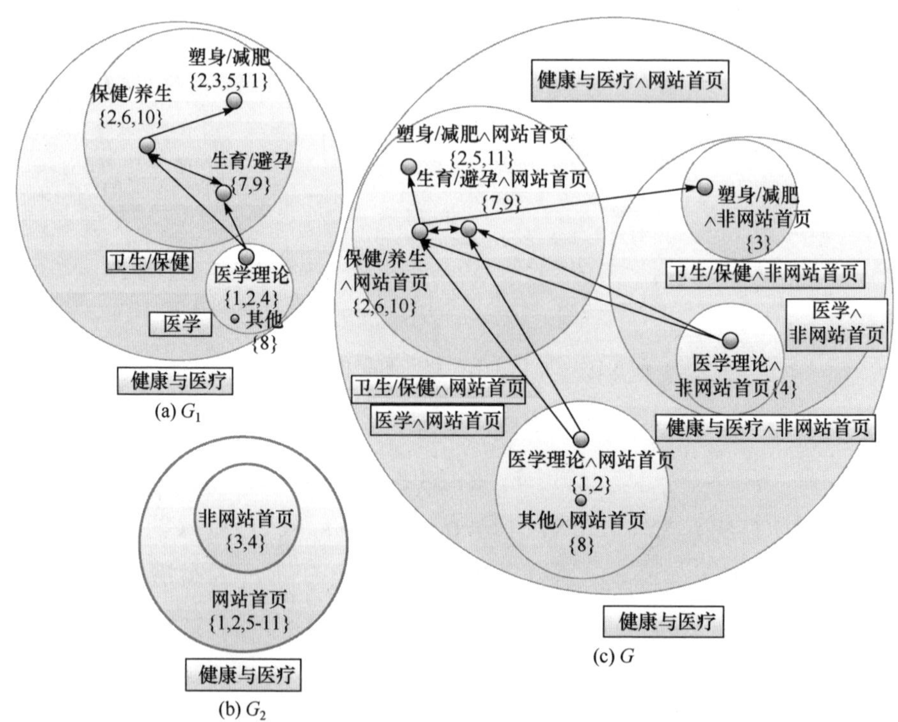

图 5.11　两个索引网络乘积的示意图

5.2.3　语义关联图的相关操作算子

5.2.3.1　单目操作算子

当网页域 Q 和构建规则 S 都确定之后，得到一个确定的语义关联图 G。语义关联图展示了网页、网页类，以及它们之间的语义关联。对于一般应用来说，如何从语义关联图中获得需要的信息、网页或者子图是能够将语义关联图实际应用化的关键。本节定义了一组针对语义关联图的基本操作算子。基于它们及其组合，用户可以获得满足它们需求的网页子集、语义关联子图等。

定义 5.11　设定 $G=(V,F,E)$ 是一个索引网络 $N=(Q,S,G)$ 生成的语义关联图，X 代表用户对网页的限制条件。定义语义关联图的限制操作为

$$\sigma_X(G)=(\bar{V},\bar{F},\bar{E})$$
$$\bar{V}=\{\overline{Q_i}\mid\overline{Q_i}=\sigma_X(Q_i),i\in\mathbb{N}_m\}$$
$$\sigma_X(Q_i)=\{p\in Q_i\mid p\text{ 满足 }X\}$$
$$\bar{F}=F\cap(\bar{V}\times\bar{V})\text{，}\quad\bar{E}=E\cap(\bar{V}\times\bar{V})$$

限制操作使用限制条件“X”来过滤 G 中的网页。限制操作算子的输入是一个语义关联图，限制条件 X；输出是输入的语义关联图的一个子图。

例 5.6　图 5.12(a)展示的是基于表 5.1 产生的一个语义关联图 G。设定用户需求是：提取它的一个子图，子图中包含的所有网页均为网站的首页；此时，X 被定义为 X=“网页是首页”。调用投影操作，得到 $G'=\sigma_X(G)=(\bar{V},\bar{F},\bar{E})$；得到的子图 G' 如图 5.12(b)所示。其中，图 5.12(b)包含的所有网页都是首页。由于执行了限制操作，原来的非首页网页诸如网页 3、4 等均已被删除。

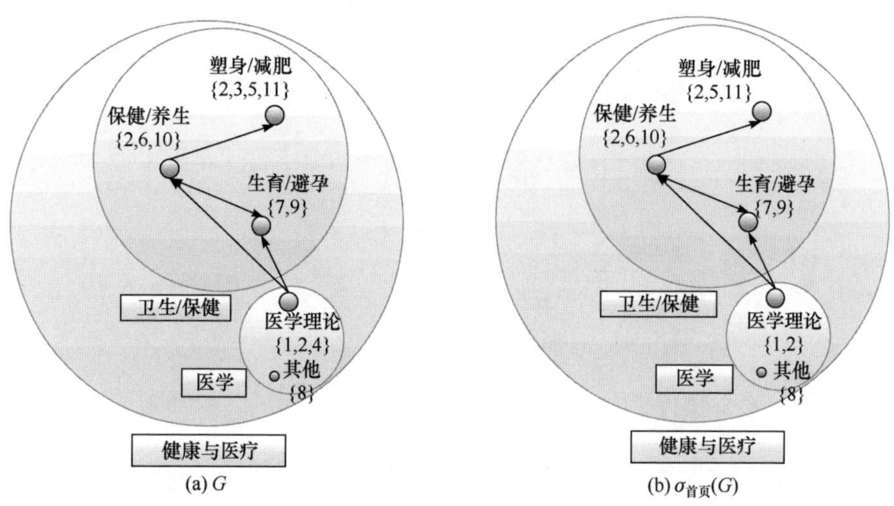

图 5.12　限制操作示例

定义 5.12　设定 $G=(V,F,E)$ 是一个索引网络 $N=(Q,S,G)$ 生成的语义关联图。Y 代表 G 中网页类的投影条件。定义语义关联图的投影操作为

$$\pi_Y(G)=(\bar{V},\bar{F},\bar{E})$$
$$\bar{V}=\{Q_i\in V\mid Q_i\text{ 满足 }Y\}$$
$$\bar{F}=F\cap(\bar{V}\times\bar{V})$$
$$\bar{E}=E\cap(\bar{V}\times\bar{V})$$

投影操作的输入是一个语义关联图 G，输出是 G 的一个子图。投影条件 Y 可以由用户自行设定，可以是一个网页集的集合，也可以是一系列规则。

例 5.7　设定 Y=“$\subseteq Q_i$”。含义是获得网页类 Q_i 以及它的所有子孙类。图 5.13(a)展示了基于表 5.1 中网页集合生成的一个语义关联图。设定 Y=“$\subseteq$“卫生/保健””。得到 $\pi_Y(G)=(\bar{V},\bar{F},\bar{E}),\bar{V}=\{$“卫生/保健”，“保健/养生”，“塑身/减肥”，“生育/避孕”$\}$，并且得到经过投影操作后的子图，如图 5.13(b)所示。由于执行了投影操作，不符合投影条件的网页类以及类之间的关联均已被删除。

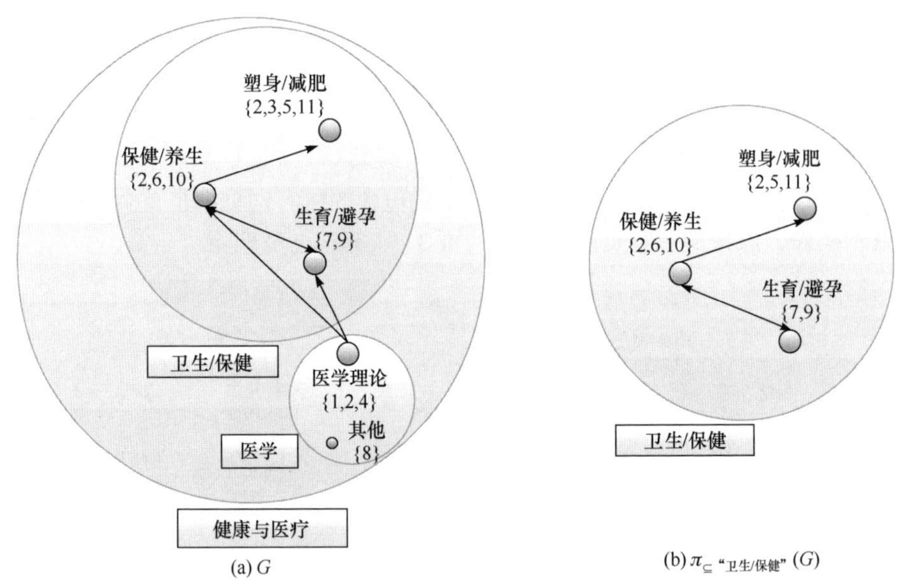

图 5.13　投影操作示例

5.2.3.2　双目操作算子

本节给出语义关联图之间对应操作算子。同样地，用 $N_i=(Q^i,S_i,G_i),i=\{1,2\}$ 表示一个索引网络，$G_i=(V_i,F_i,E_i)$ 代表它形成的语义关联图。

定义 5.13　两个语义关联图的叠加和定义为

$$G=G_1+G_2$$

其中，$V=V_1\cup V_2=\{Q_i|Q_i\in(V_1-V_2)\cup(V_2-V_1)\}\cup\{(Q_i\in V_1)\cup(Q_i\in V_2)|Q_i\in V_1\cup V_2\}$，$F=F_1\cup F_2\cup F_{12}$，$F_{12}=\{(Q_i,Q_j)\in\Delta_F|\nexists Q_k,(Q_i,Q_k)\in\Delta_F\wedge(Q_k,Q_j)\in\Delta_F\}$，$\Delta_F=\{(Q_i,Q_j)\in\Delta|\forall p\in\Omega,p\in Q_j\Rightarrow p\in Q_i\}$，$\Delta=\{(Q_i,Q_j)|\{Q_i,Q_j\}\subsetneq V_1\wedge\{Q_i,Q_j\}\subsetneq V_2,Q_i,Q_j\in V\}$，$E=\{(Q_i,Q_j)|e_{ij}\geqslant\theta,Q_i,Q_j\in\bar{V}\}$，$\bar{V}=\{Q_x\in V|\nexists Q_y\in V\to(Q_x,Q_y)\in F,x,y\in\mathbb{N}_m\}$。

定义 5.14　两个语义关联图的共性和定义为

$$G=G_1\oplus G_2$$

其中，$V=V_1\cap V_2=\{Q_i\in V_1\cap V_2|Q_i\in V_1\cap Q_i\in V_2\}$，$F=F_1\cap F_2$，$E=E_1\cap E_2$。

定义 5.15 两个语义关联图的差定义为

$$G = G_1 - G_2$$

其中，$V = V_1 - V_2 = \{Q_i \mid Q_i \in V_1 - V_2\} \cup \{(Q_i \in V_1) - (Q_i \in V_2) | Q_i \in V_1 \cap V_2, (Q_i \in V_1) - (Q_i \in V_2) \neq \varnothing\}$，$F = F_1 - F_2$，$E = E_1 - E_2$。

定义 5.16 两个语义关联图的对称差定义为

$$G = G_1 \ominus G_2$$

其中，$V = (V_1 - V_2) \cup (V_2 - V_1)$，$F = (F_1 - F_2) \cup (F_2 - F_1)$，$E = (E_1 - E_2) \cup (E_2 - E_1)$。

定义 5.17 两个语义关联图的乘积定义为

$$G = G_1 \cdot G_2 = (V, F, E)$$

其中，$V = \{Q_i = Q_x \cap Q_y \mid \forall Q_x \in V_1, \forall Q_y \in V_2\}$，$F = F_1 \circ V_2 \cup F_2 \circ V_1$，$F_x \circ V_y = \{(Q_i \cap Q_k, Q_j \cap Q_k) | (Q_i, Q_j) \in F_x \wedge Q_k \in V_y\}, x, y \in \{1,2\}$，$E = \{(Q_i, Q_j) \mid e_{ij} \geqslant \theta, Q_i, Q_j \in \breve{V}\}$，$\breve{V} = \{Q_x \in V \mid \nexists Q_y \in V \to (Q_x, Q_y) \in F, x, y \in \mathbb{N}_m\}$。

由之前的定义得到$(N_1 * N_2) \cdot G = G_1 * G_2$，其中，$*$为通配符，代表任何一个运算。因此，语义关联图的相关操作及其效果，仍然可以用 5.3.2 节中的示意图进行说明，此处不再赘述。

说明：针对语义关联图定义的操作集合{限制、投影、叠加和、共性和、差、对称差、乘积}中，{限制、投影、叠加和、差、乘积}为其基本操作集合。共性和、对称差两个操作可以由基本操作集合中的多个操作推导出。其中，$G_1 \oplus G_2 = G_1 - (G_1 - G_2)$，$G_1 \ominus G_2 = (G_1 - G_2) + (G_2 - G_1)$。

5.2.4 语义关联图的查询优化

本章提出的索引网络模型是一种网页组织和管理模型。为了给基于索引网络模型开发面向主题的探索式搜索、基于语义关联图的个性化搜索等提供代数运算支撑，用户借用第 5.3.2 节和 5.3.3 节中的相关操作算子，从网页索引网络中提取满足需求的网页集合或者子网结构。用户在语义关联图中提取信息时，往往同时借助于多个针对语义关联图或者索引网络的操作算子，这样的过程可以被表达成一个由操作算子组成的复合函数。实际上，同一种信息提取需求，可以通过不同的过程完成，即可以表示成不同的复合函数。评估并选取计算代价最小的操作过程是非常有必要的。类似于关系数据库的查询优化规则，本节讨论并给出操作算子之间的等价转换准则，旨在帮助用户寻找高效的复合函数，减少语义关联图中信息提取的代价。

索引网络或者语义关联图的操作算子之间的等价转换公式如下所示。

(1) 结合性

$$N_1 + N_2 + N_3 = N_1 + (N_2 + N_3)$$

$$N_1 \cdot N_2 \cdot N_3 = N_1 \cdot (N_2 \cdot N_3)$$

$$N_1 \oplus N_2 \oplus N_3 = N_1 \oplus (N_2 \oplus N_3)$$

(2) 交换性

$$N_1 + N_2 = N_2 + N_1$$

$$N_1 \cdot N_2 = N_2 \cdot N_1$$

$$N_1 \oplus N_2 = N_2 \oplus N_1$$

$$N_1 \ominus N_2 = N_2 \ominus N_1$$

(3) 串联性

$$\sigma_Y(\sigma_X(G)) = \sigma_X(\sigma_Y(G))$$

$$\sigma_{X \wedge Y}(G) = \sigma_X(\sigma_Y(G))$$

如果 $\{Y_1, Y_2, \cdots, Y_m\} \subseteq \{X_1, X_2, \cdots, X_n\}$，那么

$$\pi_{X_1 \wedge X_2 \wedge \cdots \wedge X_n}(\pi_{Y_1 \wedge Y_2 \wedge \cdots \wedge Y_m}(G)) = \pi_{Y_1 \wedge Y_2 \wedge \cdots \wedge Y_m}(G)$$

假设 $X_1, X_2, \cdots, X_n$ 为投影条件，并且 $X_1 \subseteq X_2 \subseteq \cdots \subseteq X_n$，那么

$$\pi_{X_1}(\pi_{X_2}(\cdots \pi_{X_n}(G))) = \pi_{X_1}(G)$$

以上给出的是同种类型的操作算子之间的等价变化关系。进一步地，给出不同操作算子之间的等价变化关系，如下所示。

(1) 交换律

$$\pi_Y(\sigma_X(G)) = \sigma_X(\pi_Y(G))\text{。}$$

(2) 分配律

由于索引网络和语义关联图是一一对应的关系。一旦确定了 Q 和 S，G 就唯一确定了，反之亦然。

设定 N_1、N_2 经过运算后生成 N，它们的语义关联图分别为 G_1、G_2 和 G。以下等式成立：

$$\sigma_X((N_1 + N_2) \cdot G) = \sigma_X(G_1) + \sigma_X(G_2)$$

$$\pi_X((N_1 + N_2) \cdot G) = \pi_X(G_1) + \pi_X(G_2)$$

$$\sigma_X((N_1 \oplus N_2) \cdot G) = \sigma_X(G_1) \oplus \sigma_X(G_2)$$

$$\pi_X((N_1 \oplus N_2) \cdot G) = \pi_X(G_1) \oplus \pi_X(G_2)$$

$$\sigma_X((N_1 - N_2) \cdot G) = \sigma_X(G_1) - \sigma_X(G_2)$$

$$\pi_X((N_1 - N_2) \cdot G) = \pi_X(G_1) - \pi_X(G_2)$$

$$\sigma_X((N_1 \ominus N_2) \cdot G) = \sigma_X(G_1) \ominus \sigma_X(G_2)$$

$$\pi_X((N_1 \ominus N_2)\cdot G) = \pi_X(G_1) \ominus \pi_X(G_2)$$

$$\sigma_X((N_1 \cdot N_2)\cdot G) = \sigma_X(G_1)\cdot \sigma_X(G_2)$$

(3) 转换公式

$$(G_1 + G_2) - (G_1 \oplus G_2) = G_1 \ominus G_2$$

为了减少语义关联图中提取信息的算法的复杂度，基于以上等价公式，给出几个算子的操作优先度原则。

原则 1：针对单个语义关联网的操作算子，优先度高于语义关联图之间的操作算子。

例 5.8　以表 5.1 中的网页集合为网页域的两个语义关联图 G_1 和 G_2，如图 5.14(a)和(b)所示。对两个语义关联图进行复合操作 $\sigma_{\text{非网站首页}}(G_1 \cdot G_2)$，得到一个新的语义关联图，如图 5.14(c)所示。由分配律，得到 $\sigma_{\text{非网站首页}} G_1 \cdot G_2 = \sigma_{\text{非网站首页}} G_1 \cdot \sigma_{\text{非网站首页}} G_2$。也就是说，两个复合运算得到的结果相同，可以通过两种不同的计算过程完成以上目的。具体过程详细如下所示。

方式 1：先执行 $G_1 \cdot G_2$，再执行限制操作。

步骤 1：$G_1 \cdot G_2$ 的计算。两个语义关联图进行乘操作时，需要的计算量分别如下。

① 由于 G_1 中有 8 个网页类，G_2 中有 3 个网页类，需要计算 $Q_i^1 \cap Q_j^2$ 的数量为 $\left|Q_i^1\right| \times \left|Q_j^2\right| = 24$。

② 为了得到新的语义关联图的 E，需要计算 $F_1 \cdot V_2 \cup F_2 \cdot V_1$，需要处理的边的个数为 37。

步骤 2：$\sigma_{\text{非网站首页}}$ 的计算。进行操作时，需要处理语义关联图中所有叶子网页类中的所有网页。$G_1 \cdot G_2$ 中叶子网页类的个数为 7。

方式 2：先执行 $\sigma_{\text{非网站首页}}(G_1)$ 和 $\sigma_{\text{非网站首页}}(G_2)$，再执行乘操作。

步骤 1：$\sigma_{\text{非网站首页}}(G_1)$ 和 $\sigma_{\text{非网站首页}}(G_2)$ 的计算。操作需要处理语义关联图中所有叶子网页类中的网页。两个语义关联图中叶子网页类的数目总数为 7 个。

步骤 2：$\sigma_{\text{非网站首页}}(G_1)\cdot \sigma_{\text{非网站首页}}(G_2)$ 的计算。

① 完成第一步操作之后，$\sigma_{\text{非网站首页}}(G_1)$ 剩余的网页类的数目为 5，$\sigma_{\text{非网站首页}}(G_2)$ 剩余的网页类的数目为 2。因此，需要计算 $Q_i^1 \cap Q_j^2$ 的数量为 $\left|Q_i^1\right| \times \left|Q_j^2\right| = 10$。

② 为了得到新的语义关联图的 E，需要计算 $F_1 \cdot V_2 \cup F_2 \cdot V_1$，需要处理的边的个数为 13。

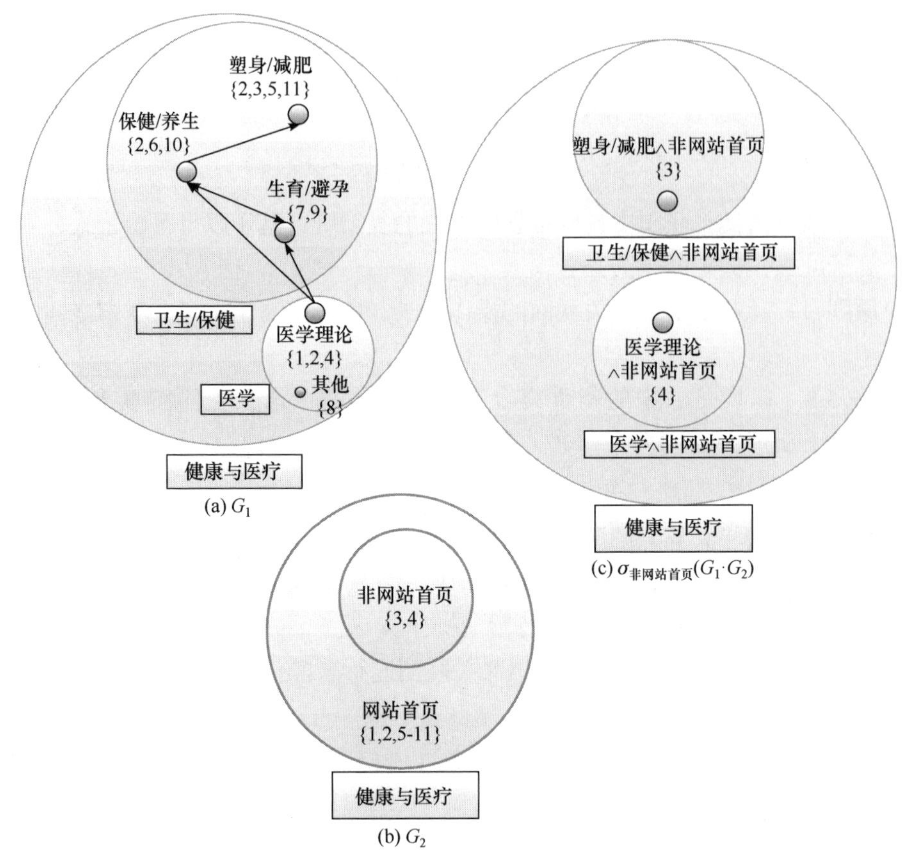

图 5.14 查询优化示意图

通过以上过程中计算量的对比，可以展示出计算过程中遵循原则 1 使得计算过程的复杂度得到了降低。

原则 2：投影操作的优先级别高于限制操作。

原则 2 能够降低计算过程的复杂度，原因是投影操作是在网页类的层次上进行操作，而限制操作是在网页的层次上面进行的。

原则 3：提取复合操作中的公共操作部分，能够有效降低计算过程的复杂度。

5.2.5 语义关联图中的子图提取算法

一旦指定网页域 Q 和网页类集合 C^*，索引网络所能够产生的语义关联图也就唯一确定了。语义关联图从关键词、网页、网页类三个层次对互联网上的网页进行组织，形成一个后台数据库。网络信息服务应用依据数据需求，访问后台数据库，从语义关联图中抽取一个子关联图，向用户提供服务。本节给出一个从语义关联图中提取子图的算法。具体地，使用投影和限制操作，算法从语义关联图

G 中提取子图 $\bar{G}$ 。子关联图提取算法能够为网络信息服务包括搜索导航、推荐系统、信息检索等应用提供支撑。具体过程如算法 5.3 所示。

算法 5.3 语义关联图 G 提取子图

输入：$G=(V, F, E)$, 约束条件 X, 投影条件 Y

输出：$\bar{G}=(\bar{V},\bar{F},\bar{E})$

1. 集合 $\bar{V}=\varnothing,\bar{E}=\varnothing,\bar{F}=\varnothing,i=0,j=0$
2. **while** ($i \leqslant |V|$) **do** i++
3. 　**if** Q_i 满足 Y
4. 　　添加网页类别 Q_i 到 $\bar{V}$
5. 　　**while** ($j \leqslant |Q_i|$) **do** j++
6. 　　　**if** p_i 满足 X
7. 　　　　标记 p_i
8. 　　　**end if**
9. 　　**end while**
10. 　　j=0
11. 　**end if**
12. 仅保留所有标记的网页
13. **end while**
14. **while** ($Q_i \in \bar{V}, Q_j \in \bar{V}$)**do**
15. 　**if** $(Q_i,Q_j)\in E$
16. 　　添加 (Q_i,Q_j) 到 $\bar{E}$
17. 　**end if**
18. 　**if** $(Q_i,Q_j)\in F$
19. 　　添加 (Q_i,Q_j) 到 $\bar{F}$
20. 　**end if**
21. **end while**
22. **return** $\bar{G}=(\bar{V},\bar{F},\bar{E})$

算法 5.3 中，步骤 2 的目的是提取满足条件的网页类以及网页，步骤 3 的目的是提取满足条件的网页类之间的父子关系，以及网页类之间的语义关联。设定 h 表示存在于网页类中的网页的最大数目值。算法 5.3 中，步骤 2 的算法复杂度为 $O(mh)$ ，步骤 3 的算法复杂度为 $O(m^2)$ 。因此，整体算法复杂度为 $O(m^2)$ 。

5.3 小　结

本章中以网页为例给出了索引网络的定义、构建及更新方法。从索引网络构建规则、语义关联图、索引网络三个层次上，分别定义了一组操作算子，构成索引网络代数。首先，为了完成语义关联图中的网页筛选和网页类的筛选，定义了两个单目操作：限制操作和投影操作。其次，为了对由不同网页域或者不同分类体系形成的索引网络进行合并或者对比分析，定义了索引网络的五种双目操作：共性和、叠加和、差、对称差和乘积。最后，从交换律、结合律、分配律、串联、等价等几个方面对索引网络及语义关联图的操作算子的基本性质进行了分析，并给出了语义关联图中子图的提取算法。

参 考 文 献

[1] 蒋昌俊, 陈闳中, 闫春钢, 等. 一种基于分布式计算的网页分类方法: ZL201410004646.7. 2016.

[2] 蒋昌俊, 陈闳中, 闫春钢, 等. 一种基于蚁群算法的网页类特征向量提取方法: ZL201410004815.7. 2017.

[3] 蒋昌俊, 陈闳中, 闫春钢, 等. 网页类特征向量的构建方法及其构建器: 201210445795.8. 2012.

[4] 蒋昌俊, 陈闳中, 闫春钢, 等. 一种基于局部敏感 Hash 函数的网页分类方法: 201410005868.0. 2014.

[5] Liu H Y, He J, Zhu D, et al. Measuring similarity based on link information: a comparative study. IEEE Transactions on Knowledge and Data Engineering, 2013, 25: 2823-2840.

[6] Jeh G, Widom J. SimRank: a measure of structural-context similarity//Proceedings of ACM SIGKDD, Edmonton, 2002.

[7] Li P, Cai Y Z, Liu H Y, et al. Exploiting the block structure of link graph for efficient similarity computation//Proceedings of KDD, Bangkok, 2009.

[8] Lizorkin D, Velikhov P, Grinev M, et al. Accuracy estimate and optimization techniques for SimRank computation. The VLDB Journal, 2010, 19: 45-66.

[9] Jiang C J, Sun H C, Ding Z J, et al. An indexing network: model and applications. IEEE Transactions on Systems, Man and Cybernetics: Systems, 2014, 44(12): 1633-1648.

[10] Jiang C J, Ding Z J, Wang P W, et al. An indexing network model for information services and its applications//The 6th IEEE International Conference on Service-Oriented Computing and Applications, Kauai, 2013.

[11] Deng X D, Jiang M, Sun H C, et al. A novel information search and recommendation services platform based on an indexing network//Proceedings of the 6th IEEE International Conference on Service Oriented Computing and Applications, Kauai, 2013.

[12] Sun H C, Jiang C J, Ding Z J, et al. Topic-oriented exploratory search based on an indexing network. IEEE Transactions on Systems, Man and Cybernetics: Systems, 2016, 46(2): 234-247.

[13] Jiang C J, Ding Z J, Wang J L, et al. Big data resource service platform for the Internet financial

industry. Chinese Science Bulletin, 2014, 59(35): 5051-5058.

[14] 蒋昌俊, 丁志军, 王俊丽, 等. 面向互联网金融行业的大数据资源服务平台. 科学通报, 2014, 36: 3547-3553.

[15] 蒋昌俊, 陈闵中, 闫春钢, 等. 基于网页分类的索引网络构建方法及其索引网构建: ZL201210445658.4. 2016.

[16] 蒋昌俊, 陈闵中, 闫春钢, 等. 网络信息服务平台及其基于该平台的搜索服务方法: ZL201210445457.4. 2015.

第六章　可信认证平台体系及环境

网络交易是网络计算的一个典型过程和场景,本章以网络交易为背景和示例,讲述了网络计算过程中涉及的多方交互的可信认证体系与平台的构建技术及环境。现有的互联网金融交易等网络计算平台主要采用身份认证技术，仅能区分用户身份的合法性，无法解决合法身份进行非法行为的不可信问题，从而增加了网络支付的风险。因此必须集成并辨识软件行为和用户行为，形成整体的系统行为模式，才能真正确保网络电子交易等计算系统的可信运行。

6.1　可信认证中心平台

通过搭建可信认证平台，在用户与电商支付平台之间形成第三方认证中心。与依靠用户密码与本地支付证书的电商支付平台这种第一方认证体系不同，网络交易可信认证中心平台通过监控用户对电商网站的操作行为，对其进行建模并建立证书，通过用户行为证书对用户行为进行认证，实现第三方网络交易可信认证。

网络交易可信认证中心平台所监控的行为包括用户行为和软件行为。用户行为包括用户层面上对电商网站的操作，如浏览行为等。软件行为包括支付平台软件通信层面上的行为，如三方之间的网络协议通信序列等。网络交易可信认证平台对用户行为和软件行为分别建立证书，并进行行为合法性认证，保证网络交易的安全可信。

为了监控整个网络交易可信认证中心平台的认证过程及运行情况，我们设计了具有可视化界面的监控中心。监控中心包括对软件行为、用户行为认证情况的实时信息，电商网站的交易信息与支付平台的支付信息等的监控。第三方监控中心实现了 Web 化，可以远程访问，随时监控。

6.1.1　可信认证中心体系

通过在用户安全客户端以及在电商网站和支付平台部署行为监控器，形成网络交易可信认证系统平台，并制定网络交易可信认证的认证协议。在网络交易可信认证系统中，认证中心主要负责管理用户行为和软件行为证书，同时能够实时认证软件及用户行为的可信性。

网络交易可信认证中心底层支持多种操作系统，具有良好的跨平台能力。系统之上的支撑技术为上层的应用开发提供了良好的支持。在支撑技术之上设计通信管理模块、证书管理模块和数据库管理模块；通信管理模块能够针对本系统特定需求对网络通信功能进行封装，为上层提供数据交换等通信服务；证书管理模块对软件行为证书、用户行为证书以及数字证书进行统一的管理，包括证书的搜索、更新、发布等操作；数据库管理模块负责更新和维护数据库，提高数据访问效率。在基础管理模块之上，就是网络交易可信认证系统的第四方认证域，其主要功能是监控和认证网络交易过程，对交易三方进行数字认证，通过用户行为证书验证用户身份的可信性，通过软件行为证书验证交易三方的网络交易行为的可信性[1]。网络交易可信认证中心架构如图 6.1 所示。

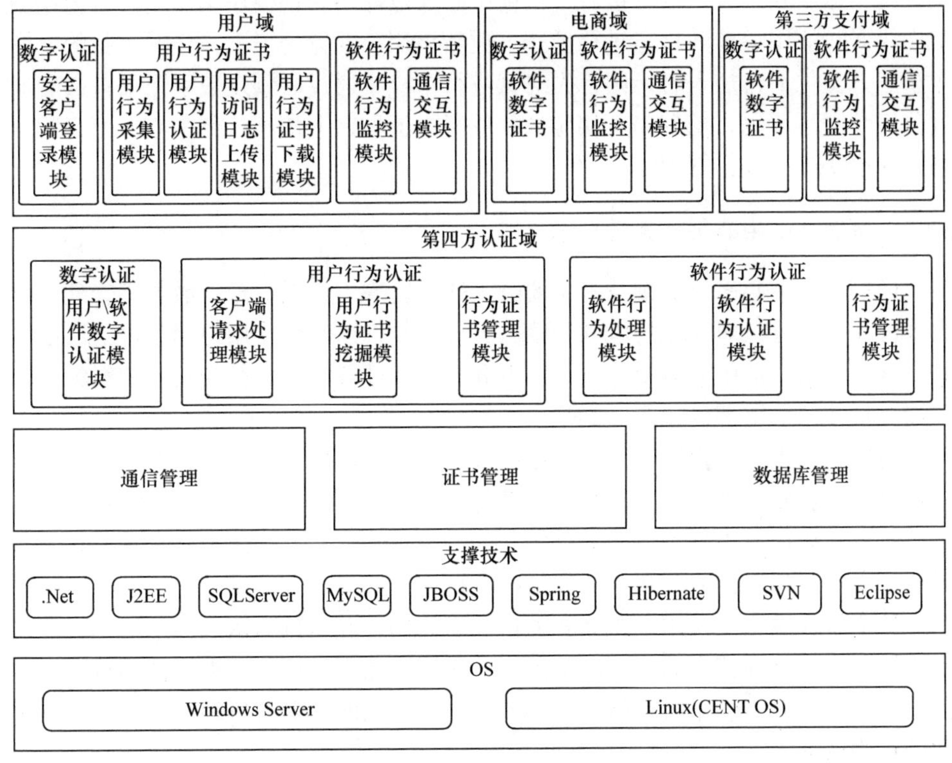

图 6.1 网络交易可信认证中心架构图

可信认证中心的认证协议流程如下：当网络交易发生时，用户通过登录安全客户端，上传数字证书进行数字认证，电商和第三方支付也同时上传其数字证书进行相应的数字认证。当数字认证通过后，用户通过用户行为证书下载模块下载行为证书，三方正式进入交易流程。在交易过程中，安全客户端通过用户行为采集模块实时采集用户行为，并交给用户行为认证模块，根据从第四方认证中心下载的该用户行为证书认证用户当前访问行为的可信性。如果认证通过，那么继续采集用户的访问行为，进行认证；若认证不通过，则将详细认证结果上传至认证中心，由认证中心进行审查、判定。同时，通过软件行为采集模块实时采集客户端软件行为，并由通信交互模块上传至认证中心。而电商和第三方支付也同样通过软件行为监控模块实时采集其软件行为，并由通信交互模块上传至认证中心。如果软件行为认证通过，则认证中心发回反馈信息，继续进行交易流程，同时三方软件行为监控继续进行实时采集；若认证不通过，则由认证中心广播通知交易三方交易流程出现异常，并终止交易。当交易完成后，安全客户端由用户访问日志上传新的访问日志至认证中心，当认证中心收到新的访问日志后，发回反馈信息，用户退出安全客户端。接着，认证中心通过证书管理模块调用用户行为挖掘子模块对新的用户访问日志进行挖掘，更新该用户的行为证书。当一个新的电商或第三方支付平台加入时，则首先对其进行审核，通过后颁发数字证书；接着通过分析其网站源码，挖掘出其相应的软件行为证书，上传至认证中心，由行为证书管理模块统一进行管理[2-8]。

6.1.2 可信认证中心平台关键技术

可信认证中心平台关键技术主要分为通信管理、证书管理、数据库管理与行为认证几个部分，对涉及的电商和第三方支付软件以及终端用户提供可信认证服务。其中可信认证中心涉及的行为证书和行为认证分为软件行为与用户行为两个层面，具体的系统架构如图 6.2 所示。

通信管理模块负责用户行为数据的采集及上报监控器，并对各个模块间的通信提供支持。监控器数据采集与上报都是基于 C#语言进行开发，包含 IP 数据报文监听以及用户行为日志数据上报的功能。通信模块基于 Socket 和 RESTful API，对各个需要互相通信的模块提供通信的支持。

证书管理模块主要用于存储和解析证书数据，并向行为认证提供证书。该技术将证书序列化为特定的 XML 格式，并调用数据库管理技术进行证书数据的持久化。在需要提供数据时，将基于 XML 格式存储的证书解析到内存中，用于具体的行为认证。

数据库管理主要管理可信认证平台的相关数据。本部分对开源的 MySQL 技术进行了封装，并向外提供了一套统一的存储和访问接口，供上层的其他模块调用。数据库主要用于保存平台系统相关的运行配置、软件与用户行为证书的特征数据，以及用户的浏览日志信息。具体分为软件行为证书库、用户行为日志库、用户行为证书库三大部分。

行为认证包含软件行为分析、用户行为证书的挖掘，以及最后利用行为证书对软件和用户的行为进行认证。软件行为证书的生成是用 Petri 网技术对软件的具

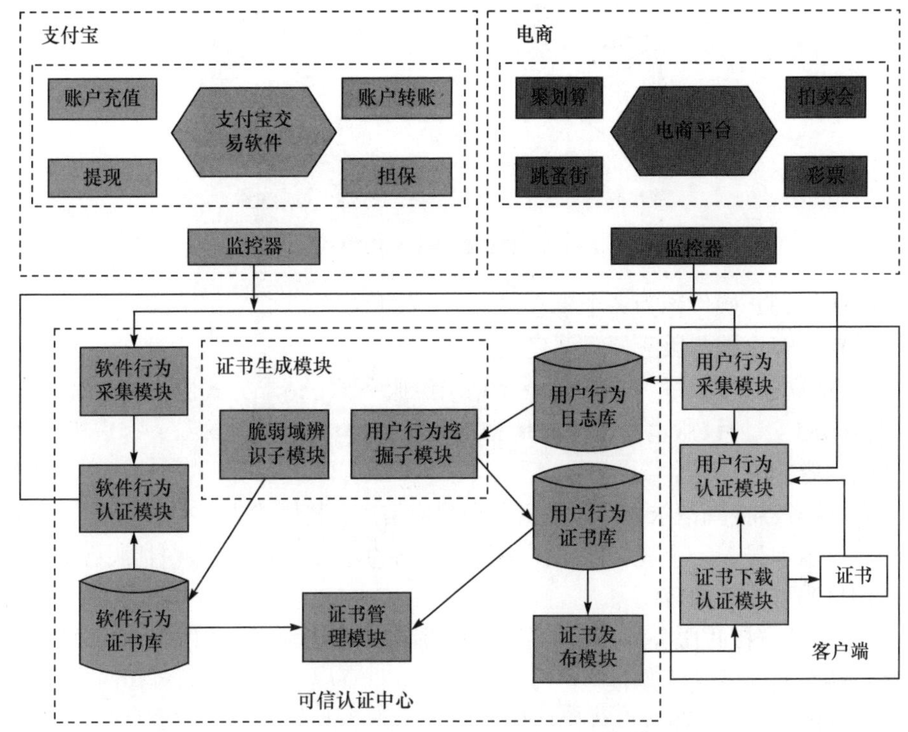

图 6.2　可信认证中心平台系统架构图

体执行进行业务和方法层面的分析，并抽象成具体的 Petri 网软件行为证书。用户行为证书基于隐马尔可夫模型对用户浏览行为日志进行模式挖掘，形成用户独有的习惯模式，并将其作为用户行为证书。在具体的认证环节，软件行为主要利用 Petri 网软件行为证书模型对软件行为进行可信认证。用户行为认证则依据用户的上网行为进行挖掘，通过得到的用户行为证书模型进行具体的可信认证。同时 C#客户端技术与 Java 服务端技术提供了具体的认证过程以及认证结果的展示。

6.1.2.1　通信管理

根据系统特定需求，通信管理模块主要负责对网络通信功能进行封装，为上层提供数据交换等通信服务，提供给网络交易中的四方调用，进行数据交换。

在可信平台中使用 HTTP 协议进行不同终端之间的通信。HTTP 协议用于从 WWW 服务器传输超文本到本地浏览器，是一个应用层协议，由请求和响应构成，是一个标准的客户端/服务器模型。HTTP 协议都是客户端发起请求，服务器回送响应。其工作方式如图 6.3 所示。

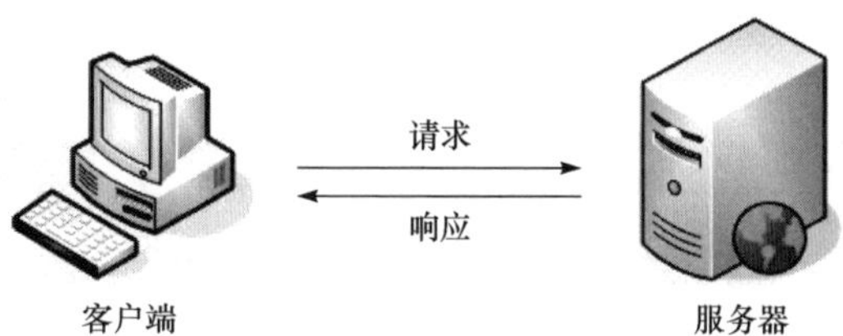

图 6.3　HTTP 请求响应模式

一次 HTTP 操作称为一个事务，其工作过程如下。

①首先客户端与服务器需要建立连接。

② 建立连接后，客户端发送一个请求给服务器，请求方式的格式为统一资源标识符(URL)、协议版本号，后边是 MIME 信息(包括请求修饰符、客户机信息和可能的内容)。

③ 服务器接到请求后，给予相应的响应信息，其格式为一个状态行，包括信息的协议版本号、一个成功或错误的代码，后边是 MIME 信息(包括服务器信息、实体信息和可能的内容)。

④ 客户端接收服务器所返回的信息，通过浏览器显示在用户的显示屏上，然后客户端与服务器断开连接。

HTTP 协议的主要特点可概括如下。

① 支持客户端/服务器模式。支持基本认证和安全认证。

② 简单快速。客户端向服务器请求服务时，只需传送请求方法和路径。请求方法常用的有 Get、Head、Post。每种方法规定了客户端与服务器联系的类型不同。由于 HTTP 协议简单，HTTP 服务器的程序规模小，因而通信速度很快。

③ 灵活。HTTP 允许传输任意类型的数据对象。正在传输的类型由 Content-Type 加以标记。

HTTP 协议中共定义了八种方法来表明 Request-URI 指定的资源的不同操作方式，其中常用的方法有五种，分别为 Head、Get、Post、Put 和 Delete。Head：向服务器索要与 Get 请求相一致的响应，只不过响应体将不会被返回；Get：向特定的资源发出请求；Post：向指定资源提交数据进行处理请求；Put：向指定资源位置上传其最新内容；Delete：请求服务器删除 Request-URI 所标识的资源。

HTTP 请求由三部分组成，分别为请求行、消息报头、请求正文。

请求行以一个方法符号开头，以空格分开，后面跟着请求的 URI 和协议的版本，格式如下：

Method Request-URI HTTP-Version CRLF

其中，Method 表示请求方法，Request-URI 是一个统一资源标识符，HTTP-Version 表示请求的 HTTP 协议版本，CRLF 表示回车和换行。

在接收和解释请求消息后，服务器返回一个 HTTP 响应消息。HTTP 响应也是由三个部分组成，分别为状态行、消息报头、响应正文。

状态行格式如下：

HTTP-Version Status-Code Reason-Phrase CRLF

其中，HTTP-Version 表示服务器 HTTP 协议的版本，Status-Code 表示服务器发回的响应状态代码，Reason-Phrase 表示状态代码的文本描述。

HTTP 消息报头包括普通报头、请求报头、响应报头、实体报头。

① 在普通报头中，有少数报头用于所有的请求和响应消息，但并不用于被传输的实体，只用于传输的消息。

② 请求报头允许客户端向服务器端传递请求的附加信息以及客户端自身的信息。

③ 响应报头允许服务器传递不能放在状态行中的附加响应信息，以及关于服务器的信息和对 Request-URI 所标识的资源进行下一步访问的信息。

Get 请求与响应如图 6.4 所示。

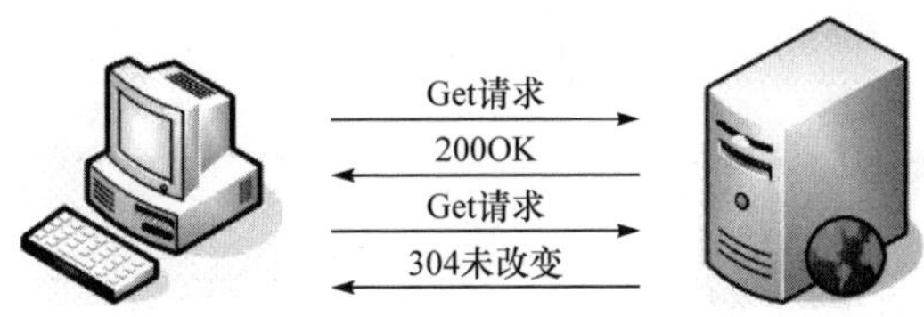

图 6.4　Get 请求与响应

在可行平台上使用 J2EE 中的 HttpServlet 进行通信协议的相关开发，如图 6.5 所示。

HttpServlet 的作用是根据客户发出的 HTTP 请求，生成响应的 HTTP 结果。HttpServlet 首先必须读取 HTTP 请求的内容。Servlet 容器负责创建 HttpRequest 对象，并把 HTTP 请求信息封装到 HttpRequest 对象中，这大大简化了 HttpServlet 解析请求数据的工作量。

HttpServlet 容器响应 Web 客户请求流程如下。

① Web 客户向 Servlet 容器发出 HTTP 请求。

② Servlet 容器解析 Web 客户的 HTTP 请求。

③ Servlet 容器创建一个 HttpRequest 对象，在这个对象中封装 HTTP 请求信息。

④ Servlet 容器创建一个 HttpResponse 对象。

⑤ Servlet 容器调用 HttpServlet 的 service 方法，把 HttpRequest 和 HttpResponse 对象作为 service 方法的参数传给 HttpServlet 对象。

⑥ HttpServlet 调用 HttpRequest 的有关方法，获取 HTTP 请求信息。

⑦ HttpServlet 调用 HttpResponse 的有关方法，生成响应数据。

⑧ Servlet 容器把 HttpServlet 的响应结果传给 Web 客户。

创建 HttpServlet 的流程如下。

① 扩展 HttpServlet 抽象类。

② 覆盖 HttpServlet 的部分方法，如覆盖 doGet 或 doPost 方法。

③ 获取 HTTP 请求信息。通过 HttpServletRequest 对象来检索 HTML 表单所提交的数据或 URL 上的查询字符串。

④ 生成 HTTP 响应结果。通过 HttpServletResponse 对象生成响应结果，它有一个 getWriter 方法，该方法返回一个 PrintWriter 对象。

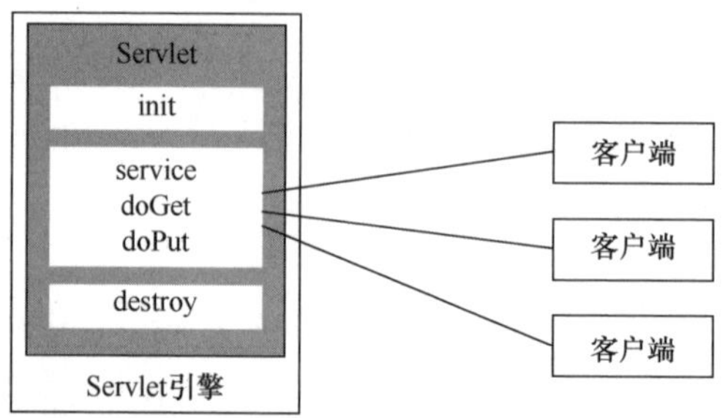

图 6.5　使用 HttpServlet 进行通信模块的开发

可信平台的通信基于 HTTP 协议，以 HttpServlet 进行开发。如在四方认证中心与客户端的通信中，在服务器上定义了如表 6.1 中所示的参数，以表示不同的语义。

表 6.1　通信参数及语义

通信中的参数	语义
login	表明用户请求登录
register	请求注册
download	请求下载证书
upload	请求上传日志
report	上传用户访问某个网页时的评分
exception	用户出现异常，需要服务器记录在专门的数据表中
logout	用户退出

6.1.2.2　证书管理

由于行为证书涉及用户的个人隐私，所以在用户行为证书构建后，需要从安全可信和易调用两个方面考虑行为证书的管理。

1. 日志接收(上传)

服务器端接收客户端上传的用户日志。在客户端，调用用户行为采集模块，对用户浏览网页的行为进行记录，并封装成特定格式的日志文件。可信认证中心监听客户端的上传请求，每当客户端产生日志文件的上传请求时，可信认证中心响应客户端请求，将日志文件保存并将结果返回给客户端。行为日志文件的数据结构与组成示例如图 6.6 所示。

```
<id><![CDATA[0]]></id>
<url><![CDATA[tech.163.com/special/00091T71/javashipin.html]]></url>
<referer><![CDATA[]]></referer>
<timestamp><![CDATA[2012/12/20 10:25:44]]></timestamp>
<title><![CDATA[java视频教程]]></title>
<keywords><![CDATA[网易学院,网页制作,Illustrator,Adobe,工具,面板]]></keywords>
</capture>
<capture>
<id><![CDATA[1]]></id>
<url><![CDATA[www.wumii.com/reader?app=SINA]]></url>
<referer><![CDATA[]]></referer>
<timestamp><![CDATA[2012/12/20 10:26:23]]></timestamp>
<title><![CDATA[登录 - 无觅网, 自动推荐你感兴趣的文章]]></title>
<keywords><![CDATA[推荐, 自动推荐, 推荐系统, 分享, 个性化]]></keywords>
</capture>
<capture>
<id><![CDATA[2]]></id>
<url><![CDATA[www.wumii.com/item/4pAb9PEm]]></url>
<referer><![CDATA[]]></referer>
<timestamp><![CDATA[2012/12/20 10:27:01]]></timestamp>
<title><![CDATA[登录 - 无觅网, 自动推荐你感兴趣的文章]]></title>
<keywords><![CDATA[推荐, 自动推荐, 推荐系统, 分享, 个性化]]></keywords>
```

图 6.6　行为日志文件的数据结构与组成示例

2. 日志挖掘与证书生成

日志挖掘是根据用户近期访问的网页日志信息抽取其中主要的访问行为并构建行为模式图。

用户行为模式挖掘系统由网页日志处理模块、网页分类聚类模块、行为模式图构建模块和行为模式存储模块组成。网页日志处理模块负责接收用户浏览网页的访问日志记录并完成相应的数据预处理工作。网页分类聚类模块负责对用户访问的网页按网站及内容分类聚类。行为模式图构建模块负责提取用户访问的关键网页类并建立网页类之间的链接关系。行为模式存储模块将构建的用户行为模式图以 XML 文件形式存储，作为用户行为证书发布。

3. 证书发布(下载)

生成证书文件供客户端下载。可信认证中心监听客户端的下载请求，每当客户端产生证书下载的请求时，可信认证中心响应客户端请求，提供证书下载并获得客户端下载结果的反馈信息。用户行为证书的数据结构与组成示例如图 6.7 所示。

```
</Node>
<Node>
  <id>1</id>
  <label>www.google.com.hk</label>
  <count>28</count>
  <weight>1</weight>
  <linkJumpList />
  <timingJumpList>
    <Arc>
      <nextNodeId>2</nextNodeId>
      <weight>1</weight>
    </Arc>
  </timingJumpList>
</Node>
<Node>
  <id>2</id>
  <label>www.126.com</label>
  <count>28</count>
  <weight>1</weight>
  <linkJumpList />
  <timingJumpList>
    <Arc>
      <nextNodeId>3</nextNodeId>
      <weight>1</weight>
    </Arc>
    <Arc>
      <nextNodeId>12</nextNodeId>
      <weight>1</weight>
    </Arc>
  </timingJumpList>
```

图 6.7　用户行为证书的数据结构与组成示例

6.1.2.3　数据库管理

1. 数据库交互子模块

(1) 功能描述

数据库交互子模块负责与数据库进行交互，由行为证书管理子模块调用，进行读写数据操作。

(2) 输入/输出数据

输入数据：本模块输入数据为证书管理子模块发送的用户 ID 数据，以 String 形式输入，用于查询用户行为证书。

输出数据：输出数据为 String 数据，说明当前用户 ID 下用户行为证书在服务器的存放地址。

(3) 函数说明

stringGetAddress(string UID)

本函数根据输入的用户身份(UID)，从数据库中查找相应记录，并返回数据库中记录的该用户行为证书在服务器的存放地址，以便调用程序能够获得相应用户的 XML 文件。

2. 数据库设计

数据库用于存储各个 Web 用户的注册信息和行为日志信息，管理各个 Web 用户的行为证书，通过行为证书管理子模块进行管理、更新和发布行为证书，并增加、删减用户等。

具体实现如下。

数据库：MySQL

数据库名：system_tnt_db

数据存储表：

software_behavior(id, unique_id, sequence_id, identity_id, caas_id, merchant_id, input, input_content, output, output_content, transition, status, insert_time)

user_behavior(id, content, insert_time)

user_behavior_identify(id, user_name, user_url, user_score, insert_time)

user_info(user_id, user_name, user_password, user_email)

monitor(id, mac, timestamp, url, referrer, title, keywords)

3. 数据库存储表设计

(1) software_behavior 表(软件行为表)

用于存储软件行为信息，如表 6.2 所示。

表 6.2 软件行为表

属性(*为非空)	说明	类型	特性/约束
id*	逻辑主键	int	主键自增
unique_id*	交易唯一识别码	varchar(32)	
sequence_id*	消息次序	int	
identity_id*	消息来源身份判别	int	1：shopper 2：merchant 3：caas
caas_id*	参与交易第三方支付平台编号	int	
merchant_id*	参与交易电商平台编号	int	

续表

属性(*为非空)	说明	类型	特性/约束
input*	该变迁是否具有输入 URL	int	0：不具有输入 URL 1：具有输入 URL
input_content	输入 URL 内容	varchar(50)	
output*	该变迁是否具有输出 URL	int	0：不具有输出 URL 1：具有输出 URL
output_content	输出 URL 内容	varchar(50)	
transition	变迁名	varchar(50)	
status	变迁触发状态	int	0：正确触发 1：错误触发
insert_time*	插入时间	datetime	

(2) user_behavior 表(用户行为表)

用于存储用户行为信息，如表 6.3 所示。

表 6.3　用户行为表

属性(*为非空)	说明	类型	特性/约束
id*	逻辑主键	int	主键自增
content*	消息内容	varchar(50)	
insert_time*	插入时间	datetime	

(3) user_behavior_identify 表(用户行为认证表)

用于存储用户行为评分等认证信息，如表 6.4 所示。

表 6.4　用户行为认证表

属性(*为非空)	说明	类型	特性/约束
id*	逻辑主键	int	主键自增
user_name*	用户名称	varchar(30)	
user_url*	URL 地址信息	varchar(255)	
user_score*	URL 地址评分	double	该值在 0～1
insert_time*	插入时间	datetime	

(4) user_info 表(用户信息表)

用于存储用户信息，如表 6.5 所示。

表 6.5 用户信息表

属性(*为非空)	说明	类型	特性/约束
user_id*	用户编号	int	主键自增
user_name*	用户名称	char(20)	
user_password*	用户密码	char(20)	
user_email	用户邮箱	char(50)	

(5) monitor 表(监控器信息表)

用于存储监控器信息，如表 6.6 所示。

表 6.6 监控器信息表

属性(*为非空)	说明	类型	特性/约束
id*	逻辑主键	int	主键自增
mac*	MAC 地址	varchar(30)	
timestamp*	时间戳	datetime	
url*	访问 URL 地址	varchar(1023)	
referer	引用页信息	varchar(1023)	
title*	标题信息	varchar(1023)	
keywords	关键词	varchar(1023)	

4. 数据库管理维护

(1) 数据库安全性

数据库管理必须保证内容的安全性，使得这些数据记录只能被那些正确授权的用户访问，尤其要保护 MySQL 服务器免受来自通过网络的攻击。必须设置 MySQL 授权表，使得其不允许访问服务器管理的数据库内容，除非提供有效的用户名和口令。

对于管理员与普通用户分别赋予不同的权限。管理员账号拥有最高的权限，可以查看数据库中所有的表格信息，并对其进行各种操作。普通用户账号只拥有置顶的权限，可以查看并处理部分表格信息。对于用户权限的管理，能够在一定程度上有效地保证数据库的安全性。

(2) 数据库完整性

数据库系统虽然采取了各种措施来保护数据库的安全性和完整性，但是在系统的运行过程中，硬件故障、软件错误、操作失误、恶意破坏不可避免，这些故障轻则造成运行事务非正常中断，影响数据库的正确性和事务的一致性，重则破坏数据库，使数据库中数据部分或全部丢失。故需要定时对平台的数据库进行备份工作，以防重要数据信息的丢失。与此同时，数据库备份文件定期用电脑硬盘拷贝到其他移动硬盘上，做到双重保险。以便在故障发生后，利用数据库备份进行还原，在还原的基础上利用日志文件进行恢复，重新建立一个完整的数据库，然后继续运行。

MySQL 的备份和还原，是利用 mysqldump、mysql 和 source 等命令来完成的。

也可使用现有应用软件对 MySQL 进行分组备份(尤其应用于大数据库的正常备份)，解决备份时的乱码问题，并且解决不同的 MySQL 版本之间的备份和恢复难题。

(3) 数据库定时更新

定时对数据库中用户的行为日志表单信息进行维护。考虑到存储空间的局限性，删除日期久远、没有实际应用价值的日志信息。

为了更好地完成用户行为认证功能，对“用户-URL 地址”评分等重要信息进行定时更新维护。

6.1.2.4 行为认证

行为认证分为用户行为认证和软件行为认证[9-15]。

软件行为认证由软件行为证书、三方软件行为监控器、软件行为实时验证系统组成，其又称为软件行为监控验证系统。它是根据用户、电子商务网站和第三方支付平台在正确交易流程下的三方通信数据包，由专业人员人为刻画三方正常合法交互行为(包括两两组合之间各自形成的交互模式)所对应的软件行为模型。

整个软件行为监控验证系统根据全球唯一订单号，将交易过程中的三方交互行为序列与软件行为证书进行实时对比，单步验证，一旦任何一方发生消息乱序或者假冒身份等非法行为，则进行警报或采取一定的措施。

软件行为监控验证整体架构如图 6.8 所示。

三方软件行为监控器，是安装于电子商务网站、第三方支付平台、用户客户端上的数据包监控器，用来实时监控一次完整交易中参与交易的三方之间相互传递的数据包，并且进行数据包中的必要参数信息的提取和整合，便于将关键信息发送给软件行为实时验证系统。随后与软件行为实时验证系统建立 Socket 连接，将关键信息以 TCP 数据包的形式发送给软件行为实时验证系统。

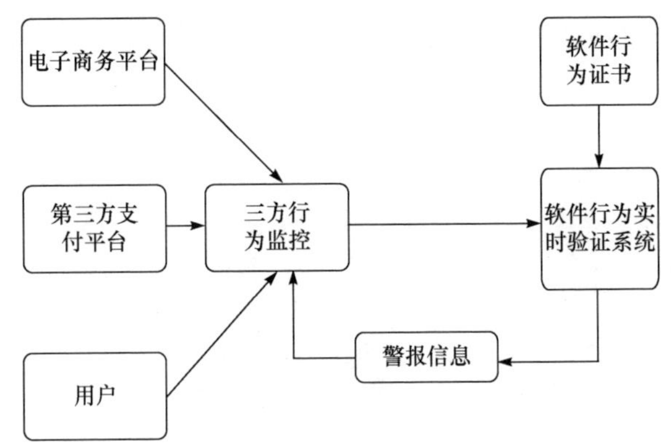

图 6.8　软件行为监控验证整体架构图

三方软件行为监控流程如图 6.9 所示。

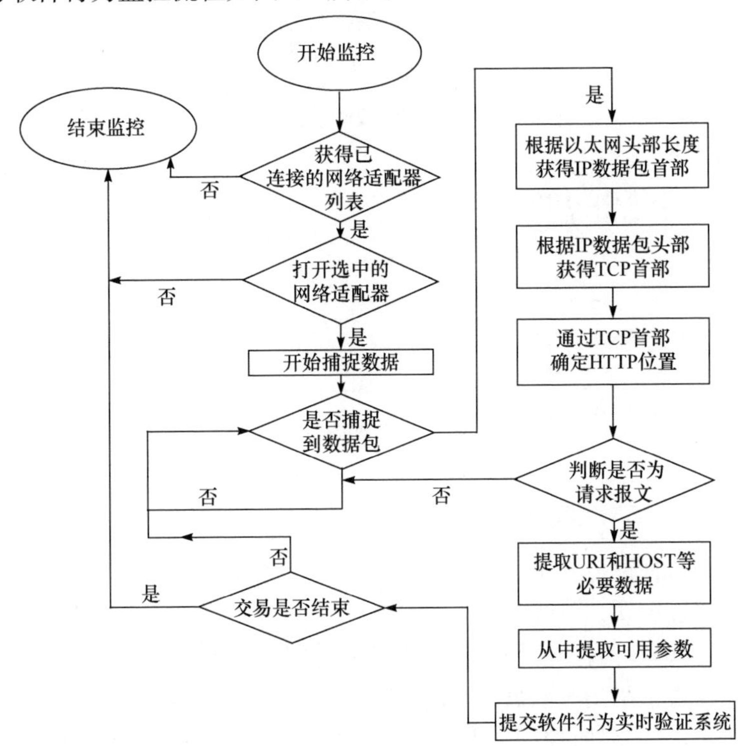

图 6.9　三方软件行为监控流程图

软件行为实时验证系统在接收三方监控器分别提交的交易信息数据包后，提取并整合其中的关键序列与信息，并根据全球唯一订单号，将用户行为交互序列与软件行为模型进行实时对比，一旦出现消息乱序、假冒身份等非法行为则进行警报并关闭交易。

软件行为实时验证系统流程如图 6.10 所示。

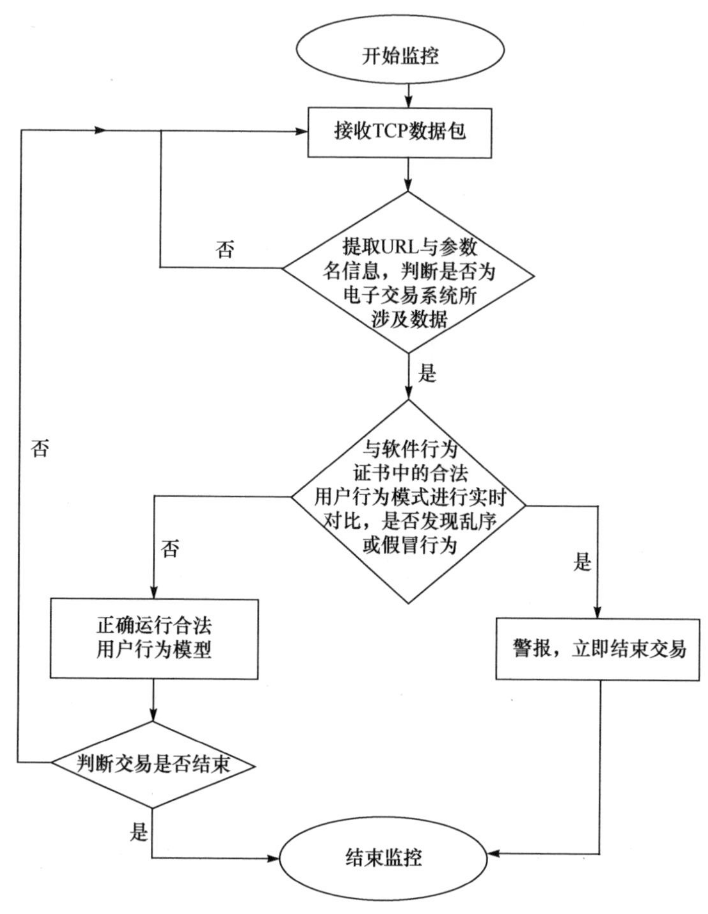

图 6.10　软件行为实时验证系统流程图

软件行为认证部分提出了客户端、电子商务平台、第三方支付平台三方相互协作的安全保证模式，交易流程全程监控，实时警报，有效保障了用户资金安全。

用户行为认证针对非法用户利用盗号、钓鱼等方式获得账号密码的情况，根据合法用户往常上网浏览网页及其内容的行为习惯形成用户行为证书。在用户动态访问 Web 时，实时监控用户上网行为，为合法用户提供全方位实时账户安全保障。

基于 Web 浏览的用户行为认证方法系统结构图，如图 6.11 所示。

监控器记录合法用户上网行为，基于滑动窗口对最近一个月的浏览 Web 记录进行用户行为模式挖掘形成用户行为证书。当非法用户登录合法账号时，对非法用户所访问的每一个网页根据用户行为证书进行评分，评分低于一定阈值则认为该用户身份值得怀疑，并进行进一步认证。整个方案分为两部分：第一部分根据现有记录挖掘出用户行为模式，第二部分根据用户行为模式对用户实时浏览 Web 进行评估，从而判断用户真实身份是否合法，是否为账户拥有者。

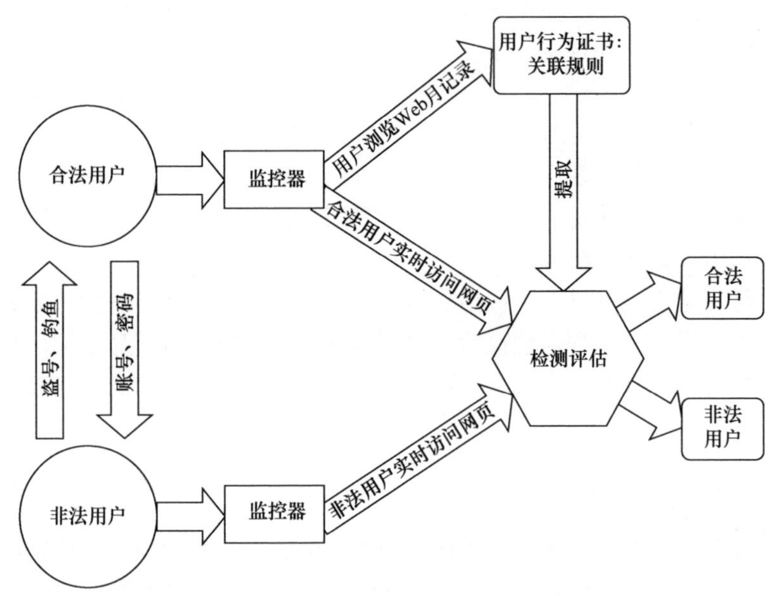

图 6.11　基于 Web 浏览的用户行为认证方法系统结构图

用户行为模式挖掘是根据用户近期的访问网页日志信息抽取其中主要的访问行为，并构建行为模式图。

用户行为认证系统提高了对用户真实身份的识别率,在用户密码可靠性降低、用户账号密码可能被不法分子盗用的情况下，本系统可以加强防护广大网络用户个人财产安全和利益，保障 Web 应用安全。

6.2　在线监控可视化呈现

6.2.1　概要

在线监控可视化呈现(第四方认证中心监控中心)属于可信网络交易软件系统试验环境与示范应用项目下，用于监控用户、商家和第三方支付公司在进行在线交易行为时产生的用户行为数据与软件行为数据，并采用多种类多维度的表格与图表的方式直观动态地展现过程中产生的数据。

第四方认证中心目的是在原有的三方交易流程中加入第四方认证机制，基于软件行为认证与用户行为认证技术，对商家和第三方支付公司的系统软件行为以及用户身份提供认证。在线监控可视化呈现的前期工作包含了安全监控客户端，其采集用户的上网行为数据，并从中挖掘出用户行为模型证书并支持用户证书的下载与上传。此外也针对互联网交易的流程进行了建模，用来刻画交易的业务过程，作为软件行为认证的模型基础，并利用自建的电子商务平台进行了软件行为认证，抓取了软件行为日志。

6.2.2 具体呈现

在线监控可视化呈现作为直观动态展现以上数据的平台，目前主要分为三个部分，分别为平台软件行为监控、平台交易数据监控和平台用户行为监控，每个部分又分别由三个屏幕组成。

软件行为监控分屏显示了包括购物者、电商、第三方支付平台三方的软件行为监控日志。平台交易数据监控为经过四方认证平台的实时交易数据，具体包含了滚动展现的交易日志、全国交易数据的分布以及平台实时的交易额与交易笔数数据。

1. 平台软件行为监控

这部分包含了电商、第三方支付以及用户的软件行为监控，也分别以三个子部分呈现，具体示例如图 6.12～图 6.14 所示。呈现的方式是通过滚动列表的方式，展示软件行为的日志，并且可以多部分以多平台角度高亮显示同一个异常交易，以此帮助业务人员分析异常报警。

软件行为单独监控屏页面，显示的是电商的软件行为监控，页面表单具体呈现了 ID、订单 ID、软件行为发生时间、输入标识、输入 URL、输出标识、输出 URL，发生变迁以及状态这些软件行为的内容，以滚动列表的方式展现，异常交易如图 6.12 所示，会以高亮形式显示。

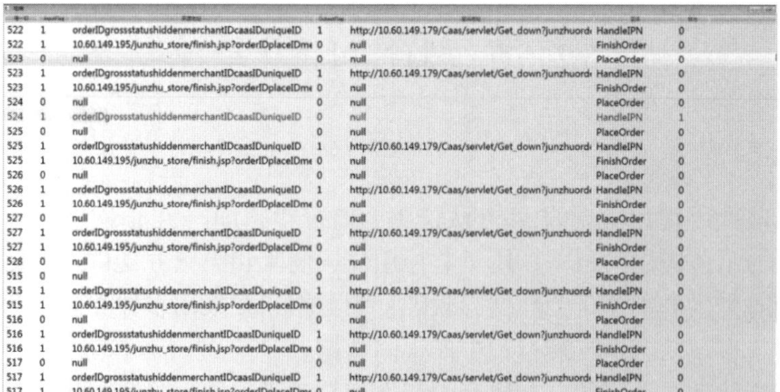

522	1	orderIDgrossstatushiddenmerchantIDcaasIDuniqueID	1	http://10.60.149.179/Caas/servlet/Get_down?junzhuord	HandleIPN	0
522	1	10.60.149.195/junzhu_store/finish.jsp?orderIDplaceIDm	0	null	FinishOrder	0
523	0	null	0	null	PlaceOrder	0
523	1	orderIDgrossstatushiddenmerchantIDcaasIDuniqueID	1	http://10.60.149.179/Caas/servlet/Get_down?junzhuord	HandleIPN	0
523	1	10.60.149.195/junzhu_store/finish.jsp?orderIDplaceIDm	0	null	FinishOrder	0
524	0	null	0	null	PlaceOrder	0
524	1	orderIDgrossstatushiddenmerchantIDcaasIDuniqueID	0	null	HandleIPN	1
525	0	null	0	null	PlaceOrder	0
525	1	orderIDgrossstatushiddenmerchantIDcaasIDuniqueID	1	http://10.60.149.179/Caas/servlet/Get_down?junzhuord	HandleIPN	0
525	1	10.60.149.195/junzhu_store/finish.jsp?orderIDplaceIDm	0	null	FinishOrder	0
526	0	null	0	null	PlaceOrder	0
526	1	orderIDgrossstatushiddenmerchantIDcaasIDuniqueID	1	http://10.60.149.179/Caas/servlet/Get_down?junzhuord	HandleIPN	0
526	1	10.60.149.195/junzhu_store/finish.jsp?orderIDplaceIDm	0	null	FinishOrder	0
527	0	null	0	null	PlaceOrder	0
527	1	orderIDgrossstatushiddenmerchantIDcaasIDuniqueID	1	http://10.60.149.179/Caas/servlet/Get_down?junzhuord	HandleIPN	0
527	1	10.60.149.195/junzhu_store/finish.jsp?orderIDplaceIDm	0	null	FinishOrder	0
528	0	null	0	null	PlaceOrder	0
515	0	null	0	null	PlaceOrder	0
515	1	orderIDgrossstatushiddenmerchantIDcaasIDuniqueID	1	http://10.60.149.179/Caas/servlet/Get_down?junzhuord	HandleIPN	0
515	1	10.60.149.195/junzhu_store/finish.jsp?orderIDplaceIDm	0	null	FinishOrder	0
516	0	null	0	null	PlaceOrder	0
516	1	orderIDgrossstatushiddenmerchantIDcaasIDuniqueID	1	http://10.60.149.179/Caas/servlet/Get_down?junzhuord	HandleIPN	0
516	1	10.60.149.195/junzhu_store/finish.jsp?orderIDplaceIDm	0	null	FinishOrder	0
517	0	null	0	null	PlaceOrder	0
517	1	orderIDgrossstatushiddenmerchantIDcaasIDuniqueID	1	http://10.60.149.179/Caas/servlet/Get_down?junzhuord	HandleIPN	0
517	1	10.60.149.195/junzhu_store/finish.jsp?orderIDplaceIDm	0	null	FinishOrder	0
518	0	null	0	null	PlaceOrder	0

图 6.12　软件行为单独监控屏

购物者软件行为双屏监控页面，以双屏形式显示了购物者以及总体软件的行为监控，软件行为所包含的内容与电商的软件行为相同，同样是以滚动列表的方式呈现，异常交易会以高亮形式提醒，如图 6.13 所示。

软件行为双屏监控页面，以双屏形式显示了电商以及第三方支付软件的行为监控，软件行为监控所包含的内容与购物者软件行为监控相同，同样是以滚动列表的方式呈现，异常交易会以高亮形式提醒，如图 6.14 所示。

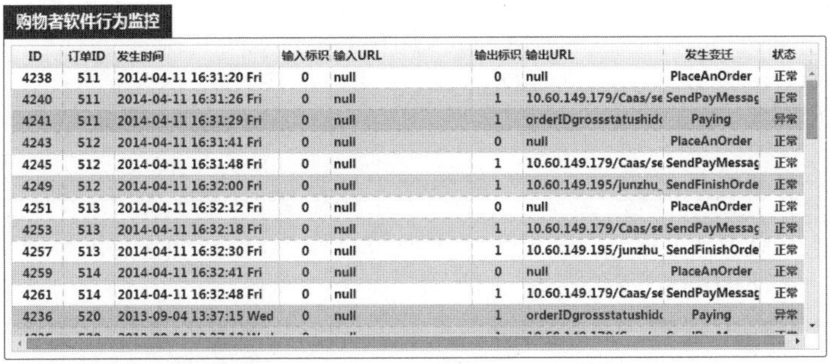

购物者软件行为监控

ID	订单ID	发生时间	输入标识	输入URL	输出标识	输出URL	发生变迁	状态
4238	511	2014-04-11 16:31:20 Fri	0	null	0	null	PlaceAnOrder	正常
4240	511	2014-04-11 16:31:26 Fri	0	null	1	10.60.149.179/Caas/se	SendPayMessag	正常
4241	511	2014-04-11 16:31:29 Fri	0	null	1	orderIDgrossstatushid	Paying	异常
4243	512	2014-04-11 16:31:41 Fri	0	null	0	null	PlaceAnOrder	正常
4245	512	2014-04-11 16:31:48 Fri	0	null	1	10.60.149.179/Caas/se	SendPayMessag	正常
4249	512	2014-04-11 16:32:00 Fri	0	null	1	10.60.149.195/junzhu_	SendFinishOrde	正常
4251	513	2014-04-11 16:32:12 Fri	0	null	0	null	PlaceAnOrder	正常
4253	513	2014-04-11 16:32:18 Fri	0	null	1	10.60.149.179/Caas/se	SendPayMessag	正常
4257	513	2014-04-11 16:32:30 Fri	0	null	1	10.60.149.195/junzhu_	SendFinishOrde	正常
4259	514	2014-04-11 16:32:41 Fri	0	null	0	null	PlaceAnOrder	正常
4261	514	2014-04-11 16:32:48 Fri	0	null	1	10.60.149.179/Caas/se	SendPayMessag	正常
4236	520	2013-09-04 13:37:15 Wed	0	null	1	orderIDgrossstatushid	Paying	异常

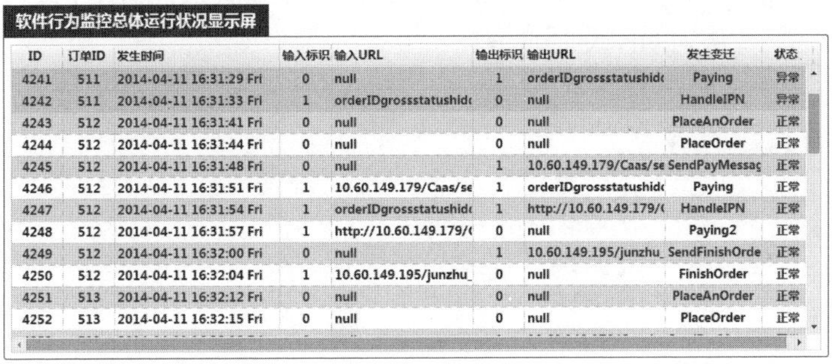

软件行为监控总体运行状况显示屏

ID	订单ID	发生时间	输入标识	输入URL	输出标识	输出URL	发生变迁	状态
4241	511	2014-04-11 16:31:29 Fri	0	null	1	orderIDgrossstatushid	Paying	异常
4242	511	2014-04-11 16:31:33 Fri	1	orderIDgrossstatushid	0	null	HandleIPN	异常
4243	512	2014-04-11 16:31:41 Fri	0	null	0	null	PlaceAnOrder	正常
4244	512	2014-04-11 16:31:44 Fri	0	null	0	null	PlaceOrder	正常
4245	512	2014-04-11 16:31:48 Fri	0	null	1	10.60.149.179/Caas/se	SendPayMessag	正常
4246	512	2014-04-11 16:31:51 Fri	1	10.60.149.179/Caas/se	1	orderIDgrossstatushid	Paying	正常
4247	512	2014-04-11 16:31:54 Fri	1	orderIDgrossstatushid	1	http://10.60.149.179/(	HandleIPN	正常
4248	512	2014-04-11 16:31:57 Fri	1	http://10.60.149.179/(	0	null	Paying2	正常
4249	512	2014-04-11 16:32:00 Fri	0	null	1	10.60.149.195/junzhu_	SendFinishOrde	正常
4250	512	2014-04-11 16:32:04 Fri	1	10.60.149.195/junzhu_	0	null	FinishOrder	正常
4251	513	2014-04-11 16:32:12 Fri	0	null	0	null	PlaceAnOrder	正常
4252	513	2014-04-11 16:32:15 Fri	0	null	0	null	PlaceOrder	正常

图 6.13　购物者软件行为双屏监控屏

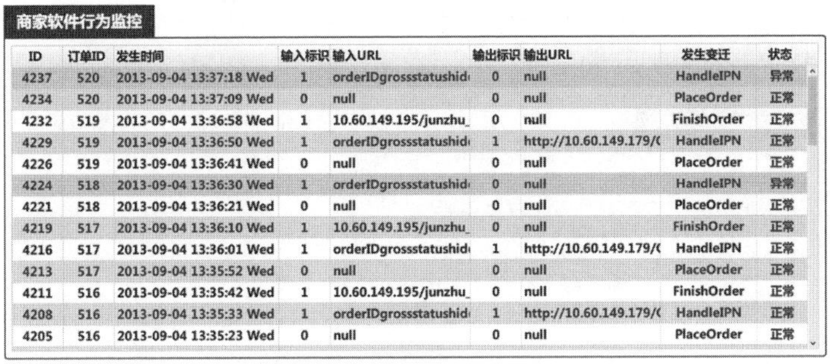

商家软件行为监控

ID	订单ID	发生时间	输入标识	输入URL	输出标识	输出URL	发生变迁	状态
4237	520	2013-09-04 13:37:18 Wed	1	orderIDgrossstatushid	0	null	HandleIPN	异常
4234	520	2013-09-04 13:37:09 Wed	0	null	0	null	PlaceOrder	正常
4232	519	2013-09-04 13:36:58 Wed	1	10.60.149.195/junzhu_	0	null	FinishOrder	正常
4229	519	2013-09-04 13:36:50 Wed	1	orderIDgrossstatushid	1	http://10.60.149.179/(	HandleIPN	正常
4226	519	2013-09-04 13:36:41 Wed	0	null	0	null	PlaceOrder	正常
4224	518	2013-09-04 13:36:30 Wed	1	orderIDgrossstatushid	0	null	HandleIPN	异常
4221	518	2013-09-04 13:36:21 Wed	0	null	0	null	PlaceOrder	正常
4219	517	2013-09-04 13:36:10 Wed	1	10.60.149.195/junzhu_	0	null	FinishOrder	正常
4216	517	2013-09-04 13:36:01 Wed	1	orderIDgrossstatushid	1	http://10.60.149.179/(	HandleIPN	正常
4213	517	2013-09-04 13:35:52 Wed	0	null	0	null	PlaceOrder	正常
4211	516	2013-09-04 13:35:42 Wed	1	10.60.149.195/junzhu_	0	null	FinishOrder	正常
4208	516	2013-09-04 13:35:33 Wed	1	orderIDgrossstatushid	1	http://10.60.149.179/(	HandleIPN	正常
4205	516	2013-09-04 13:35:23 Wed	0	null	0	null	PlaceOrder	正常

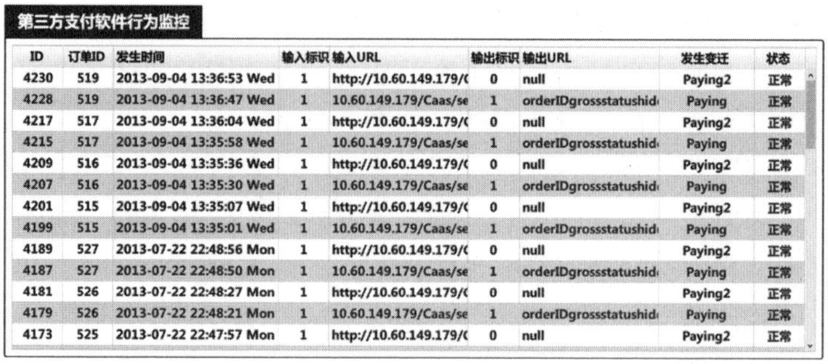

第三方支付软件行为监控

ID	订单ID	发生时间	输入标识	输入URL	输出标识	输出URL	发生变迁	状态
4230	519	2013-09-04 13:36:53 Wed	1	http://10.60.149.179/(	0	null	Paying2	正常
4228	519	2013-09-04 13:36:47 Wed	1	10.60.149.179/Caas/se	1	orderIDgrossstatushid	Paying	正常
4217	517	2013-09-04 13:36:04 Wed	1	http://10.60.149.179/(	0	null	Paying2	正常
4215	517	2013-09-04 13:35:58 Wed	1	10.60.149.179/Caas/se	1	orderIDgrossstatushid	Paying	正常
4209	516	2013-09-04 13:35:36 Wed	1	http://10.60.149.179/(	0	null	Paying2	正常
4207	516	2013-09-04 13:35:30 Wed	1	10.60.149.179/Caas/se	1	orderIDgrossstatushid	Paying	正常
4201	515	2013-09-04 13:35:07 Wed	1	http://10.60.149.179/(	0	null	Paying2	正常
4199	515	2013-09-04 13:35:01 Wed	1	10.60.149.179/Caas/se	1	orderIDgrossstatushid	Paying	正常
4189	527	2013-07-22 22:48:56 Mon	1	http://10.60.149.179/(	0	null	Paying2	正常
4187	527	2013-07-22 22:48:50 Mon	1	10.60.149.179/Caas/se	1	orderIDgrossstatushid	Paying	正常
4181	526	2013-07-22 22:48:27 Mon	1	http://10.60.149.179/(	0	null	Paying2	正常
4179	526	2013-07-22 22:48:21 Mon	1	10.60.149.179/Caas/se	1	orderIDgrossstatushid	Paying	正常
4173	525	2013-07-22 22:47:57 Mon	1	http://10.60.149.179/(	0	null	Paying2	正常

图 6.14　软件行为双屏监控屏

2. 平台交易数据监控

这部分用于展示经过平台的交易数据，其数据是通过实时数据服务从受监控的外部电商平台获取的，子部分分别为交易日志监控、全国交易量监控和实时交易量监控，分别如图 6.15～图 6.17 所示。

交易日志监控页面，以滚动的方式展示各个关键业务过程的交易日志，包含了平台交易详情，平台用户行为信息和平台软件行为信息，与软件行为日志挂钩，每 5s 进行一次更新，如图 6.15 所示。

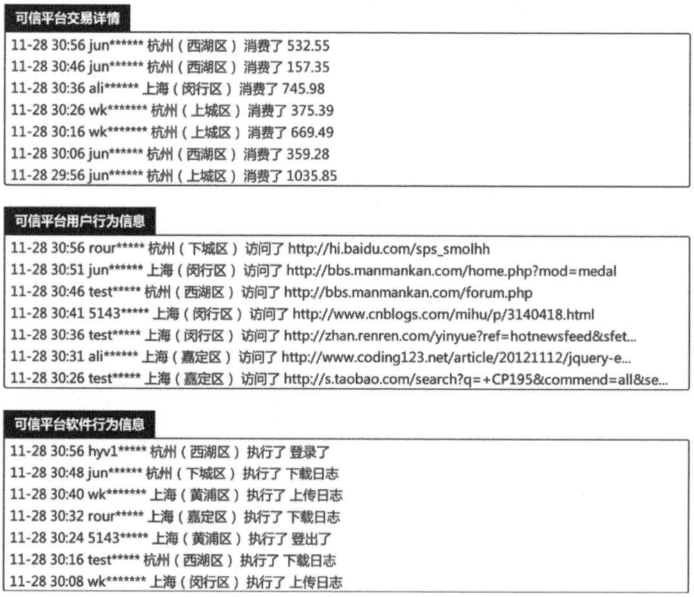

可信平台交易详情

11-28 30:56 jun****** 杭州（西湖区）消费了 532.55
11-28 30:46 jun****** 杭州（西湖区）消费了 157.35
11-28 30:36 ali****** 上海（闵行区）消费了 745.98
11-28 30:26 wk******* 杭州（上城区）消费了 375.39
11-28 30:16 wk******* 杭州（上城区）消费了 669.49
11-28 30:06 jun****** 杭州（西湖区）消费了 359.28
11-28 29:56 jun****** 杭州（上城区）消费了 1035.85

可信平台用户行为信息

11-28 30:56 rour***** 杭州（下城区）访问了 http://hi.baidu.com/sps_smolhh
11-28 30:51 jun****** 上海（闵行区）访问了 http://bbs.manmankan.com/home.php?mod=medal
11-28 30:46 test***** 杭州（西湖区）访问了 http://bbs.manmankan.com/forum.php
11-28 30:41 5143***** 上海（闵行区）访问了 http://www.cnblogs.com/mihu/p/3140418.html
11-28 30:36 test***** 上海（闵行区）访问了 http://zhan.renren.com/yinyue?ref=hotnewsfeed&sfet...
11-28 30:31 ali****** 上海（嘉定区）访问了 http://www.coding123.net/article/20121112/jquery-e...
11-28 30:26 test***** 上海（嘉定区）访问了 http://s.taobao.com/search?q=+CP195&commend=all&se...

可信平台软件行为信息

11-28 30:56 hyv1***** 杭州（西湖区）执行了 登录了
11-28 30:48 jun****** 杭州（下城区）执行了 下载日志
11-28 30:40 wk******* 上海（黄浦区）执行了 上传日志
11-28 30:32 rour***** 上海（嘉定区）执行了 下载日志
11-28 30:24 5143***** 上海（黄浦区）执行了 登出了
11-28 30:16 test***** 杭州（西湖区）执行了 下载日志
11-28 30:08 wk******* 上海（闵行区）执行了 上传日志

图 6.15　交易日志监控屏

全国交易量监控页面，根据实时数据服务从受监控的外部电商平台获取的数据，以基于全国地图的热度图、按省份分布的柱状图和饼状图三种形式来展示全国交易量情况，并定时进行数据的更新，如图 6.16 所示。

实时交易量监控页面，以基于外部服务调用的实时交易数据(包含实时交易笔数以及实时成交额)，通过折线图展示，如图 6.17 所示。

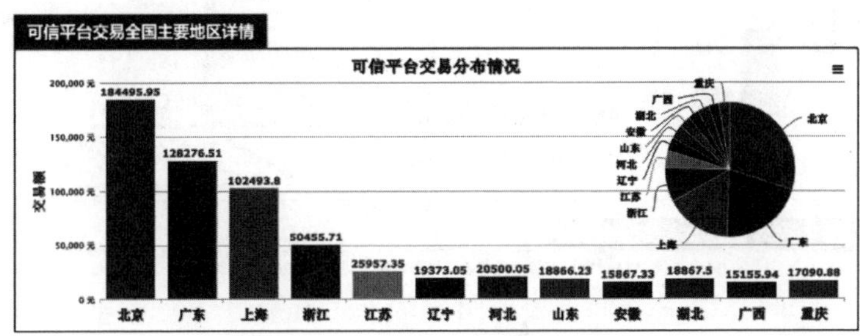

图 6.16　全国交易量监控屏

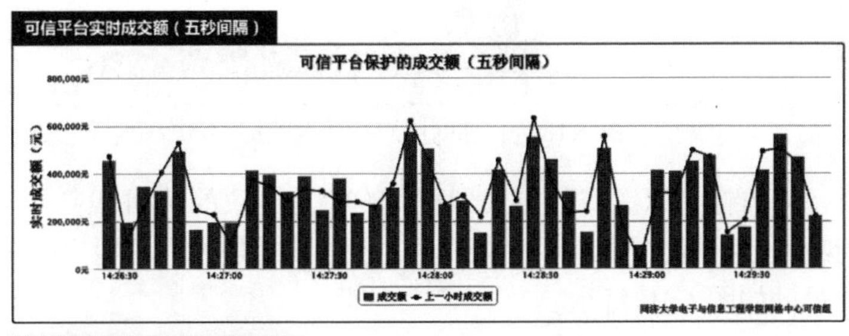

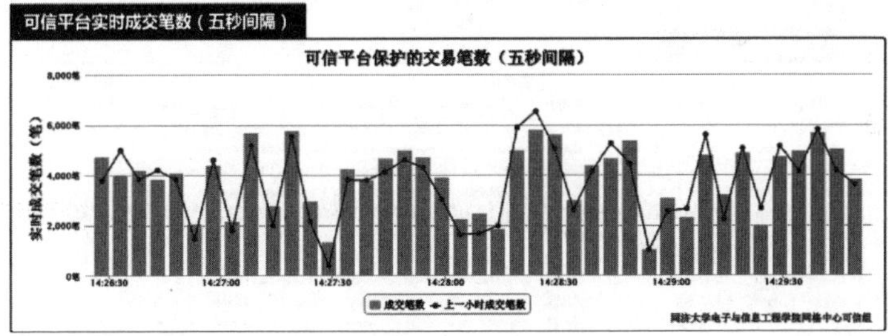

图 6.17　实时交易量监控屏

3. 平台用户行为监控

这部分是对平台用户行为习惯监控数据的可视化，其子部分包含了多维度用户行为监控、单用户行为监控以及多用户行为监控，分别如图 6.18～图 6.20 所示。

多维度用户行为监控页面，以用户的上网时间段的分布，以及用户访问的网站类的成分构成多维度的展现单用户的行为习惯，其中上网时间段分布采用的是面积图，用户访问的网站类构成呈现了某个具体用户最近一个月内最常访问的 15

个类，并采用了柱状图和饼状图同时展现，如图 6.18 所示。

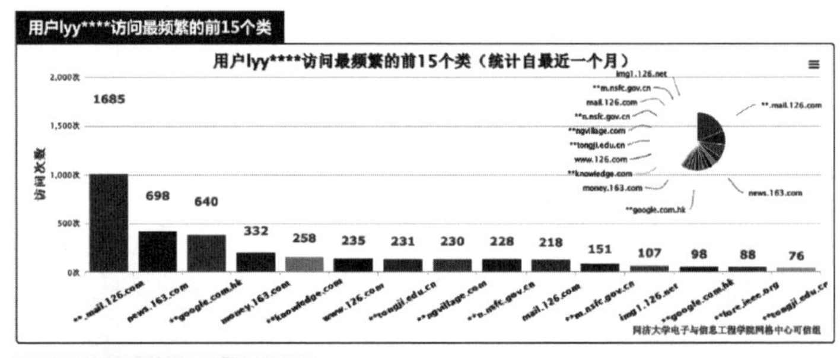

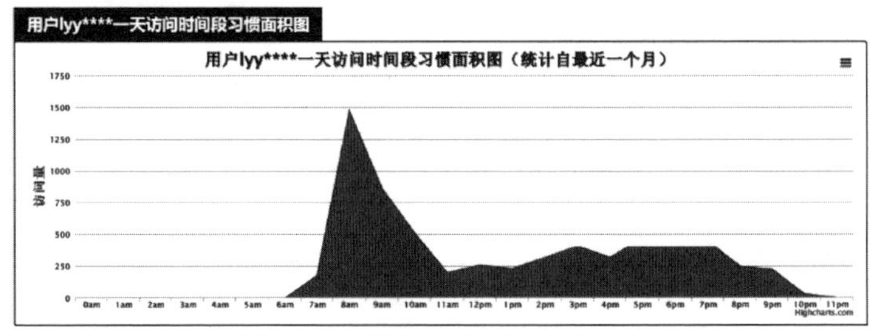

图 6.18　多维度用户行为监控屏

单用户行为监控，以滚屏的方式展现用户浏览网页的访问日志，并同时展现用户访问网站时根据相关的用户行为认证技术得到的是否为该用户的实时分值，以折线图展示，如图 6.19 所示。

用户行为监控器（单用户）

ID	用户	访问时间	访问URL	系统评分
5570074	root	2013-11-28 14:33:01 星期四	http://www.coding123.net/article/20121112/jquery-easyui-1.:	0.73
5570072	root	2013-11-28 14:32:59 星期四	http://bbs.manmankan.com/forum.php	0.55
5570070	root	2013-11-28 14:32:57 星期四	http://bbs.manmankan.com/home.php?mod=medal	0.84
5570068	root	2013-11-28 14:32:55 星期四	http://e.weibo.com/starcraft?ref=http%3A%2F%2Fwww.weib	0.68
5570066	root	2013-11-28 14:32:53 星期四	http://www.weibo.com/sora0601?wvr=5&	0.44
5570064	root	2013-11-28 14:32:51 星期四	http://bbs.manmankan.com/home.php?mod=medal	0.63
5570062	root	2013-11-28 14:32:49 星期四	http://bbs.manmankan.com/home.php?mod=medal	0.82
5570060	root	2013-11-28 14:32:47 星期四	http://bbs.manmankan.com/home.php?mod=medal	0.26
5570058	root	2013-11-28 14:32:45 星期四	http://www.cnblogs.com/mihu/p/3140418.html	0.45
5570056	root	2013-11-28 14:32:43 星期四	http://hi.baidu.com/sps_smolhh/item/2e7f3645a50ab50fc116	0.21
5570054	root	2013-11-28 14:32:41 星期四	http://www.coding123.net/article/20121112/jquery-easyui-1.:	0.82
5570052	root	2013-11-28 14:32:39 星期四	http://www.cnblogs.com/mihu/p/3140418.html	0.75
5570050	root	2013-11-28 14:32:37 星期四	http://blog.csdn.net/glarystar/article/details/6676824	0.85
5570048	root	2013-11-28 14:32:35 星期四	[illegible]	0.45

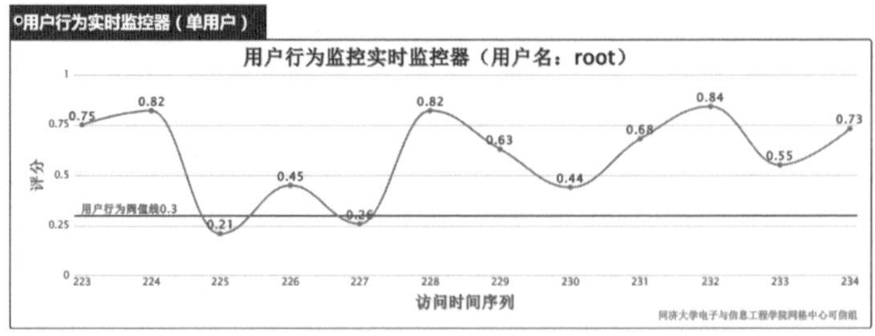

图 6.19　单用户行为监控屏

多用户行为监控，以滚屏的方式展现多用户浏览网页的访问日志，并同时展现多用户访问网站时根据相关的用户行为认证技术得到的是否为该用户的实时分值，以柱状图实时更新展现，其中通过多用户中对个别用户的操作，可以在单用户中聚焦该用户，用于业务人员进一步分析，如图 6.20 所示。

用户行为监控器（多用户）

ID	用户	访问时间	访问URL	系统评分
6723083	rour*****	2013-11-28 14:32:33 星期四	http://www.manmankan.com/	0.42
6723081	ali******	2013-11-28 14:32:32 星期四	http://bbs.redocn.com/design/ziti/12302d7d6cce5b4f3d0a1.h	0.34
6723079	rong*****	2013-11-28 14:32:31 星期四	http://bbs.manmankan.com/home.php?mod=medal	0.95
6723077	rour*****	2013-11-28 14:32:30 星期四	http://bbs.manmankan.com/home.php?mod=medal	0.84
6723075	test*****	2013-11-28 14:32:29 星期四	http://bbs.manmankan.com/forum.php	0.27
6723073	jun******	2013-11-28 14:32:28 星期四	http://detail.etao.com/1820543011551250202.htm?spm=0.0.(	0.74
6723071	ali******	2013-11-28 14:32:27 星期四	http://www.renren.com/265582054	0.68
6723069	jun******	2013-11-28 14:32:26 星期四	http://bbs.redocn.com/design/ziti/12302d7d6cce5b4f3d0a1.h	0.28
6723067	hyv23****	2013-11-28 14:32:25 星期四	http://www.renren.com/265582054	0.32
6723065	wkv23****	2013-11-28 14:32:24 星期四	http://s.taobao.com/search?q=+CP195&commend=all&search	0.57
6723063	wkv23****	2013-11-28 14:32:23 星期四	http://blog.csdn.net/glarystar/article/details/6676824	0.8
6723061	5143*****	2013-11-28 14:32:22 星期四	http://blog.csdn.net/glarystar/article/details/6676824	0.72
6723059	rour*****	2013-11-28 14:32:21 星期四	http://hi.baidu.com/sps_smolhh	0.45
6723057	wkv23****	2013-11-28 14:32:20 星期四	http://detail.etao.com/1820543011551250202.htm?spm=0.0.(	0.47

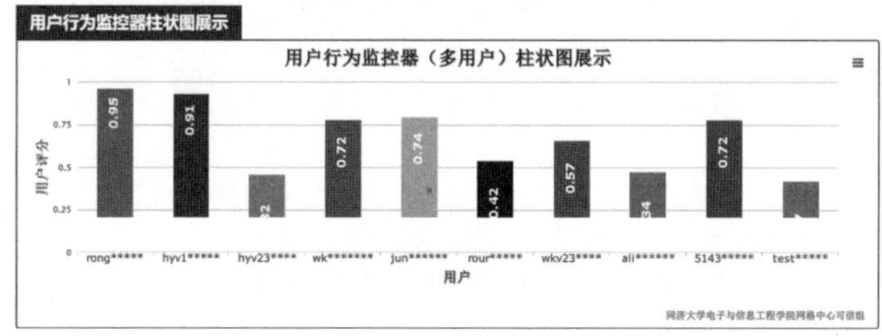

图 6.20　多用户行为监控屏

6.3　小　　结

本章以网络计算的典型场景网络交易为背景，详细阐述了网络计算过程中涉及的多方交互的可信认证体系与平台的构建技术与环境。网络交易系统中软件行为和用户行为是相互交错、互为作用的，因此必须综合、集成软件行为和用户行为形成整体的系统行为模式，才有可能完整、准确地刻画网络交易平台的行为。本章详细介绍了可信认证中心体系及其平台架构，从通信管理、证书管理、数据库管理与行为认证几方面介绍了认证平台的关键技术，其中行为认证分为软件行为和用户行为两个方面。在线监控与可视化呈现主要分为三部分，即平台软件行为监控、平台交易数据监控和平台用户行为监控，主要负责监控用户、商家和第三方支付公司在进行在线交易行为时产生的用户行为数据与软件行为数据，并采用可视化的方式进行展现。利用上述全方位、多角度的实时监控可以最大程度地保证可信认证平台的运行情况以及用户的合法行为。

参 考 文 献

[1] 蒋昌俊, 陈闳中, 闫春钢, 等. 网络交易中用户与软件行为监控数据可视化系统: ZL201410513131.X. 2017.

[2] Jiang C J, Chen H Z, Yan C G, et al. Software behavior monitoring and verification system: AU201410014450.6. 2015.

[3] 蒋昌俊, 陈闳中, 闫春钢, 等. 软件行为监控验证系统: ZL201410014450.6. 2015.

[4] 蒋昌俊, 陈闳中, 闫春钢, 等. 网络交易的可信认证系统与方法: ZL201410499859.1. 2018.

[5] Jiang C J, Chen H Z, Yan C G, et al. System and method for authenticating network transaction trustworthiness: AU2017100011. 2017.

[6] 蒋昌俊, 陈闳中, 闫春钢, 等. 基于 Web 用户行为模式的身份认证方法: ZL201210445681.3. 2015.

[7] 蒋昌俊, 陈闳中, 闫春钢, 等. 用户行为模式挖掘系统及其方法: ZL201210448617.0. 2015.

[8] 蒋昌俊, 陈闳中, 闫春钢, 等. 基于 HTML 的网站行为模型建模方法: ZL201110121990.0. 2015.

[9] 蒋昌俊, 丁志军, 王俊丽, 等. 面向互联网金融行业的大数据资源服务平台. 科学通报, 2014, 36: 3547-3553.

[10] Jiang C J, Ding Z J, Wang J L, et al. Big data resource service platform for the Internet financial industry. Chinese Science Bulletin, 2014, 59(35): 5051-5058.

[11] Jiang C J, Song J H, Liu G J, et al. Credit card fraud detection: a novel approach using aggregation strategy and feedback mechanism. IEEE Internet of Things Journal, 2018, 5(5): 3637-3647.

[12] Zheng L T, Liu G J, Yan C G, et al. Transaction fraud detection based on total order relation and behavior diversity. IEEE Transactions on Computational Social Systems, 2018, 5(3): 796-806.

[13] Zheng L T, Liu G J, Luan W J, et al. A new credit card fraud detecting method based on behavior certificate//The 15th IEEE International Conference on Networking, Sensing and Control, Zhuhai, 2018.

[14] Yu W Y, Yan C G, Ding Z J, et al. Modeling and verification of online shopping business processes by considering malicious behavior patterns. IEEE Transactions on Automation Science and Engineering, 2016, 13(2): 647-662.

[15] Yu W Y, Yan C G, Ding Z J, et al. Modeling and validating e-commerce business process based on Petri nets. IEEE Transactions on Systems, Man and Cybernetics: Systems, 2014, 44(3): 327-341.

第七章　面向自贸区的网络大数据计算与服务平台

上海自贸试验区管理委员会保税区管理局建成自贸区保税区信息共享平台，在自贸区建设过程中转变政府职能、加强市场监管方面起到了积极作用。但由于平台内的信息不够丰富，对企业的运行状态、经营异动及违法行为反应与遏制不够敏捷，亟需互联网大数据及相关技术来支持和加强区内企业的综合监管与服务。

7.1　面向区内企业的定制搜索引擎

根据自贸区的实际需求，面向自贸区的定制搜索引擎需要能从互联网爬取、有效清洗、筛选区域重点企业的舆情信息，并且能够自动开展主题摘编、分类展示。搜索引擎实现架构图如图 7.1 所示。

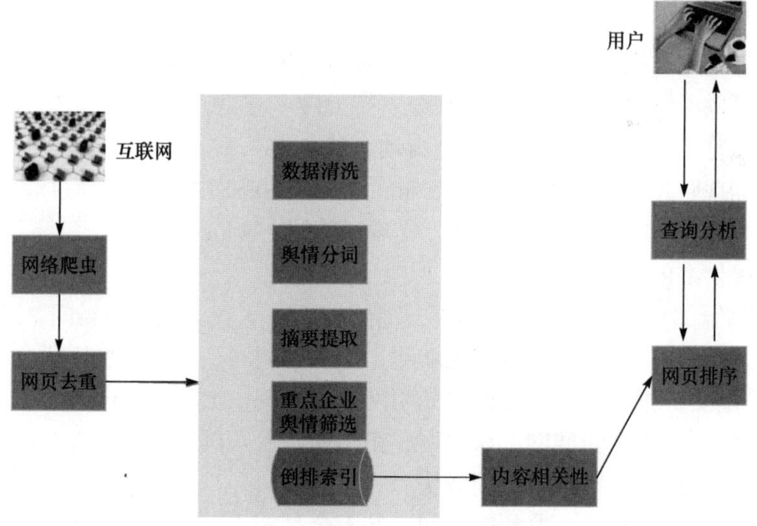

图 7.1　搜索引擎实现架构图

1. 数据获取

数据获取是实现搜索引擎的第一步，也是最为重要的一步。数据获取的质量将直接决定使用者的体验。为自贸区定制的搜索引擎，既要保证新闻的数量，同时也要保证获取到的新闻的质量。在区内企业舆情的获取中，为了同时满足这两方面要求，采用了两个方式：主流门户网站的定向爬取和面向搜索引擎的定制爬取。

1) 主流门户网站的定向爬取

定向爬虫，即指定某些网站，将它们的数据源作为数据来源，对其进行页面数据抓取的技术。定向爬虫有别于传统的搜索引擎爬虫，不论是从抓取的调度，还是性能要求，又或者是数据的存储，两者都有着很大的区别。后者主要针对整个互联网，对互联网的数据进行爬取以及数据分析，它的难度更大。前者将单个或者少量的网站作为数据源头，抓取整个网站有用的数据以及图片等信息。

为了能够更好地爬取自贸区相关企业的新闻，使用定向爬取技术，根据区内企业的特点建立一个自动定向爬虫系统。该系统的功能为实时监控和采集目标网站的内容，并将爬到的数据持久化存储到数据库中。系统实现了对目标网站的信息实时监控，及时采集最新的信息到本地，并进行内容分析和过滤等操作。爬虫系统的工作结果形成了新网页的全部信息的集合，每个网页的详细信息被完整记录下来，包括网页名称、大小、日期、标题、文字内容等。最后将采集到的网页信息直接存储到关系数据库中。

该定向爬虫系统主要采用深度优先遍历策略，不断采集新闻信息，已实现的功能如下。

① 基于元数据抽取算法，改进了网页自动解析的准确性。

② 提供了链接模板，使得该系统支持 DIV 标签。

③ 细览多页内容的自动识别与自动合并。

④ 实现防垃圾链接功能，如 jessionid、PHPSESSID 等的自动过滤。

⑤ 改进 Cookie 作用域的管理，实现对跨域 Cookie 的支持。

⑥ 提供 URL 解析。

在该平台中，定向爬虫系统爬取了新华国际、人民网、新浪新闻、凤凰新闻、新华网即时新闻、搜狐新闻、央视新闻、网易新闻网、参考消息、联合早报、南方网、香港文汇报、日经中文网、光明网、华商网、大河报、南风窗、广西新闻网、新京报网、山西新闻网、东北网、东南网、大众网、华龙网以及南方日报等新闻网站的国内新闻和国际新闻版块。

经过定向爬虫系统爬取到的新闻，并不全是关于自贸区内企业的舆情信息，因此需要进行下一步的筛选。在筛选过程中，根据区内企业的全称、简称等信息对爬取到的舆情信息进行简单的筛选。进一步的筛选工作会在数据预处理模块中进行。

2) 面向搜索引擎的定制爬取

类似于百度这样的搜索引擎，当输入某个公司的名字进行检索时，搜索引擎会进行智能化搜索，通过其创建的索引文件来进行匹配查询。倒排索引是实现搜索引擎的关键技术。

倒排索引是实现“单词-文档矩阵”的一种具体存储形式，通过倒排索引，可以根据单词快速获取包含这个单词的文档列表。倒排索引主要由“单词词典”和“倒排文件”组成。搜索引擎的索引单位通常是单词，单词词典是由文档集合中出现过的所有单词构成的字符串集合，单词词典内每条索引项记载单词本身的一些信息以及指向“倒排列表”的指针。倒排列表记载了出现过某个单词的所有文档的文档列表及单词在该文档中出现的位置信息，每条记录称为一个倒排项(Posting)。根据倒排列表，即可获知哪些文档包含某个单词。

由于很多新闻里对区内的企业名称并不是使用全称，所以在建立企业名称文件时把所有企业的全称、简称都考虑进去。

网络爬虫系统一般会选择一些比较重要的、出度(网页中链出超链接数)较大的网站的 URL 作为种子 URL 集合。网络爬虫系统首先采取宽度优先遍历策略，发现的链接直接插入待抓取 URL 队列的末尾，作为初始 URL，开始数据的抓取。在本爬虫系统中，根据关键词搜索出来的结果就是初始 URL。然后利用深度优先遍历策略，固定爬取深度，按照 URL 跟踪下去，处理完某个 URL 之后再转入下一个 URL，继续深度爬取。爬取流程图如图 7.2 所示。

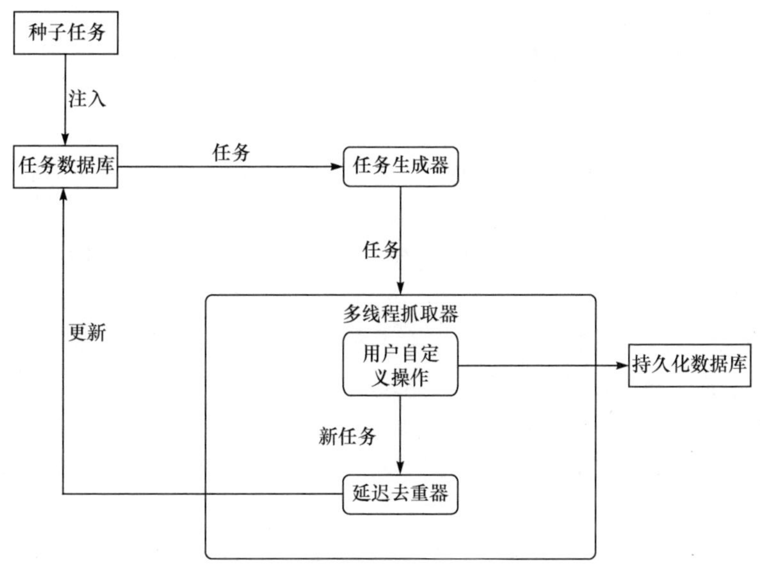

图 7.2　爬取流程图

在本爬虫系统中，爬取百度新闻搜索引擎的流程如下。

① 将区内企业的全称和简称存储到 txt 文件中。

② 以百度新闻为例，通过读取上述 txt 文件来创建种子链接。

③ 利用 WebCollector 中的 addSeed 方法来添加种子，种子链接会在爬虫启动之前加入到上面所说的抓取信息中并标记为未抓取状态，这个过程称为注入。

④ 利用 addRegex 添加抓取规则，过滤不必抓取的链接比如.jpg、.png、.gif 等。

⑤ 启动爬虫，然后设置爬取深度。

⑥ 重写 BreadthCrawle 下的 visit 方法，这个函数主要是针对不同页面首先得到相应的搜索结果，然后继续爬取每条搜索结果指向的网页，将得到的链接放入后续的 CrawlDatum 中爬取外链。

⑦ 在爬取外链的过程中，利用 WebCollector 自带的 Page 类来进行正文、关键词、标题、摘要的提取，对于时间的提取，主要是利用正则表达式。

⑧ 利用 JDBCTemplate 来创建 MySQL 的连接，将爬取到的新闻数据存储到 MySQL 数据库中。

2. 数据清洗和预处理

1) 数据清洗

从互联网上爬取到的新闻资讯存在着大量的问题，例如，时间为空、时间不准确、时间格式不统一、重复新闻等。面对这些情况，需要对获取到的企业舆情信息进行有效的数据清洗。

数据清洗就是对数据进行重新审查和校验的过程，目的在于删除重复信息、纠正存在的错误，并提供数据一致性，处理无效值和缺失值等。

首先，针对新闻时间为空、时间不准确的问题，通过观察数据库，发现这种情况出现的概率很小，因此可以通过人工设定时间来解决，或者这些时间项异常的新闻不是想要的，可以采取直接删除操作。

其次，针对时间格式不统一的情况，这种现象相当普遍，例如，对于 2017 年 9 月 1 号，收集到的数据集里，有的数据是“2017-09-01”，有的数据则是“2017-9-1”，可以通过遍历整个数据库，对每一条新闻记录的数据进行统一的格式化处理，最后统一成“XXXX-XX-XX”的时间格式。

最后，针对重复新闻，由于数据爬取工作每天都会进行，肯定会存在着大量重复的新闻，在数据清洗过程中根据 URL 进行处理，将 URL 相同的数据删除。

2) 新闻分词

新闻分词属于自然语言处理技术范畴，对于一句话，人们可以通过自己的知识来判断哪些是词，哪些不是词，但如何让计算机也能理解？其处理过程就是分词算法。对中文分词，就是对中文断句，消除文字的部分歧义。分出来的词往往来自词表。

针对自贸区舆情信息，采用基于规则与统计相结合的分词技术，将中文的汉字序列切分成有意义的词，并将其应用到搜索引擎中，提高检索相关性的准确度。

在新闻舆情分词中，采用正向最大分词技术和二次扫描技术。正向找最长词是正向最大分词技术的匹配思想，其原理是：每次从词典找和待匹配串前缀最长匹配的词，如果找到匹配词，则把这个词作为切分词，待匹配串减去该词，如果词典中没有词匹配上，则按单字切分。这样在保证分词效率的同时，也可以发现绝大多数的交集型分词歧义。

除此之外，还采用基于实例的切分歧义处理技术，对歧义进行准确处理，并使系统具有良好的可扩充性。

实现新闻舆情分词的工作流程如下。

① 对文本进行正向最大切分。

② 对正向最大切分结果进行二次扫描，发现交集型分词歧义。

③ 使用歧义实例库对歧义进行处理，无法处理的歧义采用统计方法进行处理。

④ 对切分结果进行未定义词识别。

⑤ 对切分结果进行词性标注。

⑥ 对切分后的西文单词进行词根处理。

3) 摘要提取

随着区内企业新闻舆情量的增加，管理人员需要快速获取新闻的主旨。作为浓缩文本信息的技术，摘要提取扮演着重要的角色。新闻摘要的提取旨在尽可能保留原文信息的同时，形成尽可能短的摘要。文本摘要的主要功能是实现文本内容的精简提炼，从新闻中自动提取关键词和关键段落，方便管理人员快速预览新闻内容，提高工作效率。

该部分的摘要提取主要包括基于关键句抽取、语言学知识的综合运用和片段去重法。

将新闻正文视为句子的线性序列，将句子视为词的线性序列，整体流程大致如下。

① 分析文本的篇章结构，识别出段落、大小标题、句子等信息。

② 对文本进行分词和词性标注。

③ 根据语言知识统计词典，计算词在句子中的加权值。

④ 利用词权、篇章结构信息等特征计算句子的权值。

⑤ 对原文中的所有句子按权值高低降序排列，权值最高的若干句子被确定为文摘句。

⑥ 对文摘句进行片段去重分析，把重复的文摘句去掉。

⑦ 对文摘句进行平滑处理，提高可读性。

4) 主题词标引

主题词标引的主要功能是对文本内容进行主题分析，在准确提炼和选定反映文本主题的关键词基础上，生成文本的一组主题词标识，从而方便管理人员快速了解新闻主题，提高工作效率。除此之外，主题词标引也给词云的绘制提供了来源。

关键词提取是文本信息处理的一项重要任务，有很多方法可以应用于关键词提取。例如，基于训练的方法、基于图结构挖掘的方法和基于语义的方法等。关键词提取的基本整体流程如图 7.3 所示。

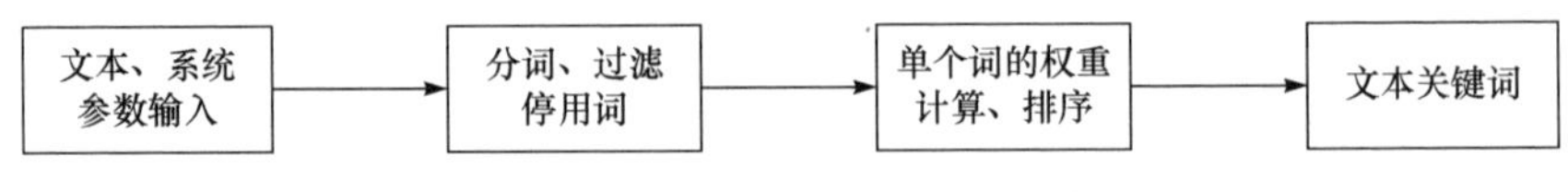

图 7.3　关键词提取流程图

对新闻网页中提出关键词的流程是：先从网页中提取正文，然后从正文中提取关键词。

对收集到的新闻的主题词标引，主要采用以下技术。

(1) 基于规则和统计相结合的主题词标引技术

采用规则与统计相结合的方法标引关键词，既可根据行业主题词表标引关键词，也可以根据专家总结的自动标引规则和新词发现模块来获取关键词。

采用的新词发现模块主要包含两个部分：一是使用统计方法自动识别文本中出现的人名、地名和机构名，二是使用统计方法自动识别文本中出现的其他高频新词。

(2) 运用语言学知识

采用前述分词系统，综合分词词典、同义词典、词汇分布信息表等资源。

综合基于规则和统计相结合的主题词标引技术和语言学知识，实现的主题词标引的工作流程如下。

① 文本预处理，对输入的文本进行分段、分句，以句子为单位进行处理，然后对每一句进行分词。

② 基于知识库的方法识别关键词，主要包括实体标引、关键词标引、关键词组配和特殊符号标引。

③ 实体标引，根据实体库(人名库、地名库、机构名库)和自动识别获得实体关键词，加入到候选关键词中。

④ 关键词标引，根据关键词库获得关键词，加入到候选关键词中。

⑤ 关键词组配，根据组配规则，对得到的关键词按句进行组配，将结果加入到候选关键词中。

⑥ 特殊符号词标引，出现在《》等特殊符号的词，将满足条件的加入到候选关键词中。

⑦ 基于统计的方法识别关键词，将识别出的高频串进行过滤，得到新词，将结果加入到候选关键词中。

⑧ 对候选关键词进行评分和排序。

主题词标引流程图如图 7.4 所示。

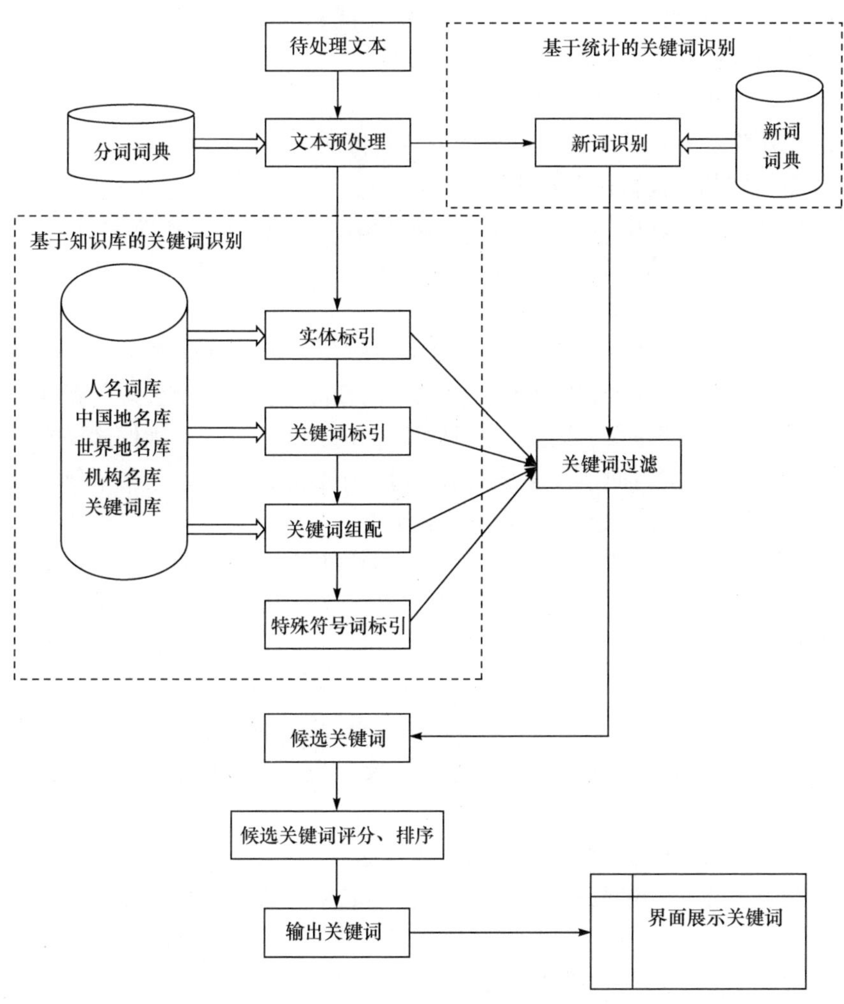

图 7.4　主题词标引流程图

5) 新闻舆情去重

该模块对获取到的数据进行新闻排重，主要的工作是对新闻进行文本相似性检索，删除相似程度高的新闻。

相似性检索是指对于给定样本文献，在文献数据集合中查找出与之内容相似的文献。应用实践表明，相似性检索技术在网络内容自动排重、文章关联方面取得了良好效果。该模块中的相似性文本检索系统的主要功能是自动地对文本进行特征抽取，构造文本的指纹，然后根据该指纹到文本指纹库中检索与相似或相同的文本。

为每篇新闻资讯生成一个指纹，如果两篇新闻的指纹完全相同，则认为两篇新闻是相同的。即使两篇新闻的指纹有少许不同，也认为两篇新闻是不同的。

新闻去重的工作流程如下。

① 对新闻正文进行分词和词性标注。

② 使用特征提取技术，抽取有用的新闻特征。

③ 将提取的新闻特征表示成文档指纹。

④ 到文本指纹库中检索与当前文档最相似的新闻。

⑤ 删除其中一篇新闻，保留另一篇新闻。

6) 重点企业的舆情信息提取

该模块需要从获取的全部舆情数据中提取出自贸区重点关注的企业舆情信息。由于要进行精确匹配，即确保筛选出来的新闻是关于每个公司的新闻，这就要求不仅要匹配新闻正文、摘要，还要对正文内容进行总结，确保这篇文章的主题是关于某个公司的，而不仅仅是只出现过这个公司的名字，如某个新闻提到某个活动，而这个活动出现过这个公司的名字。

重点企业的舆情信息的提取其实就是判断舆情信息和企业之间的相似性，传统判断两个文档相似性的方法是通过查看两个文档共同出现的单词的多少，如TF-IDF 等，但这种方法没有考虑语义关联，可能在两个文档共同出现的单词很少甚至没有，但两个文档是相似的情况。因此在判断文档相关性时需要考虑文档语义，而语义挖掘的利器是主题模型，LDA(Latent Dirichlet Allocation)就是其中一种比较有效的模型。通过 LDA 对新闻进行语义挖掘，然后和企业进行对比，大致流程如下。

① 通过 LDA 主题模型提取新闻舆情的主题。

② 建立每个公司的特征向量，包括公司名字、法人、所属行业以及经营范围等。

③ 计算新闻主题与公司特征向量之间的相似度。

④ 根据相似度来确定新闻是否是关于某个公司的新闻。

在主题模型中，主题表示一个概念、一个方面，表现为一系列相关的单词，是这些单词的条件概率。形象来说，主题就是一个桶，里面装了出现概率较高的单词，这些单词与这个主题有很强的相关性。

首先，可以用生成模型来看文档和主题。所谓生成模型，就是说，认为一篇文章的每个词都是通过“以一定概率选择了某个主题，并从这个主题中以一定概率选择某个词语”这样一个过程得到的。那么，如果要生成一篇文档，它里面的每个词语出现的概率为

$$p(\text{词语}|\text{文档})=\sum_{\text{主题}}p(\text{词语}\,|\,\text{主题})\times p(\text{主题}\,|\,\text{文档}) \tag{7-1}$$

LDA 模型使生成的文档可以包含多个主题，使用如下方法生成一个文档：

Choose parameter $\theta \sim p(\theta)$

for each of the N words w_n

Choose a topic $z\_n \sim p(z|\theta)$

Choose a word $w\_n \sim p(w|z)$

其中，θ 是一个主题向量，向量的每一列表示每个主题在文档出现的概率，该向量为非负归一化向量。$p(\theta)$是 θ 的分布，具体为 Dirichlet 分布，即分布的分布。z_n 表示选择的主题，$p(z|\theta)$表示给定 θ 时主题 z 的概率分布，具体为 θ 的值，即 $p(z=i|\theta)=\theta\_i$。

这种方法首先选定一个主题向量 θ，确定每个主题被选择的概率。然后在生成每个单词时，从主题分布向量 θ 中选择一个主题 z，按主题 z 的单词概率分布生成一个单词。

然后，基于以上提取的新闻主题词生成主题特征向量，并将此特征向量和公司的特征向量进行相似性匹配。计算相似性可以采取欧氏距离计算、海明距离计算和余弦相似度计算。

最后，根据两个向量的相似性来判断该新闻是否属于该公司，从而完成重点新闻的提取。

3. 搜索引擎的实现与展示

1) 企业舆情信息的聚合展示

该模块主要是将数据按照时间倒序进行展示，结构图如图 7.5 所示。

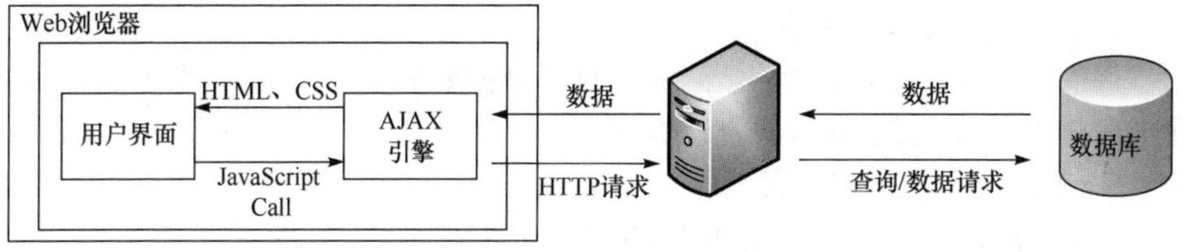

图 7.5 结构图

对于新闻内容的基本展示，程序的运行步骤如下。

① 用户点击企业新闻展示按钮。

② SpringMVC 将请求分发到 controller。

③ controller 调取 service 层函数。

④ service 层调取 DB 层即 Mapper 的函数。

⑤ DB 层的函数去数据库查询。

⑥ 返回数据，渲染 jsp 页面。

由于企业新闻舆情量相当大，如果一次性展示出来不仅对服务器造成过大负担，导致加载速度慢等问题，而且大量的新闻罗列也会使用户体验性极差。这里采取分页技术解决这些问题。

分页是一种将所有数据分段展示给用户的技术。用户每次看到的不是全部数据，而是其中的一部分。如果在其中没有找到想要的内容，用户可以通过制定页码或者翻页的方式转换可见内容，直到找到想要的内容为止。合理的分页技术既能保证用户浏览舒畅，又能保证页面内容重复度不会过高。

针对自贸区企业的新闻舆情展示，用到的主要是 Limit m, n 分页语句，m 和 n 的值由当前页码和每页显示新闻量的大小决定。

利用分页技术可以完全解决服务器崩溃、加载速度慢的问题。

分页效果如图 7.6 所示。

图 7.6　分页效果图

2) 新闻舆情按条件查询

该模块主要实现了企业的新闻资讯的各种条件查询，包括按时间范围查询、企业名称搜索以及按行业分类进行查询。

(1) 按照时间范围的查询

针对时间范围查询，实现的效果如图 7.7 所示。

用户可以自由选择起始日期和终止日期，可以查询到一段时间内的新闻。通过选择不同长短的时间段，可以方便地收缩或扩大新闻范围。

还可以通过下方的选项栏，快捷选择某个时间段，比如过去 3 天、5 天、7 天或者上周、上个月、去年。

该匹配搜索的顺序如图 7.8 所示。

图 7.7　日历图

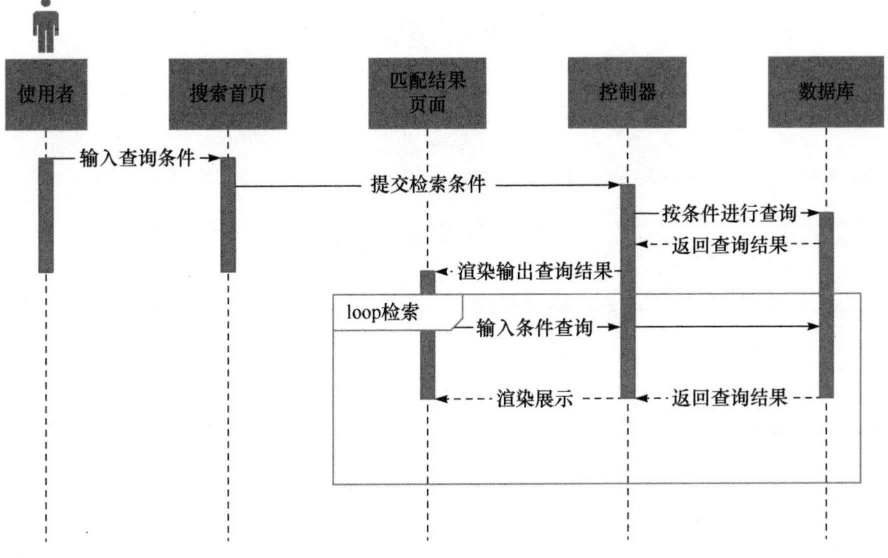

图 7.8　匹配搜索的顺序

实现的效果如图 7.9 所示。

(2) 按照企业名称搜索

该模块主要实现针对企业名称进行快速搜索，用户可以在企业名称文本框中输入企业的全称或者简称，实现匹配搜索，其实现过程类似于时间范围查询，如图 7.10 所示。

3) 统计分析及展示

(1) 新闻舆情量的统计

该模块主要统计新闻舆情量 Top10 的公司及其数量，并用 ECharts 中的柱状图进行展示。

2016-01-01
2016-12-31
企业名称
搜索
卡西欧+中国公益教育=？教育装备行业协会有说法_网易新闻
2016-12-31
卡西欧+中国公益教育=？教育装备行业协会有说法,卡西欧 中国公益 行业协会
原文»
卡西欧（中国）贸易有限公司
卡西欧2017新年音乐会在京上演_时尚单品-onlylady女人志
2016-12-31
卡西欧2017新年音乐会在京上演,2016年12月29日,由卡西欧（中国）贸易有限公司电子乐器营业统辖部主办的GP北京新年音乐会在中央音乐学院圆满落下帷幕,本场音乐会也是GP钢琴音乐会暨爵士钢琴家罗
原文»
卡西欧（中国）贸易有限公司
庆城县人民医院医疗设备采购项目中标公告_首页标讯_中标公告-政府采购信息网
2016-12-30
甘肃西招国际招标有限公司 联系人：冯登明 联系电话：0931-7603871 在此，对积极参与本采购项目的供应商表示衷心的感谢！ 甘肃西招
原文»
通用电气医疗系统贸易发展（上海）有限公司

图 7.9　按时间查询效果图

起始时间
截止时间
上海三星
搜索
早报：Apple第二季销量大减 前途堪忧 - 半导体新闻 - 电子发烧友网
2017-09-13
电子芯闻早报：Apple Watch第二季销量大减 前途堪忧-昨日晚间消息，从比亚迪发布的公告看三星半导体将30亿元入股比亚迪。iPhone为代表智能手机市场表现不佳，村田的表面声波滤波器为何缺货？Apple Watch作为可穿戴市场的代表，二季度销量下滑明显。三星最新旗舰note7将问世，都曝光了哪些消息？
原文»
上海三星半导体有限公司
本周32家公司限售股解禁规模合计517.85亿元-金投财经频道-金投网
2017-07-24
7月24日-7月28日预计有32家公司限售股陆续解禁，合计解禁33.56亿股。按7月21日收盘价计算，本周解禁市值合计517.85亿元。其中，比亚迪（002594.SZ）有127亿元市值限售股上市流通，占本周A股总解禁规模的1/4。
原文»
上海三星半导体有限公司
证券时报电子报实时通过手机APP、网站免费阅读重大财经新闻资讯及上市公司公告
2017-07-21
证券时报是人民日报社主管主办的全国性财经证券类日报,是中国证监会、保监会等指定信息披露平台。在线免费阅读电子报，随时掌握重要财经资讯及上市公司动态。
原文»
上海三星半导体有限公司
同花顺财经
2017-07-20
原文»
上海三星半导体有限公司

图 7.10　按企业名称搜索结果图

ECharts 是一个纯 JavaScript 的图表库，可以流畅地运行在 PC 和移动设备上，兼容当前绝大部分浏览器，提供直观、生动、可交互、可高度个性化定制的数据可视化图表。

新闻量统计效果图如图 7.11 所示。

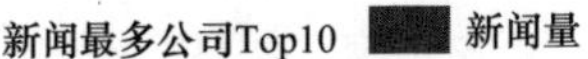

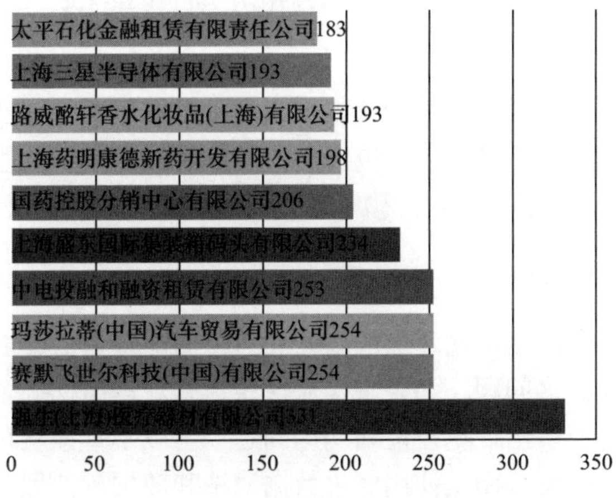

图 7.11　新闻量统计效果图

(2) 舆情词云展示

通过新闻舆情的摘要可以对新闻主旨有一个比较好的把握，但是很难从中看出其关键词的特征，词云可以根据新闻的关键词对新闻进行一个直观展示。这里用到的关键词是基于数据预处理中的关键词提取模块。

该模块没有把当前页面所有新闻的词云图展示出来，而是当鼠标放到某条新闻时，才绘制该条新闻的词云图，这样，会使得整个页面布局比较清晰、美观。实现效果如图 7.12 和图 7.13 所示。

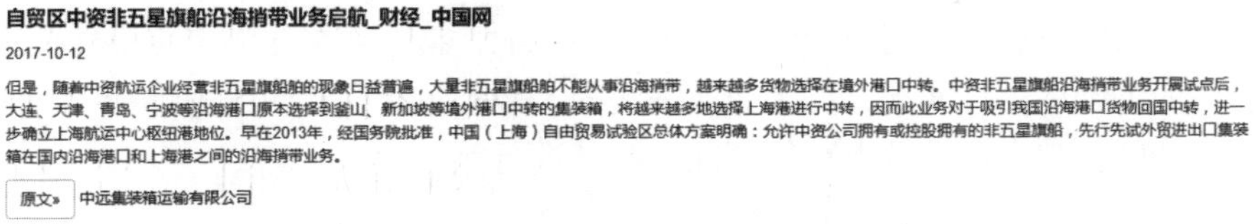

自贸区中资非五星旗船沿海捎带业务启航_财经_中国网

2017-10-12

但是，随着中资航运企业经营非五星旗船舶的现象日益普遍，大量非五星旗船舶不能从事沿海捎带，越来越多货物选择在境外港口中转。中资非五星旗船沿海捎带业务开展试点后，大连、天津、青岛、宁波等沿海港口原本选择到釜山、新加坡等境外港口中转的集装箱，将越来越多地选择上海港进行中转，因而此业务对于吸引我国沿海港口货物回国中转，进一步确立上海航运中心枢纽港地位。早在2013年，经国务院批准，中国（上海）自由贸易试验区总体方案明确：允许中资公司拥有或控股拥有的非五星旗船，先行先试外贸进出口集装箱在国内沿海港口和上海港之间的沿海捎带业务。

原文»　中远集装箱运输有限公司

图 7.12　新闻舆情

中远集装箱运输有限公司关键词词云图

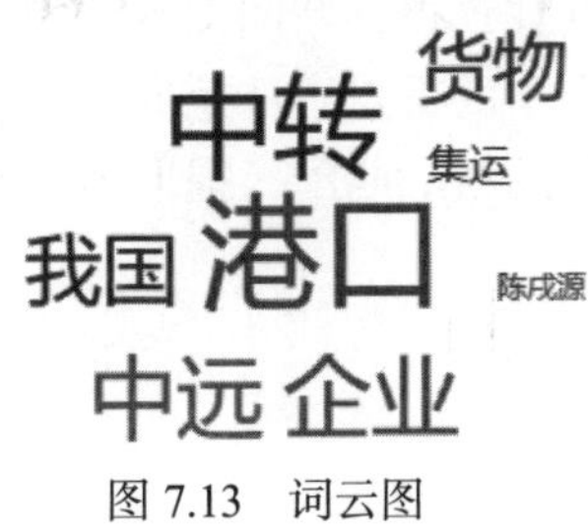

图 7.13　词云图

7.2　企业重点事件风险预警

企业重点事件预警模块主要是从整个新闻资讯数据库中筛选、分析、抽取出与企业相关的重点风险事件，主要包括注销、查获、垄断、危化品、检疫、走私、破产、分拆、合并、撤资、业务转移等重点关注事件，并对涉及的企业进行预警。

1. 基于新闻文本的重点事件挖掘

由于从主流门户网站定向爬取的新闻和通过面向搜索引擎定制的网络爬虫爬取的新闻内容存在许多问题，如果直接从这些新闻数据中挖掘企业的重点事件会产生新闻信息不完整、出现重复性新闻等问题，所以不直接从爬取的新闻数据中进行企业重点事件挖掘，而是使用经过数据清洗和数据预处理之后的数据进行企业重点事件挖掘工作。

为了保证挖掘到的新闻和企业以及企业关注的关键词具有较强的相关性，需要对新闻数据进行企业名称和关键词精确匹配，将筛选出的数据进行保存，作为挖掘出的基于新闻文本的重点事件挖掘结果。

2. 基于新闻关键词的重点事件挖掘

为了保证挖掘到新闻的正确性，首先对新闻的文本信息进行关键词抽取，通过语言学知识，对新闻数据进行关键词标注，然后基于统计的方法对标注的关键词进行评分和排序，选择其中排序靠前的关键词作为新闻文本信息的关键词。

接下来从企业相关的新闻中进行关键词匹配，将企业关注的重点事件关键词和新闻的关键词进行匹配，如果企业关注的关键词包含在新闻的关键词中，便提取出该新闻作为企业的重点事件新闻，对其进行保存和展示。

3. 基于新闻摘要的重点事件挖掘

通过分析新闻文本的篇章结构，识别出段落、标题等信息，然后利用词权等特征计算新闻文本中句子的权值，提取权值最高的句子作为文本的摘要句，然后对其进行片段去重和平滑处理，得到新闻文本的摘要。

然后利用与基于新闻文本的重点事件挖掘类似的方法，对新闻的摘要进行企业名称和企业关注的关键词的精确匹配，提取出企业重点事件进行保存、展示，并对相关企业进行预警。

4. 企业重点事件展示和预警

选择后两种方法作为该模块的最终挖掘方法，两者相互补充，对两者保存的数据进行组合生成最终的企业重点事件数据库。然后对数据库中的数据进行展示，并对相关的企业进行预警。

重点事件风险预警展示图如图 7.14 所示。

首页 上一页 下一页 最后一页

序号	预警标题	发布时间	相关企业	关键词	通知	状态
1682036	召回1827件缺陷产品_网易新闻	2017-08-01	乐金生活健康贸易（上海）有限公司	检疫	发送	未读
1681986	倍瑞傲牙刷帽存安全问题被召回_网易新闻	2017-07-12	乐金生活健康贸易（上海）有限公司	检疫	发送	未读
1666435	玛莎拉蒂召回部分进口2017年款莱凡特汽车_央广网	2017-01-16	玛莎拉蒂（中国）汽车贸易有限公司	检疫	发送	未读
1645248	中远海运集运华南总部项目落户南沙——中国水运网	2017-01-03	中远集装箱运输有限公司	合并	发送	未读
885737	南方周末 - 国内首例纵向垄断案判决落地：强生被判赔偿53万	2017-01-01	强生（上海）医疗器材有限公司	垄断	发送	未读
1622008	中远海运集运华南总部落户南沙——中国水运网	2016-12-29	中远集装箱运输有限公司	合并	发送	未读
893466	斩断医疗器械垄断利益链-新华网	2016-12-12	美敦力（上海）管理有限公司	垄断	发送	未读
892789	发改委公布对医疗器械知名企业美敦力的反垄断处罚结果_央广网	2016-12-08	美敦力（上海）管理有限公司	垄断	发送	未读
893062	美敦力垄断医疗器械价格 被罚款超1亿元_新浪上海_新浪网	2016-12-08	美敦力（上海）管理有限公司	垄断	发送	未读
894878	美敦力因医疗器械价格垄断被罚1.1852亿元_财发生_南方网	2016-12-08	美敦力（上海）管理有限公司	垄断	发送	未读
900653	美敦力垄断医疗器械价格 被罚款超1亿元_新浪上海_新浪网	2016-12-08	美敦力（上海）管理有限公司	垄断	发送	未读

图 7.14　重点事件风险预警展示图

通过应用企业重点事件的挖掘算法，一共挖掘出了 95 条预警数据，涉及 10 家企业，企业及其预警的重点事件数目关系如表 7.1 所示。

表 7.1　重中之重企业及其重点事件风险预警数目

企业名称	重点事件风险预警数
强生(上海)医疗器材有限公司	57
美敦力(上海)管理有限公司	24
德尔福(上海)动力推进系统有限公司	4
玛莎拉蒂(中国)汽车贸易有限公司	2
中远集装箱运输有限公司	2

续表

企业名称	重点事件风险预警数
乐金生活健康贸易(上海)有限公司	2
上海国际港务(集团)股份有限公司	1
上港集团长江港口物流有限公司	1
卡西欧(中国)贸易有限公司	1
太平石化金融租赁有限责任公司	1

其中，重点事件预警数最多的是强生(上海)医疗器材有限公司，图 7.15 中展示的其在垄断风险问题上的一个重点事件，该事件讲述的是强生(上海)医疗器材有限公司被上海市高级人民法院认定为垄断，经销商获得赔偿 53 万元。显然，该事件确是强生(上海)医疗器材有限公司在垄断问题上需要预警的风险事件。

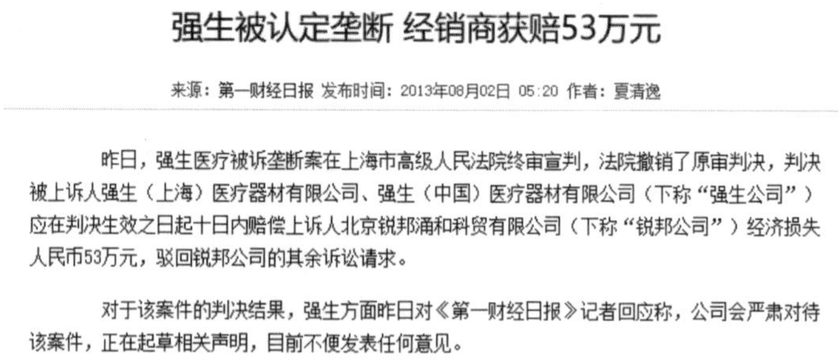

强生被认定垄断 经销商获赔53万元

来源：第一财经日报 发布时间：2013年08月02日 05:20 作者：夏青逸

昨日，强生医疗被诉垄断案在上海市高级人民法院终审宣判，法院撤销了原审判决，判决被上诉人强生（上海）医疗器材有限公司、强生（中国）医疗器材有限公司（下称“强生公司”）应在判决生效之日起十日内赔偿上诉人北京锐邦涌和科贸有限公司（下称“锐邦公司”）经济损失人民币53万元，驳回锐邦公司的其余诉讼请求。

对于该案件的判决结果，强生方面昨日对《第一财经日报》记者回应称，公司会严肃对待该案件，正在起草相关声明，目前不便发表任何意见。

图 7.15　强生公司在垄断问题的上重点事件举例

最后，通过人工多次抽取挖掘的重点事件结果，对其进行分析，发现采用该方法挖掘出的企业重点事件风险预警准确性较高。可见，上述提出的风险预警方法在解决企业重点风险事件挖掘上是可行、有效的。

7.3　企业异动风险预警

随着网络技术的发展，网络新闻传播速度远远超过一般媒体，而企业的微小变动都被互联网放大之后广泛传播，自贸区要想达成对各个企业的实时监管以及评测，就必须注意到网络舆论对企业发展的影响。

网络舆情危机正在成为影响企业决策的重要依据。在目前的网络传播情势下，每次发生突发性事件后，自贸区相关职能部门如何以最快的速度收集网上相关危机信息，跟踪事态发展，并及时向企业预警是亟须解决的问题。

企业舆情预警，通过收集互联网上企业相关新闻，进行一定分析得到该企业近期的动态，进而判断企业近期是否存在异动，展示出异动企业以及异动情况，从而达到企业预警的目的[1,2]。

1. 新闻舆情获取和处理

新闻舆情获取主要是利用之前搜索引擎模块处理好的新闻数据。通过读取近十年来的所有新闻时间以及公司名，将每个公司的新闻分类，再按照月份分别统计出近十年来每个月的新闻量，最后把所有数据共 120 组放入数据库中待用。

2. 基于时间序列的预测方法

时间序列，也称为时间数列、历史复数或动态数列。它是将某种统计指标的数值，按时间先后顺序所形成的数列。时间序列预测法就是通过编制和分析时间序列，根据其所反映出来的发展过程、方向和趋势，进行类推或延伸，从而预测下一段时间或以后若干年内可能达到的水平。其内容包括：收集与整理某种社会现象的历史资料；对这些资料进行检查鉴别，排成数列；分析时间数列，从中寻找该社会现象随时间变化而变化的规律，得出一定的模式；以此模式去预测该社会现象将来的情况，即可以预测企业短期内的舆情走势。而时间序列存在趋势性、周期性、随机性、综合性等特点，对于不同序列的不同特性，选择不同的时间序列分析法是十分重要的决策。

目前，相关研究和应用最多的时间序列预测方法是时间序列分析方法。这是一种基于随机过程理论和数理统计学的方法，主要是研究随机数据序列遵从的统计学规律。时间序列分析方法首先判断时间序列的平稳性，对于非平稳的时间序列要先将观测到的时间序列进行差分运算，转化为平稳的时间序列，然后通过辨识合适的随机模型，进行曲线拟合，对于短的或者简单的时间序列可用趋势模型和季节模型加上误差来进行拟合。对于平稳时间序列，可用通用自回归滑动平均模型或相关模型来进行拟合。虽然这种方法简单易行，便于掌握，但是其有明显的缺点：时间序列分析方法对于非线性数据拟合性较差，且要求数据符合正态分布假设或数据量较大，这对于情况复杂的企业异动预警的数据要求太高，所以并不适用；要先对时间序列进行平稳性检验和异方差性检验，然后根据检验结果对数据进行预处理，最后才能代入模型中进行预测，这从根本上已将原始数据更改了，故预测出的数据准确性较低。

而智能预测是使用神经网络的方法进行时间序列预测。在传统的神经网络模型中，是从输入层到隐含层再到输出层，层与层之间是全连接的，每层之间的节点是无连接的。

3. 相关性分析

相关性分析是指对两个或多个具备相关性的变量元素进行分析，从而衡量两个变量因素的相关密切程度。

$$\mathrm{Cov}_{XY}=\sum\nolimits_{i=1}^{n}(x_i-\overline{x})(y_i-\overline{y}) \tag{7-2}$$

$$D_x=\sum\nolimits_{i=1}^{n}(x_i-\overline{x})^2 \tag{7-3}$$

$$\rho_{XY}=\frac{\mathrm{Cov}_{X,Y}}{\sqrt{D(X)}\sqrt{D(Y)}} \tag{7-4}$$

使用相关性分析的协方差[4]来评估实际新闻量数据是否与理论预测值相关，若两者相关系数为负，且绝对值大于实际新闻量平均值，则认为两者差距过大，即实际新闻量数据有异常，企业异动。

4. 关键句提取

为了获取企业异动的实际内容，需要进行文本的聚类来找到真正值得预警的新闻大事件，但是在进行聚类时，为了便于用真正重要的内容类进行文本的余弦距离计算，就需要先提取到文本的关键句。新闻关键句提取旨在从长篇文档中提取出对阐明主题贡献较大的句子，剔除与主题无关的信息。

① 对新闻分句中的每个词语，计算其与各个关键词的余弦相似度，并取最大值作为词语重要程度评分。

$$\cos\theta=\frac{\sum\nolimits_{i=1}^{n}(A_i\times B_i)}{\sqrt{\sum\nolimits_{i=1}^{n}A_i^2}\times\sqrt{\sum\nolimits_{i=1}^{n}B_i^2}} \tag{7-5}$$

② 将分句中所有词语的重要程度评分累加并取平均值作为句子的重要程度评分。

③ 提取重要程度评分最高的四个句子以及新闻标题共同作为新闻关键句群。

5. 文本聚类

聚类就是将相似的事物聚集在一起，而将不相似的事物划分到不同类别的过程，是数据分析和数据挖掘中十分重要的获取信息手段。在企业异动预警这一模块中主要是为了通过文本聚类获取异动预警中企业真实发生的相关大事件。

文本聚类基本有五种方法，包括划分法、层次法、基于密度的方法、基于网格的方法、基于模型的方法。划分法代表算法有 k-means 等，其原理是先取 k 个点作为聚类中心，然后将每一个点逐个放入最近分类中，并不断调整簇中心位置，这种方法简单但是计算量大，且数据数量对聚类效果影响较大，不适合自贸区数据使用。层次法通过计算所有文本的余弦相似度，然后取最接近的两个相结合成为一个新的簇，然后不断计算新的簇和所有簇的余弦相似度，并进行聚类直到达到要求为止，可以识别形状复杂、大小不一的聚类，比较适合自贸区大量的数据。基于密度的聚类方法将密度(即余弦相似距离近的簇密度大)足够大的相邻区域连接，能有效处理异常数据，主要用于对空间数据的聚类，但是主要针对空间数据进行聚类。基于网格的聚类方法利用属性空间的多维网格数据结构，将空间划分为有限数目的单元以构成网格结构，有一定的先验条件，处理时间与划分单元数有关，一定程度上降低了聚类的质量和准确性。而基于模型的聚类方法需要有一个先验模型，对于现实中大多数实际情况都很难拟合，所以实用性不高。因此，我们选择层次聚类的方法来进行文本聚类处理，层次聚类示意如图 7.16 所示。

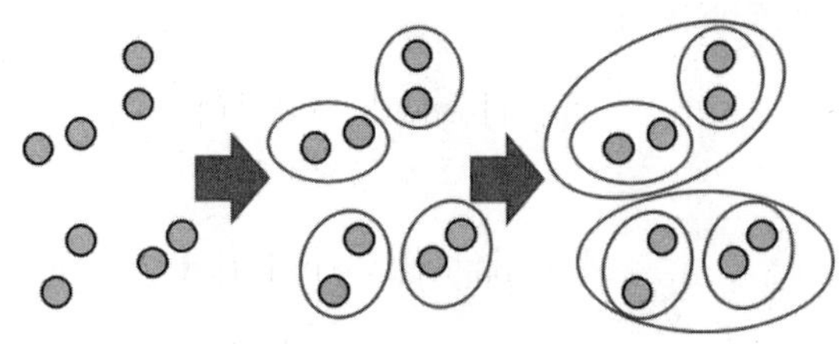

图 7.16　层次聚类示意图

层次聚类的合并算法通过计算两类数据点间的相似性，对所有数据点中最为相似的两个数据点进行组合(两个簇间的相似度由两个不同簇中距离最近的数据点对的相似度来确定)，并反复迭代这一过程。简单地说，层次聚类的合并算法是通过计算每一个类别的数据点与所有数据点之间的距离(余弦相似度)来确定它们之间的相似性，距离越小，相似度越高，并将距离最近的两个数据点或类别进行组合，生成聚类树。

在文本聚类中，使用文档分词、词性标注、实体标注、去除停用词等一系列操作将一篇文章转化为一个由多个词组成的向量。然后根据文档的集合，形成一个词的向量空间矩阵。行代表一篇文章，列代表词。

由于向量空间的词太多，需要使用主成分分析降维，根据降维后的特征，采用 TF-IDF[5]方式计算每一篇文档中每一个词的权重，有了这个数据矩阵后，再计算两者的余弦相似度。

然后把余弦相似度最小的两个文本合并成一个簇，进入下一次余弦相似度计算中，直到达到停止条件(最小余弦相似度超过阈值或类别个数小于阈值)，即得到文本聚类簇的结果。

最后获取文本聚类簇的中心文本，计算每个文本关于其他文本的余弦相似度，求平均值后计算方差，取最小值，即所有该簇文本中关于其他文本余弦相似度方差最小值，即为该簇中心文本。

通过把预警企业近期的所有新闻文本数据进行聚类处理，得到聚类簇最大的三个簇(若不足三个则显示所有类)。同时找到最大簇的中心文本作为该簇的展示内容，实现预警内容的展示。

6. 预警效果展示

图 7.17 中标记 1 处是企业选择下拉框，标记 2 处是现在预警公司的名称，标记 3 处实际数据和预测数据的折线图。

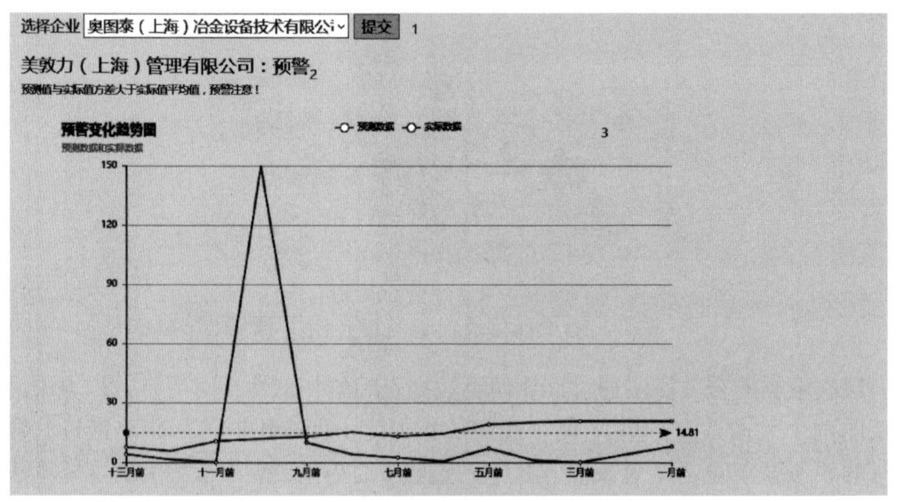

图 7.17　平台展示图

首先展示了预警企业列表，通过下拉菜单查看并选择，如图 7.18 所示。提交后可以显示选择企业的预警信息。

选择企业　奥图泰（上海）冶金设备技术有限公　提交

图 7.18　预警企业选择

其次展示了预警企业的实际新闻量和理论预测新闻量两条折线的折线图，可以清晰地看到两者变化的差异，如图 7.19 所示。

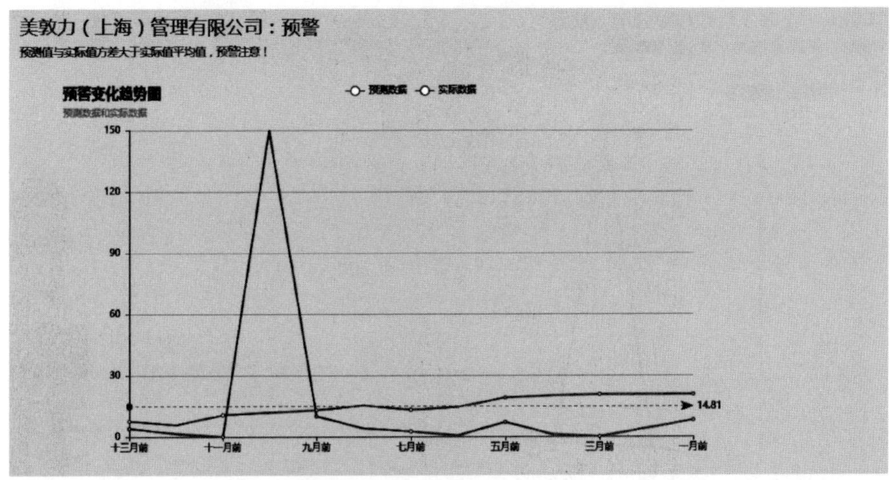

图 7.19　预警折线对比图

最后是该企业预警内容的聚类结果展示，即预警新闻的标题、相似新闻数、发布时间、关键字以及链接，可以通过点击链接进入原网页查看新闻内容，如图 7.20 所示。

预警大事件

序号	预警标题 1	2 相似新闻个数	3 发布时间	关键字 4	链接 5
904183	国家发改委：因价格垄断“美敦力”遭罚1.18亿元-搜狐财经	20	2016-12-07	发改委 垄断	http://business.sohu.com/20161207/n475227636.shtml
890117	我国查处首宗医疗器械价格垄断案 涉事公司被罚逾亿_大公财经_大公网	9	2016-12-08	美敦力/5;转售/6;竞争/13;价格/15;销售/7;限制/9;产品/10;市场/8;	http://finance.takungpao.com/q/2016/1208/3400988.html
899527	限制转售价格违法 医疗器械巨头美敦力领反垄断罚单1.18亿_网易新闻	8	2016-12-07	美敦力/7;经销商/19;价格/21;产品/6;竞争/6;垄断/14;市场/6;销售/5;可能/5;限制/5;邮件/7;行为/4;医院/4;限定/4;	http://money.163.com/16/1207/12/C7MBES1P00254TI5.html#from=keyscan

图 7.20　预警内容展示图

根据本节提出的预警模型和算法，通过实验数据一共预警出了三个企业，分别是美敦力(上海)管理有限公司、梅里埃诊断产品(上海)有限公司和奥图泰(上海)冶金设备技术有限公司,除了奥图泰是因为参与了 2017 年中国城镇污泥处理处置技术与应用高级研讨会而使新闻量突然增加，其他两个企业都是能看到明确的企业异动。

美敦力是由于在 2016 年 12 月 7 日国家发改委发布声明称：因价格垄断“美敦力”遭罚 1.18 亿元。这一事件导致美敦力相关新闻报道量大幅度增加，在预测数据中，并没有遵循之前的趋势规律，导致实际数据和预测数据差异过大，达到预警条件，最后形成预警，如图 7.21 所示。

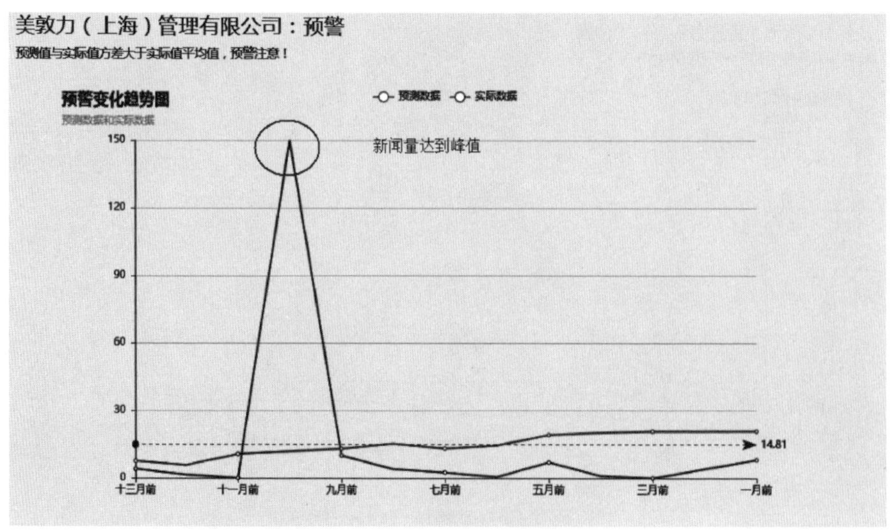

图 7.21　美敦力异动预警

梅里埃诊断产品(上海)有限公司的预警是因为梅里埃诊断产品(上海)有限公司对糖类抗原 19-9 检测试剂盒(酶联免疫荧光法)主动召回事件，这是一个企业产品召回事件，由于相关新闻量突然增多，预测认为这个趋势应该保持，而在事件热度过去之后没有了新闻，使得两个时间序列差距过大，发生了预警，如图 7.22 所示。

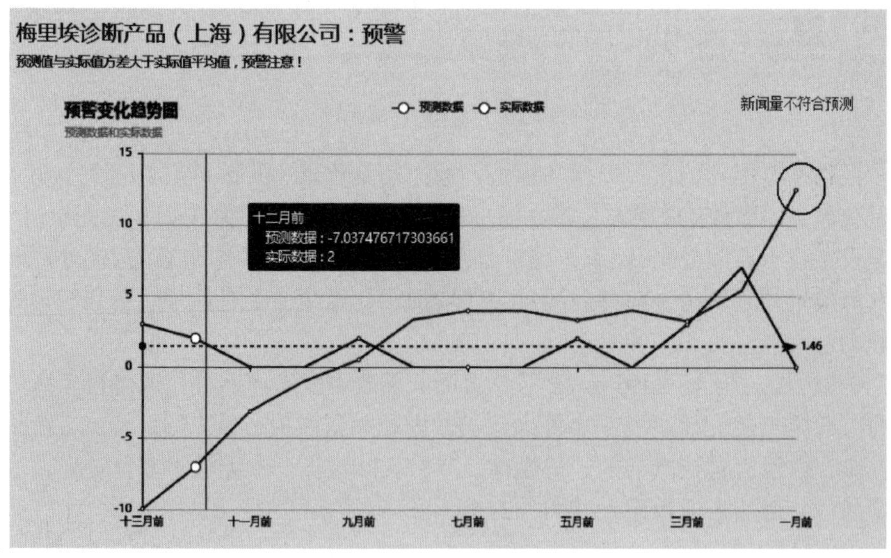

图 7.22　梅里埃异动预警

综上所述，经过实际的系统验证，在前述舆情信息资源获取与梳理的基础上，本节提出的重点企业舆情异动情况的风险预警模型可以有效地发现企业的异常动态，起到及时预警的作用和效果。通过系统运行，预警出来的三个公司都是在企业运营过程中出现了不同寻常的情况发生，尤其是对于美敦力(上海)管理有限公司的整改事件和梅里埃诊断产品(上海)有限公司的大规模召回事件。因此，本节提出的重点企业异动风险预警模型是可行、有效的。当然，这一模型仍有改进空间，比如预警的标准比较严格，虽然保证了预警的准确性，但却使得预警的数量相对较少。另外，在现有模型基础上，进一步考虑企业舆情信息的倾向性分析，会使预警的效果进一步提升。

7.4　企业新闻舆情倾向性评价

1. 算法模型

本模块主要是基于 word2vec 和规则的舆情倾向性分析方法[6,7]，算法流程如图 7.23 所示。

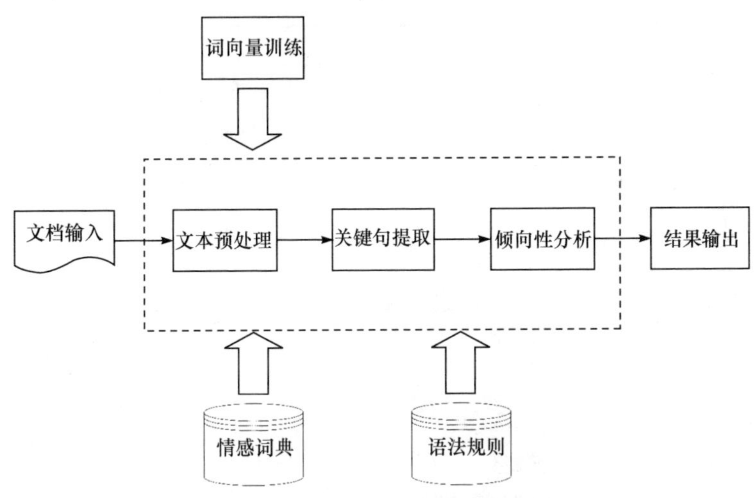

图 7.23　舆情倾向性分析流程图

首先要使用 word2vec 模型对语料进行训练，得到每个词语的词向量表示，词向量是整个舆情倾向性分析方法的基础，用于词语相似度的比较。

文本预处理模块的过程包括关键词提取、新闻断句、分词以及去停用词，其中关键词提取采用 textrank 算法，断句为按标点符号将一篇文档分割为若干句子的集合，再对每句句子进行分词以及去停用词处理，最终每句句子都用一个单词序列表示。

新闻关键句提取模块以文档关键词为基础，计算句子词语序列中每个词与所有关键词的词向量余弦相似度的平均值，再将所有值累加作为该句的关键程度值，最后将关键程度值最高的若干句子以及新闻标题共同作为新闻的关键句集合。

新闻倾向性分析模块以新闻关键句为基础，首先计算句子中每个词语和正负情感词的词向量余弦相似度，将相似度最高的值作为句子词语序列中该词的情感值，再通过融入否定词、关联词等语法规则对句子中所有情感值进行加权平均，作为句子的情感评分。最后由所有关键句的情感值得到新闻的倾向值并转化为 1、0、−1 三个值。

2. 实现及展示

舆情评价模块首先对获取的企业新闻进行离线倾向性计算，将倾向性(1，0，−1)保存在数据库中如表 7.2 中的字段，前端展示内容从数据库中读取。

表 7.2　倾向性字段

名	类型	长度	小数点	不是 null	备注
oreitation	int	2	0	N	倾向性

界面如图 7.24 所示，标记 1 处下拉框选择要查询的企业名称后点击“提交”，标记 2 处以柱状图的形式显示近期该企业以及与其相关性较大的企业正面、负面和中立的新闻数量统计情况，标记 3 处显示统计结果以及若干条重要新闻。

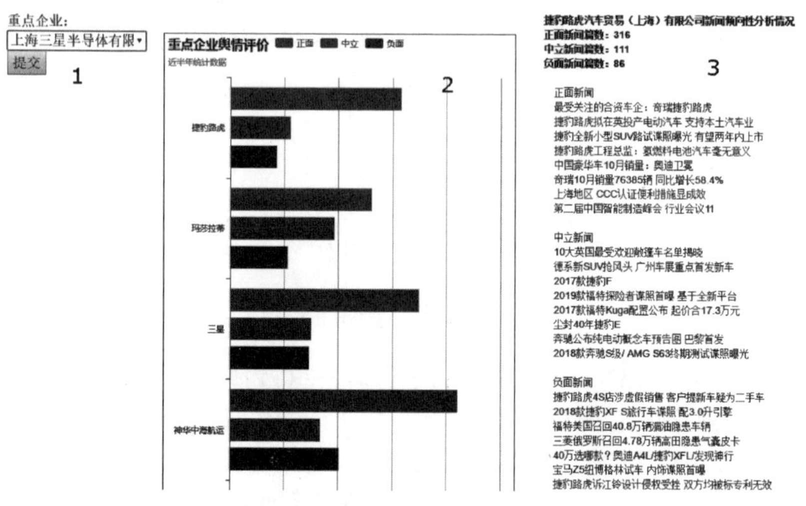

图 7.24　舆情倾向性分析结果展示

7.5　区内企业新闻资讯链

本模块任务是将企业新闻按照时间排序，将企业历史以来的新闻资讯串联起来，进行 Web 页面的数据可视化展示，涉及数据清洗、数据分页、异步请求和页面滚动加载等技术。

通过以上技术，提高前端性能，优化页面加载速度，以上海三星半导体有限公司为例，截取部分页面，通过时间排序展示，实现效果如图 7.25 所示。

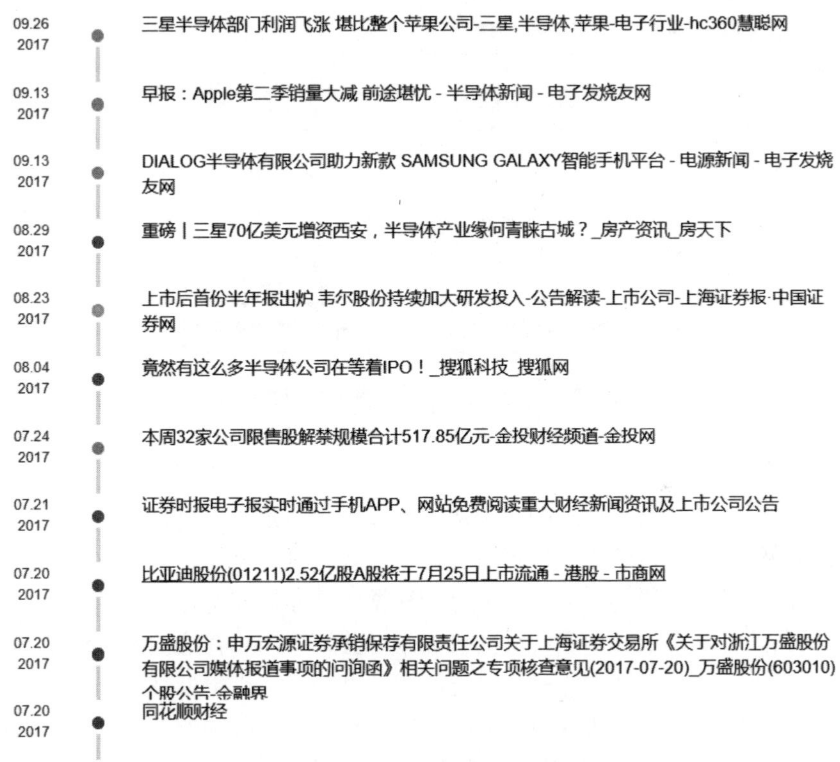

图 7.25　企业新闻资讯链效果展示图

7.6　企业热点事件分析

本模块任务是基于新闻资讯数据实现对企业热点事件的挖掘与分析，最后通过时间序列的方式将热点事件展示出来，流程图如图 7.26 所示。

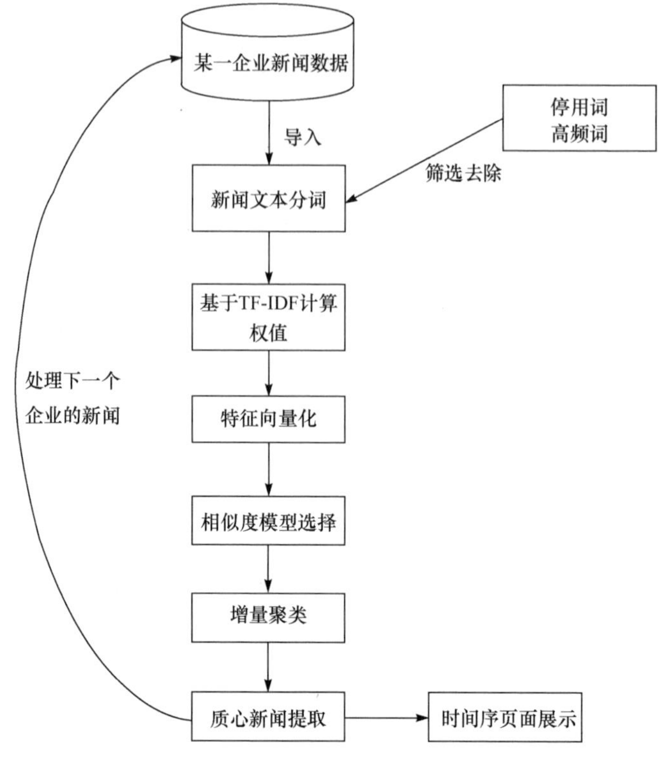

图 7.26　企业热点事件挖掘分析流程图

1. 新闻分词

中文分词是中文文本处理的一个基本步骤，也是中文人机自然语言交互的基础模块。在进行中文自然语言处理时，通常需要先进行分词，分词效果将直接影响词性、语法树等模块的效果。中文分词根据实现原理和特点，分词算法主要分为基于词典的分词算法和基于统计的机器学习分词算法。在这两种算法中都需要解决两个难点：歧义和新词。歧义又分为组合型歧义、交集型歧义和真歧义。

① 组合型歧义：分词是有不同的粒度的，指某个词条中的一部分也可以切分为一个独立的词条。比如“中华人民共和国”，粗粒度的分词就是“中华人民共和国”，细粒度的分词可能是“中华/人民/共和国”。

② 交集型歧义：在“郑州天和服装厂”中，“天和”是厂名，是一个专有词，“和服”也是一个词，它们共用了“和”字。

③ 真歧义：本身的语法和语义都没有问题，即便采用人工切分也会产生同样的歧义，只有通过上下文的语义环境才能给出正确的切分结果。例如，对于句子“美国会通过对台售武法案”，既可以切分成“美国/会/通过对台售武法案”，又可

以切分成“美/国会/通过对台售武法案”。

对于以上歧义处理难点，歧义处理主要包括两个部分：歧义检测和歧义消除。歧义检测方法使用最大匹配法(最长词优先匹配法)，按照一定的策略将待分析的汉字串与一个“充分大的”机器词典中的词条进行配，若在词典中找到某个字符串，则匹配成功(识别出一个词)。歧义消除使用基于记忆的模型，对伪歧义型高频交集型歧义切分，可以把它们的正确(唯一)切分形式预先记录在一张表中，其歧义消解通过直接查表即可实现。

另一个分词难点就是新词的识别，新词也称未被词典收录的词，该问题的解决依赖于人们对分词技术和汉语语言结构的进一步认识。在分词中运用 Viterbi 算法新词学习行为，其主要用于求解 HMM 链，提高分词准确率。

在基于词典分词算法的基础上需要处理在新闻文本中存在大量对聚类分析无效的停用词(Stopwords)，例如，一些连词“因为、所以、和、然而”等，在进行分词时需要进行去停用词处理。本模块综合“哈工大停用词词库”、“四川大学机器学习智能实验室停用词词库”和“百度停用词词库”。此外还需要自定义去除一些新闻文本中的高频词语，主要包括如图 7.27 所示的词语。

记者 新闻网 新华网 公司 有限公司 有限责任公司
报道 来电 网讯 译 开发股份 中国 企业

图 7.27 新闻文本中高频词

图 7.27 中是新闻文本出现的高频词语，这些词语对新闻文本带来的有效信息相对较少，将这些词去掉对聚类基本没有影响，因此分词过程中也将这些词语和停用词一起去除。

2. 新闻文本词加权

TF-IDF 是一种用于资讯检索与资讯勘探的加权技术，用来判断一个词语在整个语料库所占的重要程度。字词的重要程度随着它在文本中出现的次数成正比增加，但同时会随着它在语料库中出现的频率成反比下降。除了 TF-IDF 外，互联网上的搜索引擎还会使用基于链接分析的评级方法，以确定文件在搜寻结果中出现的顺序。

(1) 新闻文本词频(Term Frequency，TF)计算。这里的词频是指一个词语在一篇新闻文本中所出现的次数，由于新闻标题是对整篇新闻的概括，加重新闻标题权值会提高聚类准确率，所以对新闻标题中的词语的词频增加一，相当于在分词处理时，每篇新闻会加入双倍的新闻标题。新闻文本词频计算公式为

$$\mathrm{TF}_{i,j}=\frac{n_{i,j}}{\sum_k n_{k,j}} \tag{7-6}$$

其中，$\mathrm{TF}_{i,j}$ 表示第 j 篇文章特征(词语)i 的词频，$n_{i,j}$ 表示第 j 篇文章特征 i 出现的次数，$\sum_k n_{k,j}$ 表示第 i 篇文章特征总数。

(2) 新闻文本逆文档频率(Inverse Document Frequency，IDF)计算。IDF 是一个词语在整个语料库普遍性的度量,某一词语的 IDF 是含有该词语的文本总数除以总的文本数，再将得到的商取得对数。取得某一篇新闻某特征的 IDF 计算公式为

$$\mathrm{IDF}_i=\log_2\frac{|D|}{\left|\sum w_i\in d_j\right|} \tag{7-7}$$

其中，IDF_i 表示新闻词袋 W 中特征 i 的逆文档频率，$|D|$ 表示新闻文本总数，$\left|\sum w_i\in D_j\right|$ 表示新闻文本中存在特征 i 的新闻文本总数，d_j 为某一篇新闻文本。

(3) 新闻文本的 TF-IDF 权值计算。每个新闻文本的特征都有对应的 IF-IDF 权值，采用 TF 和 IDF 相乘取得 TF-IDF 权值，计算公式为

$$\mathrm{TF\text{-}IDF}_{i,j}=\mathrm{TF}_{i,j}\times\mathrm{IDF}_i \tag{7-8}$$

其中，$\mathrm{TF\text{-}IDF}_{i,j}$ 为第 j 篇新闻文本中特征 i 的权值。

3. 新闻文本向量化

向量空间模型(Vector Space Model，VSM)是一个把文本文件表示为标识符(比如索引)向量的代数模型，它应用于信息过滤、信息检索、索引以及相关排序。VSM 也是常用的相似度计算模型，在自然语言处理在中有着广泛的应用。在词袋 W 中存在词语(w_1, w_2,⋯, w_N)、新闻文本(d_1，d_2,⋯，d_M)，用向量空间模型表示新闻文本后，每篇新闻文本特征向量为 N 维，总共有 M 篇新闻文本，因此对整个企业新闻文档，形成 $M\times N$ 特征向量矩阵，如表 7.3 所示。

表 7.3　新闻文本 VSM 表示

	w_1	w_2	w_3	⋯	w_N
d_1	0.012	0	0.1	⋯	0.152
d_2	0	0.514	0	⋯	0
⋯	⋯	⋯	⋯	⋯	⋯
d_M	0.144	0.454	0.14	⋯	0

向量空间模型的加入，将每篇新闻文本的表示方法进行了格式统一，通过计算新闻文本特征向量之间的相似性来判断新闻文本之间相似性。

4. 相似度表示

相似性度量(Similarity)，即计算个体间的相似程度，相似性度量的值越小，说明个体间相似度越小，相似度的值越大说明个体差异越大。对于多个不同的文本或者短文本对话消息，要计算它们之间的相似度如何，一个好的方法就是将这些文本中词语映射到向量空间，形成文本中文字和向量数据的映射关系，通过计算几个或者多个不同的向量的差异的大小，来计算文本的相似度。

相似性度量常用的有曼哈顿距离、欧氏距离、标准化欧氏距离、夹角余弦等。本模块选取了夹角余弦来度量文本之间想相似度，计算公式为

$$\text{sim}(d_i,d_j)=\frac{\sum_{k=1}^{n}w_k(d_i)\times w_k(d_j)}{\sqrt{(\sum_{k=1}^{n}w_k^2(d_i))(\sum_{k=1}^{n}w_k^2(d_j))}} \tag{7-9}$$

新闻文本之间的余弦相似度 sim 值的范围在 0～1，当新闻文本之间余弦相似度为 0 时，表示两篇新闻之间完全不相似；当余弦相似度为 1 时，表示两篇新闻完全一样，也就是为相同内容；余弦相似度在 0～1，表示两篇文本在某些特征上具有相似性。例如，针对捷豹路虎(中国)投资有限公司的两篇新闻“共 14780 辆捷豹路虎召回部分捷豹 XF 汽车”和“捷豹路虎召回 14780 辆进口捷豹 XF 汽车因燃油管存在隐患”，通过余弦相似度计算求得其相似度为 0.638，可以知道两篇新闻是相似的。

5. 新闻资讯聚类模型

聚类模型的选择直接影响到热点事件的获取，聚类是实现本模块的核心步骤。

增量聚类(Incremental Clustering)是维持或改变 k 个簇的结构的问题，基于 DBSCAN 算法提出的。增量聚类主要集中在三个部分：簇的初始化、增量过程中簇的调整和聚类的有效性。

① 簇的初始化。聚类初始化方法主要划分为三类：随机抽样法、距离优化法、密度评估法。对于本模块增量聚类算法，簇的初始化选取随机抽样法，随机抽取一个样本作为增量聚类的开始，这种算法相对简单，容易实现，可根据新闻时间排序抽取第一篇新闻作为聚类的开始。

② 增量过程中簇的调整。对增量聚类进行聚类时，由于新数据的到达，可能需要对已有簇进行调整，即合并、拆分或产生新簇。处理新增的新闻文本时，如其在原有聚类结果某一类的范围内，将其归入该类，否则当作孤立点，增加为一个新的类簇。

③ 聚类的有效性。聚类的有效性主要根据类内的紧致性和类间的分离性，也就是类簇内新闻尽可能的相似，类簇间的新闻尽可能的不相似。

增量聚类又可分为基于传统聚类方法及其变形的增量聚类、基于生物智能的增量聚类和面向数据流的增量聚类。本模块选取了 Single-Pass 聚类，它的本质是一种是面向数据流的增量聚类，对于依次到达的数据流，按输入顺序每次处理一个数据，依据当前数据与已有类的匹配度大小，将该数据判为已有类或者创建一个新的数据类，实现流式数据的增量和动态聚类。在自贸区新闻中处理新闻数据流，结合以上三个部分，实现 Single-Pass 聚类算法[8]，首先进行簇的初始化，不断加入新的新闻文本，对增量过程中的簇进行调整，直到该企业新闻加入完毕，最后得到类簇结果，通过聚类的有效性来评估聚类的效果。

6. 基于类簇获取热点事件

企业热点事件的获取是通过大量报道的企业新闻，因此通过聚类产生的类簇就能表示企业热点事件。一个类簇是大量相似新闻的集合，需要进行类簇摘要提取，本模块采取提取类簇质心新闻代表一个企业热点事件。

质心新闻是一个类簇内新闻文本中余弦相似度误差平方和(Sum of the Squared Errors, SSE)最小的新闻，质心新闻代表类簇核心话题。通过企业新闻增量聚类得到企业热点新闻类簇，对类簇进行质心新闻提取，将质心新闻作为企业热点事件。

7. 热点事件结果统计及分析

通过上面提出的模型和方法，针对自由贸易试验区管理部门提供的 88 家重中之重企业进行热点事件的分析与挖掘，基于前面获取到的重点企业数据，共挖掘分析出 35 家企业的 388 个热点事件，在表 7.4 中列出了企业名称和对应企业的热点事件数量。其中，捷豹路虎(中国)投资有限公司热点事件数量最多，共分析出 80 个热点事件，其余多数企业热点事件分布在 1～15 个。

表 7.4　企业热点事件数量

企业名称	热点事件数量
三菱电机自动化(中国)有限公司	1
上海三星半导体有限公司	9
上海中远海运油品运输有限公司	4
上海其辰投资管理有限公司	1
上海冠东国际集装箱码头有限公司	3
上海国际港务(集团)股份有限公司	38

续表

企业名称	热点事件数量
上海外高桥集团股份有限公司	56
上海明东集装箱码头有限公司	6
上海沪东集装箱码头有限公司	5
上海浦东国际集装箱码头有限公司	7
上海盛东国际集装箱码头有限公司	6
上海药明康德新药开发有限公司	7
上海高扬国际烟草有限公司	1
中电投融和融资租赁有限公司	9
全球国际货运代理(中国)有限公司	5
富士施乐实业发展(中国)有限公司	16
庞贝捷漆油贸易(上海)有限公司	6
强生(上海)医疗器材有限公司	18
德莎胶带(上海)有限公司	1
捷豹路虎(中国)投资有限公司	80
杰尼亚 (中国)企业管理有限公司	6
松下电器机电(中国)有限公司	3
玛莎拉蒂(中国)汽车贸易有限公司	41
瑞表企业管理(上海)有限公司	13
碧迪医疗器械(上海)有限公司	3
礼来国际贸易(上海)有限公司	1
罗氏诊断产品(上海)有限公司	1
苹果电脑贸易(上海)有限公司	3
西门子医学诊断产品(上海)有限公司	5
费森尤斯医药用品(上海)有限公司	1
路威酩轩香水化妆品(上海)有限公司	13
通用电气医疗系统贸易发展(上海)有限公司	5
阿特拉斯·科普柯(上海)贸易有限公司	5

续表

企业名称	热点事件数量
雅培贸易(上海)有限公司	3
香奈儿(中国)贸易有限公司	7

以捷豹路虎(中国)投资有限公司为例，表 7.5 中显示的是该公司的部分热点事件。

表 7.5　捷豹路虎(中国)投资有限公司部分热点事件

事件标题	日期
防止捷豹路虎被集团收购 塔塔汽车出售旗下股份	2017/9/21
捷豹路虎(中国)投资有限公司关于部分进口捷豹 XF 汽车召回活动的变更	2017/9/13
捷豹路虎召回 14780 辆进口捷豹 XF 汽车 因燃油管存在隐患	2017/9/11
捷豹路虎(中国)投资有限公司召回部分进口捷豹 XJ 和 XF	2017/8/16
捷豹路虎 7 月再创佳绩 在华销量 19 月连涨	2017/8/16
奇瑞捷豹路虎首个海外发动机工厂落户中国,初始产能 13 万台	2017/7/21
路虎捷豹 2017 年将投资 350 亿 研发电动 SUV 等多款新车	2017/5/29
捷豹路虎(中国)投资有限公司召回部分进口路虎新揽胜、新揽胜运动...	2017/1/25
捷豹路虎(中国)召回部分进口捷豹 XF 系列汽车	2017/1/24
厦门路虎猛撞捷豹 竟是理财惹是非	2016/5/24
捷豹路虎中国 2016 北京车展发布会原创	2016/4/25
捷豹路虎召回部分进口汽车 中国内地涉及 36145 辆	2016/4/7
捷豹路虎 2015 年全球销量再创新高 在中国市场表现回暖	2016/1/11
捷豹路虎山西 4S 店被指变相裁员后续:同集团一宝马汽车 4S 店暂关	2015/12/31
捷豹路虎将在斯洛伐克建厂 2018 年投产	2015/12/13

8. Web 页面展示

以捷豹路虎(中国)投资有限公司为例，在重点企业框选择该公司，点击提交，服务器返回该公司的热点事件，图 7.28 为部分截图，展示了该公司近几年的热点事件，点击年份，可对该年的热点事件进行隐藏，减少页面下拉操作，方便用户查看企业历史以来的热点事件及发展趋势情况。

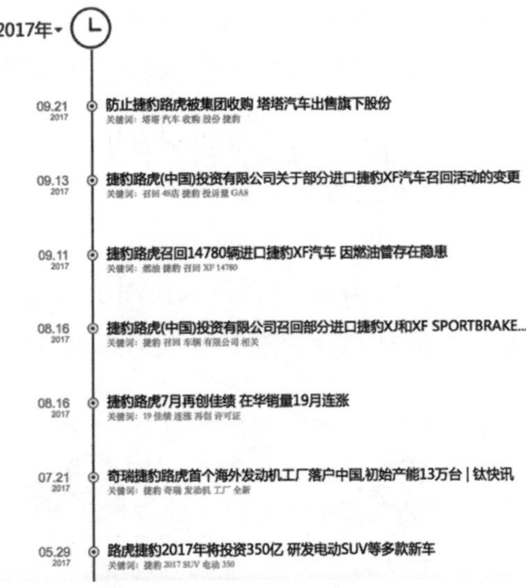

图 7.28　热点事件页面展示

7.7　经济指标监控与关联挖掘分析

1. 经济指标类型及来源

根据自贸区提供的信息和需求，这里采用的经济指标主要包括国内相关指标和国际相关指标。

(1) 国内指标

① 人均国内生产总值 GDP 和上海生产总值 (来源：中华人民共和国国家统计局)。

② 工业生产者出厂价格指数 PPI (来源：中华人民共和国国家统计局)。

③ 居民消费价格指数 CPI (来源：中华人民共和国国家统计局)。

④ 税务部部门税收总额 (来源：中华人民共和国国家统计局)。

⑤ 社会消费品零售总额 (来源：中华人民共和国国家统计局)。

⑥ 制造业出产价格指数 PMI (来源：中华人民共和国国家统计局)。

(2) 国际指标

① 国际油价(来源：油价网)。

② 国际铜价 (来源：新浪财经)。

③ 波罗的海干散货指数。

④ IMF 经济增长预期 (来源：国际货币基金组织)。

⑤ 美元兑换人民币汇率 (来源：中国国家外汇统计局)。

2. 经济指标数据采集

根据指标采集的来源不同，主要使用了三种技术手段。

(1) 通过网站页面采集数据

网页页面爬虫使用 Python 里 BeautifulSoup 库，采用广度遍历算法，根据网页链接解析 HTML 页面，解析数据格式使用了 JSON 格式，降低了编码、解码的难度。例如，国家统计局的指标数据采集，以及油价网油价的爬取使用该策略。

(2) 通过 API 采集数据

API 采集通过网站授权认证，获取第三方应用程序接口一次性的批量获取数据信息。例如，国际铜价、波罗的海干散货指数等数据的采集。

(3) 数据采集脚本化方法

根据不同的经济指标和采集网站结构的不同，信息采集的方式有所不同，就 GDP 指标而言，是从国家统计局官网采集的具体信息，信息采集的过程主要包括如下步骤。

① 使用 URL 地址、关键字以及年份组合的方式构成信息采集的完整 URL 地址。

② 使用完整的 URL 地址进行自动化的网站信息采集。

③ 采集回来的信息是 JSON 格式，需要对其进行解析。

④ 使用切割的方式，将 JSON 数据进行分离。

⑤ 使用不同的字段来存储切割之后的信息。

⑥ 最后，将不同的字段进行连接，组成一条记录。

⑦ 将该记录插入数据库进行存储。

⑧ 将所采集信息存入数据库之后，要等待 3s 再进行下次的数据采集，以避免网站的反爬机制。

⑨ 不断重复上述过程，直到所需采集所有年份的信息均采集完成为止。

采集到的所有指标数据都进行可视化显示，采用 ECharts 来进行绘制和可视化呈现。

3. 指标的关联性分析

相关系数是反映变量之间关系密切程度的统计指标，相关系数的取值区间在

1～−1。1 表示两个变量完全线性相关，−1 表示两个变量完全负相关，0 表示两个变量不相关，数据越趋近于 0 表示相关关系越弱。一般来说，取绝对值后，0～0.09 为没有相关性，0.1～0.3 为弱相关，0.3～0.5 为中等相关，0.5～1.0 为强相关。因此根据时序指标的特性采用时差相关分析法验证经济时间序列先行、一致或滞后关系。设 $y=\{y_1, y_2\cdots, y_n\}$为基准指标 $x=\{x_1,x_2\cdots,x_n\}$为被选指标，则时差相关系数计算公式为

$$r_d = \frac{\sum_{i=1}^{k}(x_{d+i}-\overline{x})(yi-\overline{y})}{\sqrt{\sum_{i=1}^{k}(x_{d+i}-\overline{x})^2\sum_{i=1}^{k}(y_i-\overline{y})^2}},\quad d=0,\pm1,\pm2,\pm3,\pm D \tag{7-10}$$

其中，d 表示超前、滞后期，d 取负值，表示 x 变量对基准变量滞后影响，d 取正值，表示 x 对基准变量超前影响，D 表示最大延迟数，k 为计算相关性的时间序列数据个数。r_d 为取不同时差 d 时的基准变量与备选变量之间的相关系数，最大的时差相关系数绝对值为

$$r = \max_{-D\leqslant d\leqslant D}|r_d| \tag{7-11}$$

利用以上时差相关分析法，对自贸区的经营总收入、航运物流收入、进出口贸易和互联网指标 PMI、PPI 之间做了相关性分析[9,10]，分析结果如图 7.29 所示。

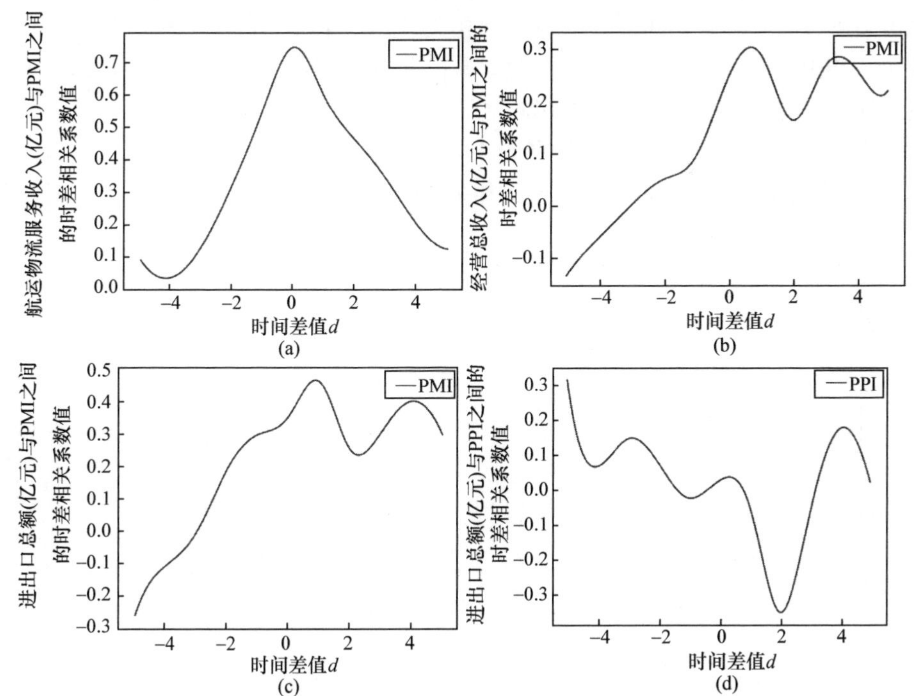

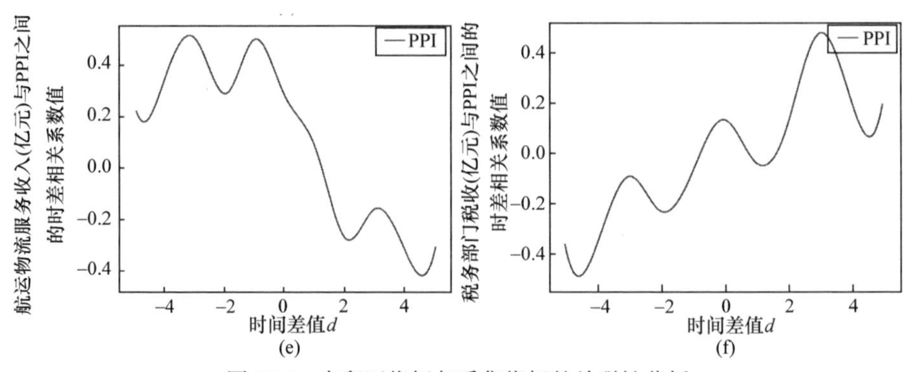

图 7.29 自贸区指标与采集指标的关联性分析

从图 7.29(a)中可以看出 PMI 和航运物流服务收入是在时间差值 d=0 时有最大相关系数 r=0.75，正相关，具有强相关性。从图 7.29(b)中可以看出 PMI 和自贸区经营总收入是在时间差值 d=0 时有最大相关系数 r=0.296，正相关，具有弱相关性。从图 7.29(c)中可以看出 PMI 和进出口总额是在时间差 d=0 时有最大相关系数 r=0.46，正相关，具有中等相关性。从图 7.29(d)中可以看出 PPI 和进出口总额在时间差值 d=2 时有最大相关系数值 r=0.35，负相关，具有中等相关性，产生领先影响。从图 7.29(e)中可以看出 PPI 和航运物流服务收入在时间差值 d=–3 时有最大相关系数 r=0.49，正相关，具有中等相关性，产生滞后影响。从图 7.29(f)中可以看出 PPI 和自贸区税部门税收在时间差值 d=3 时有最大相关系数 r=0.46，正相关，具有中等相关性，产生领先影响。

综上可知，PMI 和航运物流服务收入具有强相关性(相关系数为 0.75)，并且时间同步，为了更加形象地说明两者之间的相关性，图 7.30 展示了两者之间的走势情况。

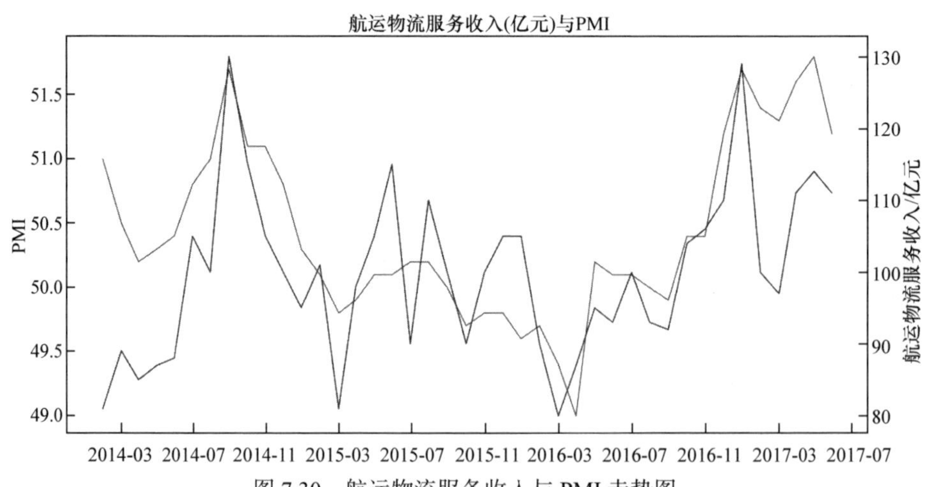

图 7.30 航运物流服务收入与 PMI 走势图

7.8 小　　结

针对上海自贸区的特点和需求，本章构建了自贸区大数据计算分析与管理平台，实现了面向自贸区企业的舆情监控与评价、健康态势分析、声誉分析、热点事件挖掘、异动风险预警、重点事件预警、企业关系图谱等一系列管理功能与服务应用；克服了行政管理内部平台静态数据不丰富的困难，实现了网络大数据在政府监管和服务工作中的应用实践。成果提升了政府管理部门对企业的监管能力和服务的及时性、有效性，为自贸试验区保税区域的改革探索、监管创新与发展提供了积极保障。

参 考 文 献

[1] Zhang X, Wang P W, Jiang C J. A method based on time series prediction for analysis and warning of enterprise abnormity risks//The 2018 Asia-Pacific Services Computing Conference, Zhuhai. 2018.

[2] 蒋昌俊, 王鹏伟, 章昭辉, 等. 一种基于时间序列智能预测的企业异动预警方法: 201811582052.9. 2018.

[3] Graves A. Long short-term memory. Supervised Sequence Labelling with Recurrent Neural Networks, 2012, 385: 1735-1780.

[4] 谢明文. 关于协方差、相关系数与相关性的关系. 数理统计与管理, 2004, 23(3): 33-36.

[5] Wu H K, Luk R W P, Wong K F, et al. Interpreting TF-IDF term weights as making relevance decisions. ACM Transactions on Information Systems, 2008, 26(3): 13.

[6] Wang P W, Luo Y J, Chen Z, et al. Orientation analysis for Chinese news based on word embedding and syntax rules. IEEE Access, 2019, 7: 159888-159898.

[7] 蒋昌俊, 闫春钢, 王鹏伟, 等. 基于word2vec的舆情倾向性分析方法: 201710259721.8. 2017.

[8] Sun X, Wang P W, Lei Y H, et al. A method for discovering and obtaining company hot events from Internet news//The IEEE International Conference on Progress in Informatics and Computing, Suzhou, 2018.

[9] Wang H J, Zhang Z H, Wang P W. A situation analysis method for specific domain based on multi-source data fusion//International Conference on Intelligent Computing, Shanghai, 2018.

[10] 章昭辉, 蒋昌俊, 王鹏伟, 等. 一种内外数据融合的态势分析系统: 201711200078.8. 2017.

第八章　面向网络金融交易的“风控云”平台及应用

在“互联网+”及大数据技术快速发展的时代背景下，近年来我国互联网经济得到了蓬勃迅猛的发展，通过网络进行购物、交易、支付、理财、贸易等形式的互联网金融交易新经济模式发展迅速。以互联网金融交易为代表的互联网经济已成为我国国民经济稳定与可持续发展的重大需求，以及推动我国经济转型升级的新动力。然而，在以互联网金融交易为代表的互联网经济高速发展的同时，以“欺诈”为主要特征的互联网金融交易风险事件日益严重，给国家和人民带来了巨大的经济损失，严重损害了我国互联网经济的健康、稳定发展需求。与行业的高速发展相比，我国在基础理论、关键技术、相关标准建设、监管能力与手段等方面仍存在明显不足。综合来看，当前以“欺诈”为主要特征的互联网电子交易安全威胁是传统的以身份认证为核心、以防御攻击为目标的信息安全技术所难以防范的。因此，亟需开展互联网电子交易风险防控关键技术的研究工作[1]。

8.1　电子交易“风控云”平台支撑技术

互联网交易市场的高速增长带来的是交易的数据量呈指数级增长，交易系统及环境也演变成为复杂的网络信息服务系统。这些数据中蕴藏着丰富的知识和信息；大数据的形成对互联网交易系统的负载和可用性带来了挑战；日益复杂的业务需求与网络环境也对交易系统的应变能力和适配机制带来了挑战。这都需要云的支持，因此我们针对电子交易风险防控构建了基础的平台支撑技术。通过研究，在在线强化学习的基础上，我们提出了用户资源分配的在线强化学习方法(Online Reinforcement Learning Approach，ORLA)[2]，主要思想是通过从动态资源请求者在环境中迭代地反馈，基于历史资源分配经验，获得近似最优资源分配解，进而实现了负载资源分配方法。同时，基于用户的需求，我们提出了一种基于蚁群算法的低成本高可用性的多云电子交易数据存储方法[3]，并且设计一套云到端的安全通道。

8.2　内外结合的大数据勘探与挖掘技术

互联网交易的快速发展导致交易数据量呈现爆炸式增长，在研究互联网交易数据时发现，由于众多用户之间错综复杂的交易行为，所有交易记录构成一张非常复杂的交易网，通过研究该交易网可以得到用户之间的关系、交易的可靠性、未来的交易情况等重要信息。同时，该交易网仅仅是互联网交易中的内部数据，在对其进行研究时可以充分考虑到外部数据如社交数据等对互联网交易的影响、外部数据的研究对内部数据研究的借鉴性等问题。综上，在研究内部数据的同时需要结合外部数据的分析提高其研究的广度和深度。

对于外部数据，由于社交关系网和互联网交易网之间较高的相似性，所以主要的研究放在社交数据中。通过对用户文本和社交关系的联系，建立融合用户文本和社交关系链接主题建模方法来研究文本网络的属性；同时通过典型关联分析来建模主题与社区之间的语义联系，完成主题模型与社区属性发现的组合研究；在推荐算法层次进行研究，通过概率模型提出了针对隐式反馈数据的推荐方法，在互联网交易中的商品推荐的问题上具有一定的借鉴意义[4-10]。通过内外部数据两方面相结合，进行更为全面的交易相关大数据的挖掘与分析，从而更好地应对电子交易风险防控的需求。

8.3　电子交易数据安全与隐私保护

相比于其他数据，互联网电子交易过程中形成的交易相关的大数据对安全和隐私的敏感性要求更高，因为这些数据包含了大量与个人身份及特征密切相关的信息、支付信息、订单信息、商务往来机密信息、家庭地址信息等。这些数据信息作为电子商务等电子交易产业的核心资产之一，具有相当大的价值，同时它又存在着巨大的安全隐患，不能容忍任何安全问题，一旦出现问题，必然会对个人、企业甚至国家造成巨大的损失。而这些交易信息和数据需要在开放、共享的互联网环境下存放，这就对相应云平台数据中心的安全性和可信性提出了更高的要求。因此，需要在存储、传输、访问等所有涉及的过程中保障这些交易数据的安全性和隐私保护性。在借鉴和继承传统的数据安全与隐私保护关键技术基础上，针对电子交易系统及交易相关大数据的特点与需求，研究其相应的安全与隐私保护技术，提出了基于 TEE/SE 数字整数方案，并设计了指纹本地免密方案和 IFAA 标准。

目前本地免密安全而稳定地支持着海量的设备、用户与金融交易。IFAA 标准支持设备数超过 12 亿，支付宝开通用户数超过 1.8 亿，支持型号多达 200 款，终端品牌有 36 件，指纹支付交易占比大于 36%，平均耗时小于 0.2s。目前已经在阿里系应用广泛商用。并且将技术方案对外开放给金融、电子政务行业客服，如浦发银行、上海市数字证书认证中心等。伴随着首批支持硬件 SE 的华为手机投入市场，基于 TEE/SE 的数字证书方案也已经开始商用。

8.4　电子交易系统建模与验证技术

互联网电子交易系统由不同的系统组合而成。软件(网络化软件和嵌入式软件)是这些系统的重要组成部分，用于实现不同的功能。构建软件的行为模型，并对其进行相应的分析，是构建可信互联网电子交易系统的基础。PN(Petri Net)机具有较强的行为描述和语义表达能力，便于刻画网络环境下由多方参与的软件行为及语义。采用 PN 机模型对互联网交易系统的软件行为进行建模[11-15]，便于分析模型的健壮性等性质，从而验证互联网交易系统的可信性。在此基础上，进一步针对电子交易中的一些常见风险问题，依托下层的交易大数据对各类风险进行挖掘分析，建立起相应的风险控制模型，如账户盗用模型、反作弊模型、手机丢失模型等，从而更好地应对交易风险的控制。

8.5　基于用户浏览行为的认证技术

在互联网中，用户信息不断泄露的一个重要原因是传统账户密码保护方式已无法为用户提供可靠的安全保护，用户浏览行为因具有唯一性和不易模仿性逐渐成为了身份认证方面的研究热点。针对用户的浏览行为研究了身份认证技术[16,17]。用户浏览网页的行为涉及时间、网址、内容三方面因素，因此现有的方法在用户的浏览习惯上考虑得不够全面，从而影响身份认证的准确度。区别于以往从单方面考虑的认证方法，将用户浏览网页的三方面作为一个整体，使认证方法能区分出用户在不同时间、不同网站浏览的不同内容。利用 Apriori 算法，结合文本内容分类的方法挖掘用户频繁访问网址、内容的频繁项集，使用正态分布统计出频繁访问时间，最后利用逻辑回归进行用户的身份认证。同时，基于用户浏览网页的序列行为、超链接使用行为和操作浏览器行为的多因素浏览行为特征，采用机器学习方法构建了一种认证方法。实验结果表明，在一定的误报率情况下，该方法的侦测率达到了 90%以上。

8.6　电子交易主体设计与协同技术

电子商务与电子贸易等互联网电子交易系统涉及多个交易主体，包括买方、卖方、第三方支付平台、第四方认证中心。一次交易活动需要有关主体相互协作，执行既定的业务流程才能完成。系统的交易流程在功能和性能方面的要求最终通过代表各主体的业务软件的交互运行得以实现，因此需要面向业务流程进行软件架构设计，以正确反映流程逻辑和行为依赖关系，并达到业务软件的执行与业务流程的功能需求相一致的目的。我们提出了一系列电子交易主体设计与协同技术[13,15,18,19]，在设计和实现过程中，考虑到软件的运行环境，设计相关接口和交互协议。在架构和接口设计的基础上，研究业务流程的功能可预期性分析和相关测试方法，以便分析业务软件的功能可预期性。同时，研究了基于控制流和数据流结合的用户行为异常检测方法，设计了含有环结构的电子交易系统的一致性检测。另外，基于 Petri 网进程思想，提出了基于进程轮廓的电子交易系统一致性度分析方法，用于解决现有技术中环结构模型及重名活动对的行为一致性测度问题。

8.7　电子交易凭证关键技术

电子商务平台越来越多地将第三方支付平台集成进来。客户端、电商平台和第三方支付平台共同构成完整的电子商务业务流程。同时也导致交易主体之间的交互复杂化、松耦合，使得不同交易主体之间的业务协调和沟通的难度加大，从而引入了新的安全挑战。恶意用户可以通过以任意顺序调用 API 或扮演各种角色来发现安全漏洞，并实现恶意目的。为了在系统应用层和早期的系统设计阶段应对此类问题，我们基于 EBPN 模型提出了一个考虑恶意行为模式的电子商务业务流程建模和验证方法。首先进行主体责任及证据模拟分析，引入标注 Petri 网，变化相应的工作流网，同时进行责任与证据的形势分析[20,21]。其次，考虑恶意行为模式的 EBPN 建模方法[14]，建立基于恶意可执行序列的验证方法，模仿恶意行为场景，从而验证该业务流是否能够抵挡这种恶意行为，并重复这种模式，直到验证完毕。

8.8　电子交易数据征信技术

互联网电子交易的飞速发展，带来了海量的极具价值的交易数据，并为基于电子交易的数据征信体系建设提供了支撑。通过对海量电子交易数据的勘探和挖掘，提取出信用评估的关键影响因素，并在此基础上建立起一套针对互联网电子交易的数据征信指标体系，从而为交易所涉及的主体进行信用评估建立基础。所建立的信用评估模型为互联网支付企业及自贸区等监管平台提供信用与风险评估，并指导建立授信决策方案，同时也为政府及央行的征信体系提供支撑。

根据企业破产预测数据集的特点，考虑类内不均衡建立混合信用评估模型，我们提出了一套基于 CFDP 聚类的过采样方法，来解决类内样本不均衡问题。利用 CFDP 算法对少数类样本进行聚类后，使用 SMOTE 算法，根据每个小簇中样本个数与少数类中样本数目最多的簇中个数之比，确定每个小簇的采样比率，最终生成样本数目均衡的多个簇，以解决少数类样本内部的不均衡问题。同时基于 RIPPER 算法提出了混合信用评估模型，通过使用 SMOTE 算法，并引入随机性，新增加了一些样本，在一定程度上避免分类器的过度拟合，最终有助于提高信用评估模型的性能。另外，基于神经网络规则提取，通过将 C4.5 算法替换为经典的关联规则 CBA(Classification Based on Associations)算法，实现提取规则精度的提升，构建了一个高精度且可解释的混合信用评估模型[22,23]。

8.9 风控云平台体系

互联网交易市场的高速增长带来了指数级别增长的交易数据量，交易系统及环境也演变成为复杂的网络信息服务系统。这些海量的数据中蕴藏着丰富的知识和信息，这也给互联网交易系统的负载和可用性带来了很大的挑战。因此，在多队列实时并发的风控云平台技术与专用设备的支撑下，基于强大的计算能力和存储能力针对电子交易风险防控构建了基础平台的试验与支撑环境，并通过风控云对外输出 SaaS 服务建立了系统级的行为监控，以满足大数据背景下互联网交易平台的资源管理以及交易风险优化控制的需求。

1. 风控云平台架构

构建的风控云平台，从架构体系上分为数据层、计算层、业务层以及应用层四层，其架构体系如图 8.1 所示。

2. 风控云平台拓扑

风控云平台是具有外部网络、千兆管理网和 infiniBand 网的综合网络云平台，其通过终端进行访问控制和作业提交，拓扑结构如图 8.2 所示。

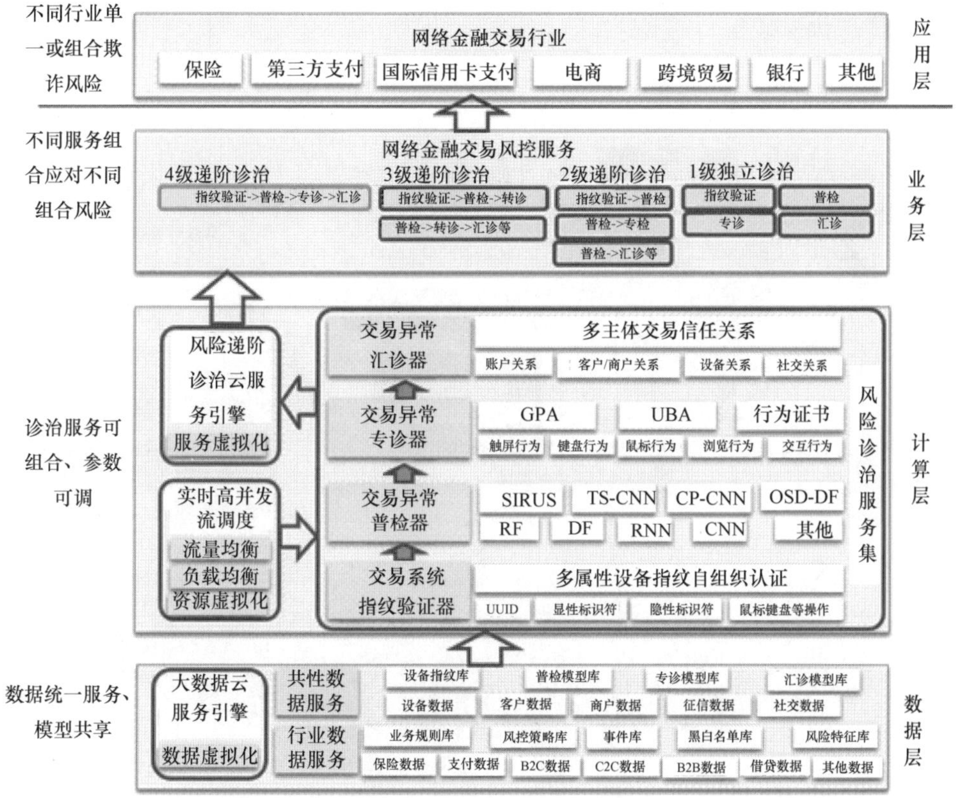

不同行业单一或组合欺诈风险
网络金融交易行业
保险　第三方支付　国际信用卡支付　电商　跨境贸易　银行　其他
应用层

不同服务组合应对不同组合风险
网络金融交易风控服务
4级递阶诊治：指纹验证->普检->专诊->汇诊
3级递阶诊治：指纹验证->普检->转诊；普检->转诊->汇诊等
2级递阶诊治：指纹验证->普检；普检->专检；普检->汇诊等
1级独立诊治：指纹验证；普检；专诊；汇诊
业务层

诊治服务可组合、参数可调
风险递阶诊治云服务引擎　服务虚拟化
实时高并发流调度　流量均衡　负载均衡　资源虚拟化
交易异常汇诊器：多主体交易信任关系（账户关系　客户/商户关系　设备关系　社交关系）
交易异常专诊器：GPA　UBA　行为证书（触屏行为　键盘行为　鼠标行为　浏览行为　交互行为）
交易异常普检器：SIRUS　TS-CNN　CP-CNN　OSD-DF　RF　DF　RNN　CNN　其他
交易系统指纹验证器：多属性设备指纹自组织认证（UUID　显性标识符　隐性标识符　鼠标键盘等操作）
风险诊治服务集
计算层

数据统一服务、模型共享
大数据云服务引擎　数据虚拟化
共性数据服务：设备指纹库　普检模型库　专诊模型库　汇诊模型库　设备数据　客户数据　商户数据　征信数据　社交数据
行业数据服务：业务规则库　风控策略库　事件库　黑白名单库　风险特征库　保险数据　支付数据　B2C数据　C2C数据　B2B数据　借贷数据　其他数据
数据层

图 8.1　风控云平台架构体系图

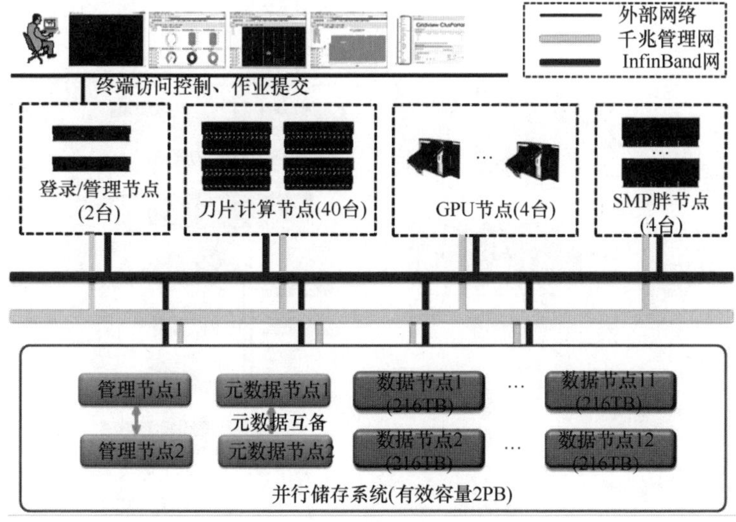

图 8.2　风控云平台拓扑结构图

3. 风控云服务

基于风控云平台，提出了风控云服务，流程如图 8.3 所示。

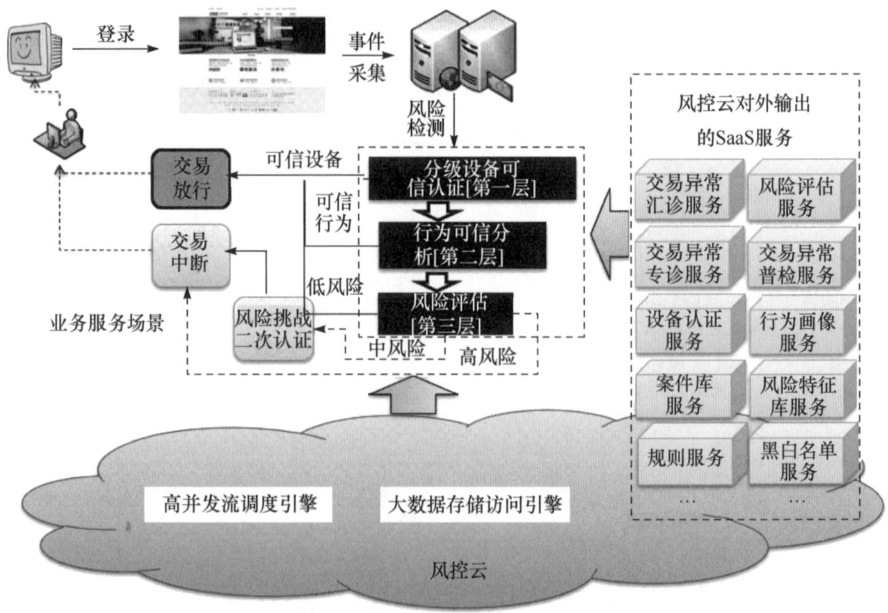

图 8.3　风控云服务流程图

4. 风控云平台技术与专用设备

为风控云平台研发了多队列实时并发的风控云平台技术与专用设备，结构如图 8.4 所示。

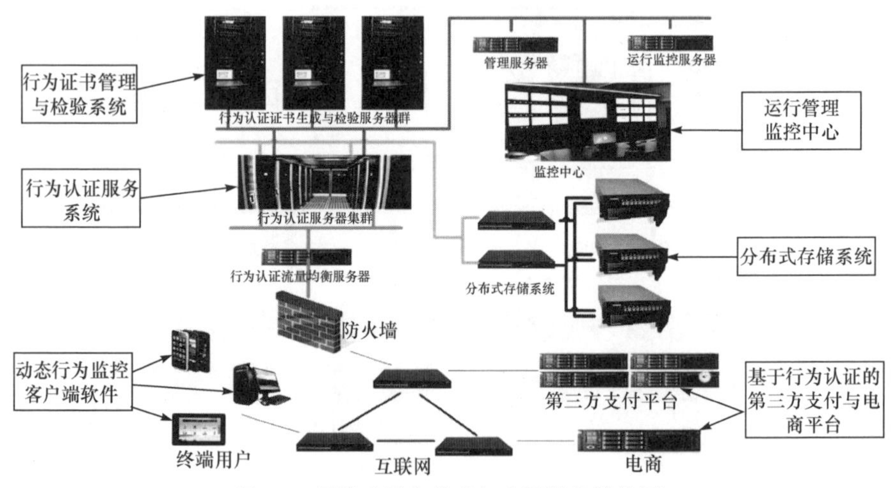

图 8.4　风控云平台技术与专用设备结构图

5. 风控云试验与支撑环境

为风控云平台研制了电子交易风控云的试验与支撑环境。基于强大的计算能力和存储能力，建立了系统软件行为监控、系统用户行为监控、系统交易数据监控。

通过对该风控云平台进行测试，在指纹验证器性能方面，通过 UUID 方法获得设备指纹信息的准确率为 98.85%,错误接受率为 20.22%,错误拒绝率为 0.72%；通过显性标识符方法获得设备指纹信息的准确率为 98.10%，错误接受率为 18.39%，错误拒绝率为 1.53%；通过隐性标识符方法获得设备指纹信息的准确率为 98.92%，错误接受率为 39.62%，错误拒绝率为 0.026%；通过设备基准指纹自组织方法获得设备指纹信息的准确率为 99.70%，错误接受率为 12.35%，错误拒绝率为 0.025%。在智能普检器性能方面，SIRUS 模型对于判断交易是否有风险的命中率、准确率、F1、干扰率均好于朴素贝叶斯模型。在全流程监控指标方面，11474 条交易记录经过四级递阶诊治，命中率为 99.75%，召回率为 85.07%，准确率为 94.10%，干预率为 3.51%。在智能专诊器方面，GPA 模型对用户键盘敲击率行为认证的平均准确率和标准差要比 Manhattan 等模型好。

8.10 面向支付宝交易风控的示范应用

通过“风控云”技术体系，研发面向电子交易第三方支付的公共服务平台，将“风控云”中的关键技术以云服务应用的形式进行提供，服务于整个行业，实现对电子交易第三方支付系统的需求分析、构造、验证、监控与评测等技术的有效集成。主要针对支付宝开展可信行为分析平台设计及验证性应用，在支付宝原有系统基础上新增了可信行为分析及运营的数据服务平台，为支付宝各业务系统提供业务行为可信识别服务。通过对用户交易可信 IP 的跟踪、交易可信机器的识别、人机操作识别、用户的键盘行为和原始用户交易历史数据以及历史操作行为数据的收集，将其提交到可信行为分析及运营的数据平台中进行可信分析。对于已识别的可信行为可直接交由业务系统做放行业务处理;对于不可信的交易行为再提交风险识别及运营的数据平台中进行风险识别，识别出风险后交由决策平台进行风险释放。最终围绕风控云数据中心重新构建可信的数据模型，后续当可信主体维度扩展时，数据将可以灵活配置，快速加载，实时校验。其中可信技术体系主要由可信识别系统、决策系统、可信模型监控系统、可信管理配置中心组成。

8.11 小　结

本章围绕电子商务等互联网交易战略新兴产业发展过程中风险防控的关键技术问题和需求，从平台层面，研究了支持大规模并发的风控云平台支撑技术，其次,从大数据处理层面研究了内外部数据结合的电子交易大数据勘探与挖掘技术、安全与隐私保护技术；进而，以交易行为认证为核心，研究电子交易系统建模与验证、主体设计与协同、交易凭证及数据征信等关键技术，构建完善的电子交易风险分析与控制关键技术，从而形成电子交易的“风控云”技术体系。在此基础上，将上述“风控云”中的关键技术以云服务应用的形式向外提供，研究建立面向互联网交易第三方支付的公共服务平台，并面向支付宝等行业骨干企业开展示范应用，为整个行业的发展提供强有力的安全可信保障。

参 考 文 献

[1] Jiang C J, Song J H, Liu G J, et al. Credit card fraud detection: a novel approach using aggregation strategy and feedback mechanism. IEEE Internet of Things Journal, 2018, 5(5): 3637-3647.

[2] Li Z, Wang C, Jiang C J, et al. User association for load balancing in vehicular networks: an online reinforcement learning approach. IEEE Transactions on Intelligent Transportation Systems, 2017, 18(8): 2217-2228.

[3] Wang P W, Zhao C H, Zhang Z H, et al. An ant colony algorithm-based approach for cost-effective data hosting with high availability in multi-cloud environments//The IEEE International Conference on Networking, Sensing and Control, Zhuhai, 2018.

[4] He Y, Wang C, Jiang C J, et al. Correlated matrix factorization for recommendation with implicit feedback. IEEE Transactions on Knowledge and Data Engineering, 2019, 31(3): 451-464.

[5] He Y, Wang C, Jiang C J, et al. Discovering canonical correlations between topical and topological information in document networks. IEEE Transactions on Knowledge and Data Engineering, 2018, 30(3): 460-473.

[6] He Y, Wang C, Jiang C J. Modeling data correlations in recommendation. IEEE Access, 2017, 5:11030-11042.

[7] He Y, Wang C, Jiang C J, et al. Mining coherent topics with pre-learned interest knowledge in Twitter. IEEE Access, 2017: 10515-10525.

[8] He Y, Wang C, Jiang C J, et al. Incorporating the latent link categories in relational topic modeling//International Conference on Information and Knowledge Management, Guilin, 2017.

[9] He Y, Wang C, Jiang C, et al. Multi-perspective hierarchical dirichlet process for geographical topic modeling//Pacific-Asia Conference on Knowledge Discovery and Data Mining, Jeju, 2017.

[10] He Y, Wang C, Jiang C J. Modeling document networks with tree-averaged copula regularization//Proceedings of the 10th ACM International Conference on Web Search and Data

Mining, New York, 2017.
[11] Xiang D M, Liu G J, Yan C G, et al. Detecting data inconsistency based on the unfolding technique of Petri nets. IEEE Transactions on Industrial Informatics, 2017, 13(6): 2995-3005.
[12] Xiang D M, Liu G J, Yan C G, et al. Detecting data-flow errors based on Petri nets with data operations. IEEE/CAA Journal of Automatica Sinica, 2018, 5:251-260.
[13] Yu W Y, Yan C G, Ding Z J, et al. Analyzing e-commerce business process nets via incidence matrix and reduction. IEEE Transactions on Systems, Man and Cybernetics: Systems, 2018, 48(1): 130-141.
[14] Yu W Y, Yan C G, Ding Z J, et al. Modeling and verification of online shopping business processes by considering malicious behavior patterns. IEEE Transactions on Automation Science and Engineering, 2016, 13(2): 647-662.
[15] Yu W Y, Yan C G, Ding Z J, et al. Modeling and validating e-commerce business process based on Petri nets. IEEE Transactions on Systems, Man and Cybernetics: Systems, 2014, 44(3): 327-341.
[16] Ji M Q, Zhao P H, Wang M M, et al. A kind of authentication method based on user Web browsing features. International Journal of Machine Learning and Computing, 2017, 7: 18-23.
[17] 陈冬祥，丁志军，闫春钢，等．一种综合多因素的网页浏览行为认证方法．计算机科学，2018, 45(2): 181-188.
[18] Wang M M, Ding Z J, Jiang C J, et al. A process-profile-based method to measure consistency of e-commerce system. IEEE Access, 2018, 6: 25100-25109.
[19] Wang M M, Liu G J, Yan C G, et al. Behavior consistency computation for workflow nets with unknown correspondence. IEEE/CAA Journal of Automatica Sinica, 2018, 5(1): 281-291.
[20] Du Y Y, Jiang C J, Zhou M C. A Petri net-based model for verification of obligations and accountability in cooperative systems. IEEE Transactions on Systems, Mans and Cybernetics: Systems, 2009, 39(2): 299-308.
[21] Du Y Y, Jiang C J, Zhou M C, et al. Modeling and monitoring of e-commerce workflows. Information Sciences, 2009, 179(7): 995-1006.
[22] Xu P, Ding Z J, Pan M Q. A hybrid interpretable credit card users default prediction model based on RIPPER. Concurrency and Computation Practice and Experience, 2018, 30(23): 1785-1789.
[23] Xu P, Ding Z J, Pan M Q. An improved credit card users default prediction model based on RIPPER//The 13th International Conference on Natural Computation, Fuzzy Systems and Knowledge Discovery, Guilin, 2017.

第九章　城市智能交通协同监管与实时服务平台及应用

本章以智能交通领域为应用背景，构建了面向交通监管的城市智能交通协同监管与实时服务平台，研制了面向交通安全的移动车辆同步跟踪实证系统。

9.1　概　　述

9.1.1　平台体系结构

城市智能交通协同监管与实时服务平台体系结构如图 9.1 所示，共分为以下五个层次。

基础网络层：智能交通领域涉及繁杂多源的网络接入设备，包括摄像头、路口信号机、各种传感器、车检器、移动终端等，涵盖的网络包括交通/公安专网、以太网、无线传感器网络、GSM/CDMA 移动通信网络等分属计算网络、通信网络和控制网络的异构网络环境。基础网络层通过我们提出的软硬网络的协同虚拟技术，构建统一的面向城市智能交通协同监管与实时服务的网络环境，能够满足移动目标同步跟踪的实时性、动态性和分布性等特点，实现跨网络、跨地域的视频监控的有效集成。

技术支撑层：提供一组面向交通监管的海量视频信息分析处理关键技术与子系统，包括视频采集、视频管理、视频处理等，为融合网络环境下的视频监管的开发、部署和运行提供支持。

应用支撑层：提供一组面向交通监管的海量视频信息提取方法与相应子系统模块，包括车辆目标检测、队列长度检测、车牌识别、流量检测、事件检测等。

核心应用层：平台的核心应用主要包括两个方面，一方面是根据视频检测的流量或车队长度信息，实现基于模糊推理的自适应交通控制；另一方面是引入具有计算能力的智能视频采集设备、分布的智能视频采集设备主动构建自组织传感网络，实现实时感知异常事件的发生、在线分析异常事件特征，并主动实时反馈给自组织网络中的其他智能视频采集设备进行联合接力跟踪，最终实现面向交通安全的移动车辆同步跟踪。

平台表现层：平台最终通过界面表现给用户的主要功能包括路况实时在线监

测、信号灯控制、肇事事件自动检测与报警、肇事车辆轨迹回放等。

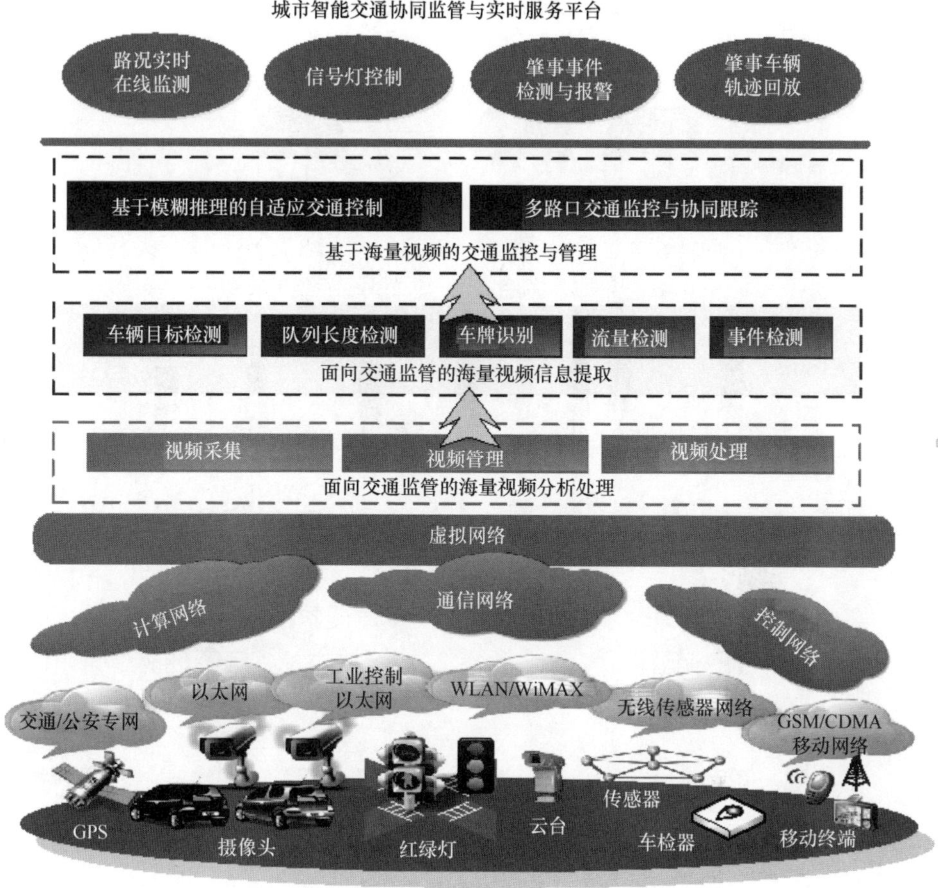

图 9.1　平台体系结构

9.1.2　平台网络拓扑

平台的交通监管系统网络拓扑结构如图 9.2 所示。交通监管系统的各部分都以专用网络互联。一般地，各区域各自组成环形以太网，各区域网再接入专网的主干网络。

交通监管系统前端组成结构如图 9.3 所示。前端主要有信号控制机、视频检测器等。视频抓拍或录像通过视频控制器传送至工控机存储与处理。视频队列检测信号和地感信号可以传送至信号机进行控制，并由以太网送至中心服务器。

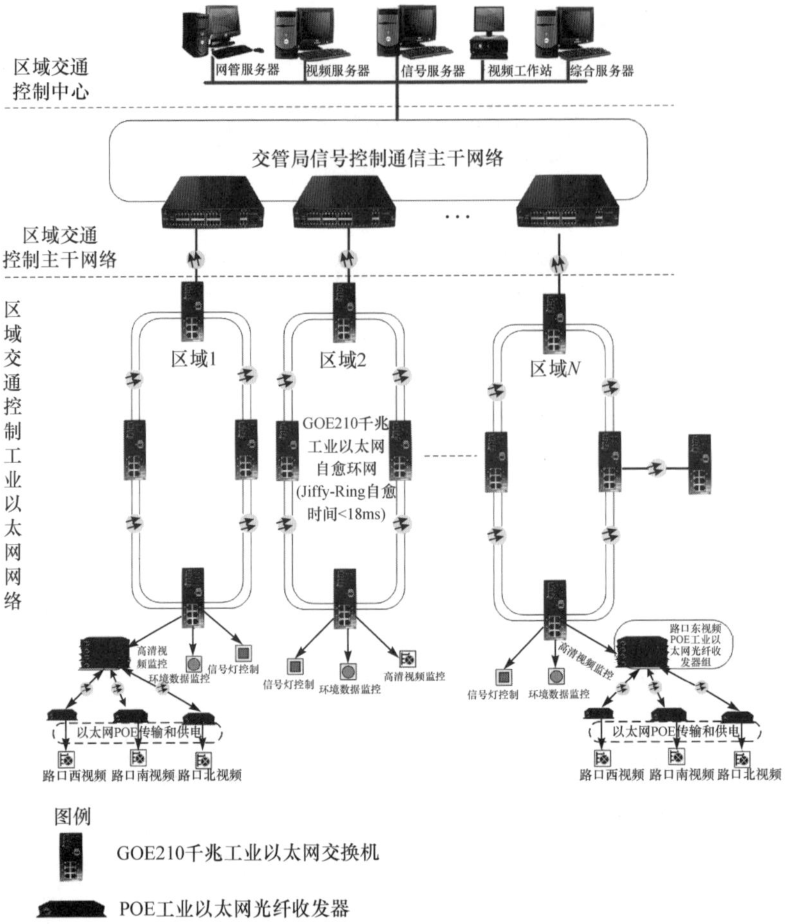

图 9.2　平台网络拓扑图

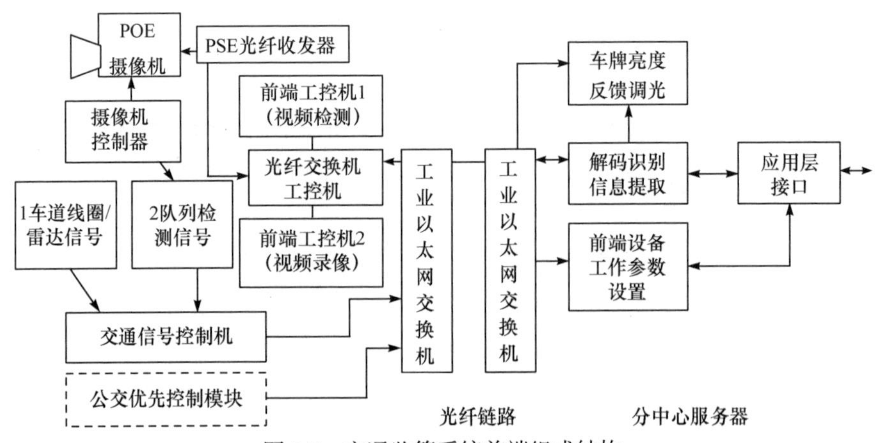

图 9.3　交通监管系统前端组成结构

9.2 面向交通监管的海量视频分析处理

9.2.1 视频采集

视频采集系统的构成如图 9.4 所示。视频采集系统通过安装在路口的标清或高清摄像头，实时采集路口交通状况，供后续的视频存储、检索与分析处理。

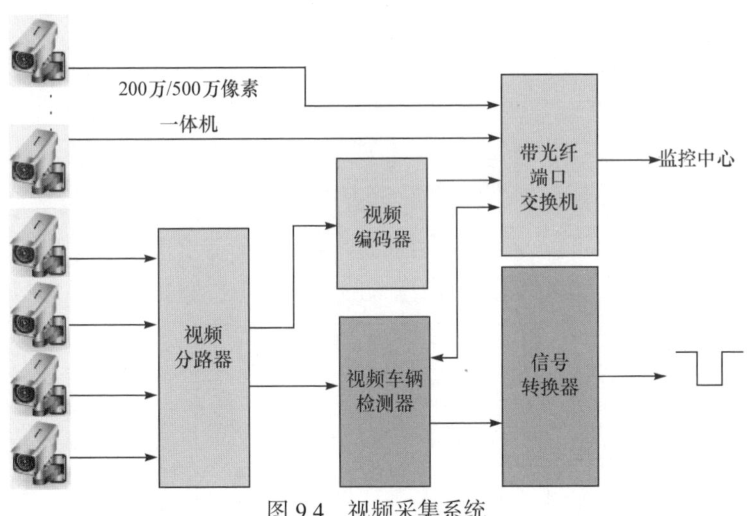

图 9.4 视频采集系统

(1) 路口摄像头安装

路口摄像头布置如图 9.5 所示。

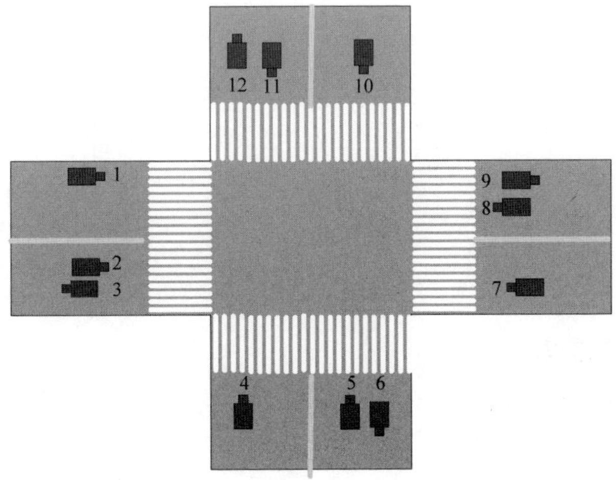

图 9.5 路口摄像头布置图

每路口共安装 12 台摄像头，其中 2、5、8、11 号 为 500 万像素摄像头，1、4、7、10 号为 200 万像素摄像头，其余的为标清摄像头。

摄像头安装高度与位置如图 9.6 所示。

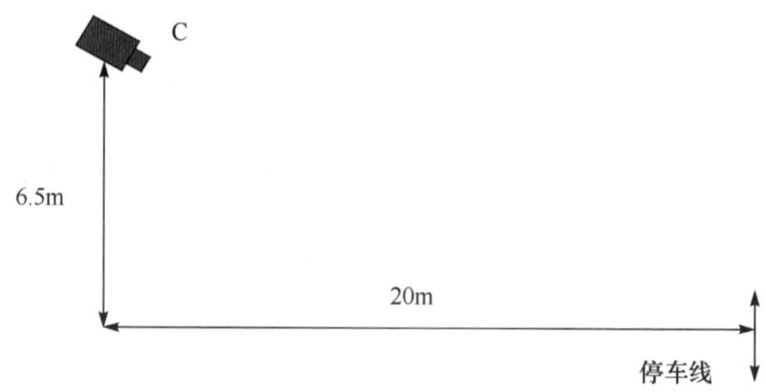

图 9.6　摄像头安装位置侧视图

由于摄像头功能不同，各摄像头相对停车线的安装位置相同但俯仰角不同。虚拟线圈的俯仰角 60°～90°，其余摄像头的俯仰角 10°～60°，如图 9.7 所示。

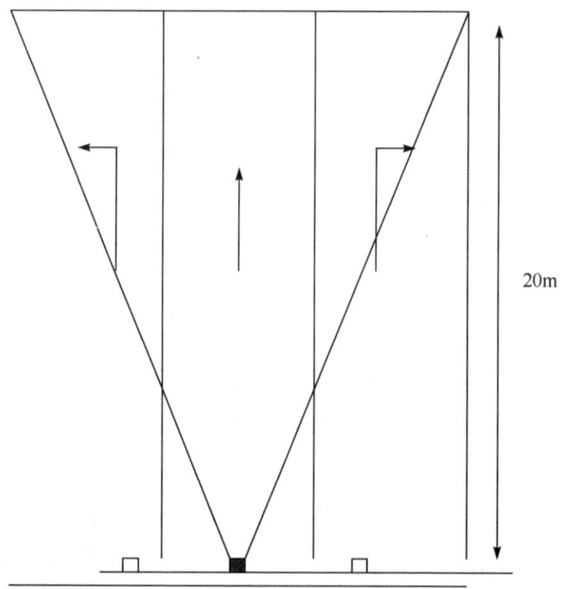

图 9.7　摄像头安装位置俯视图

(2) 路口控制器安装

路口控制箱分为两个部分，一个是原有系统的 SCATS 信号机 Eclipse 控制器。另一个是我们研发的路口视频处理模型。路口两机箱间接线如图 9.8 所示。

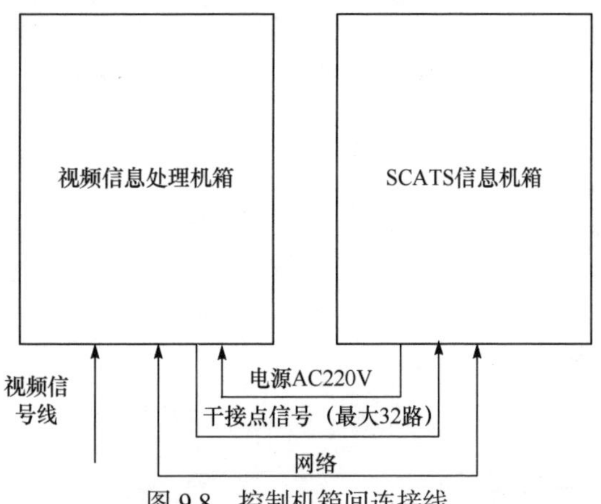

图 9.8　控制机箱间连接线

9.2.2　视频管理

视频管理部分采用成熟的解决方案，包括视频管理服务器 VM(Video Management)、数据管理服务器 DM(Data Management)、EC/DC(Encoder/Decoder)系列监控媒体终端、客户端软件 VC(Video Client)、媒体服务器 MS Server、IP SAN 网络存储设备、IP 网络和 EPON 无源光网络设备等。由于系统基于 IP 构建，系统中各个部件都可以根据需求分布式部署并加以集中管理。

(1) 系统组成

与传统视频管理系统的组成类似，本系统组成包括视频源、传输和交换、存储、显示及管理控制等。系统架构如图 9.9 所示。

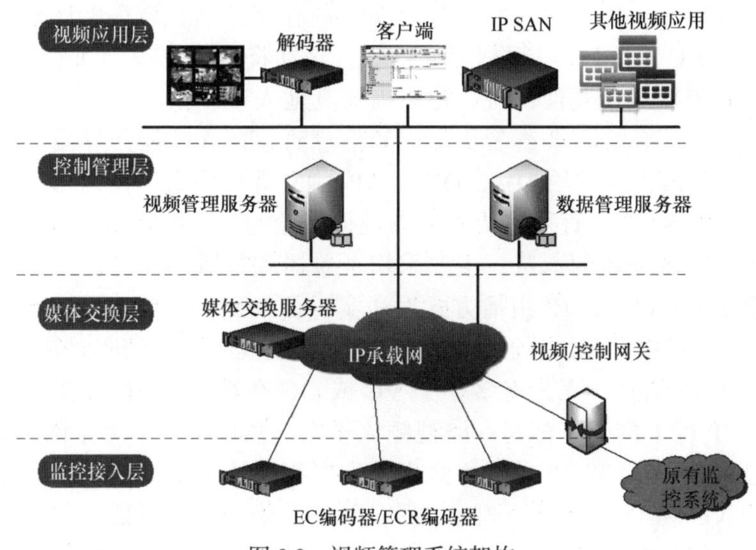

图 9.9　视频管理系统架构

(2) 业务流程

上述方案可以实现各种视频管理业务，包括实时监控、视频信息存储及历史视频流回放等，主要业务流的实现机制如图 9.10 所示。

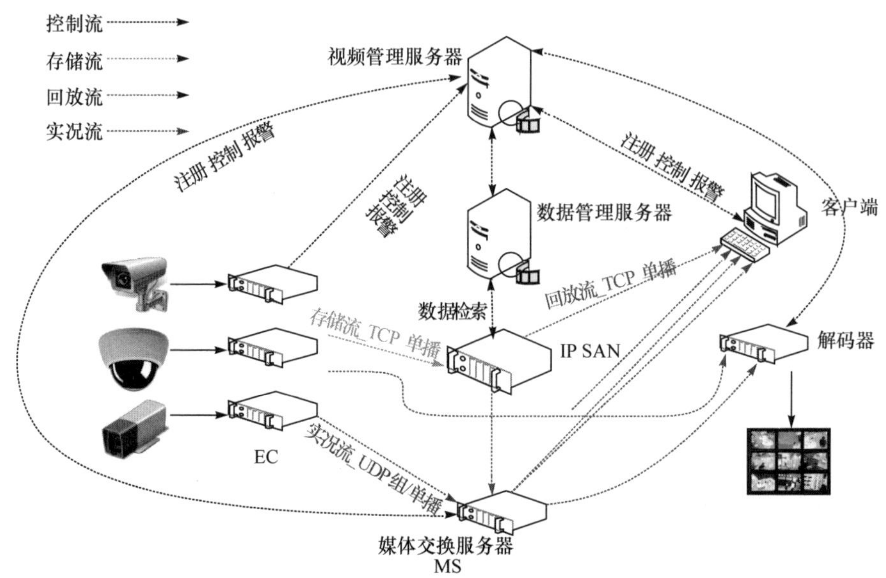

图 9.10 视频管理主要业务流的实现机制

实时监视流：可在 VC 界面上发起实时监视请求，VM 将控制指令发给相应的 EC，EC 发送实时视频流到需要观看图像的 VC 和 DC。

视频存储流：DM 预先制定每个 EC 的存储计划，该存储计划通过 VM 下发到每个 EC 上。EC 可根据存储计划，自动将视频流写入到 IP SAN 存储系统中，不需要经过其他设备，也不需要其他人工干预。

历史回放流：当需要查看历史视频信息时，在 VC 操作界面上发起回放请求，VM 将该指令发给 DM，DM 在 IP SAN 进行检索，找到相应的历史视频数据后，IP SAN 会直接将历史视频数据发给 VC，由 VC 进行解码播放。

对于实时视频流的承载，主要采用了单播和组播两种技术方案。

组播承载：EC 以 IP 组播方式发送实时视频流，需要观看图像的 VC 和 DC 可加入到该 EC 所对应的组播组中，便可直接观看相应的实时视频图像了。由于采用了 IP 组播，无论有多少个 VC 或 DC 在观看该 EC 的实时视频流，所占有的 IP 骨干网带宽都是一路视频流带宽，从而节省了大量网络带宽。

单播承载：EC 以 IP 单播方式发送实时视频流，通过 MS 中转到需要观看图像的 VC 和 DC。采用了 IP 单播，对于网络的要求更低一些，只要网络可达即可，但带来的问题是 MS 需要复制多路媒体流，大量客户访问需要通过流媒体服务器，存在流媒体转发服务器的性能瓶颈，同时也会占用网络带宽。

(3) 存储部署

传统视频管理系统中的存储部署方案大多存在存储模式单一、存储扩容困难、存储数据安全性不佳及使用不方便等不足之处。针对传统监控存储系统的这些问题，本章提出了解决方案。

① 采用基于 iSCSI 标准的 IP SAN 技术和强大的数据管理服务器构建完善的视频监控网络存储系统，采用分布式存储模式，充分利用网络优势，客户可灵活部署存储设备和确定安装位置。

② 通过引入用户权限管理，存储资源可以根据需求分布部署并加以统一资源管理和调度，数据安全性高，并支持动态存储资源管理、在线部署，可以基于统一的平台来满足不同存储质量、容量和服务质量的客户需求。

③ 可以提供完善的备份和存储生命周期管理功能，提供不同性能的 IP SAN 存储，存储容量大、单位存储成本低，扩展方便(支持网格存储)，可以满足用户长时间视频数据存储的需要。

分布式存储模式[1]结合了前端存储模式和中心存储模式各自的优点，同时支持前端编码器本地存储及视频数据实时上传到中心存储系统，扩展了中心存储的适用场合。分布式存储模式的组网方式如图 9.11 所示。

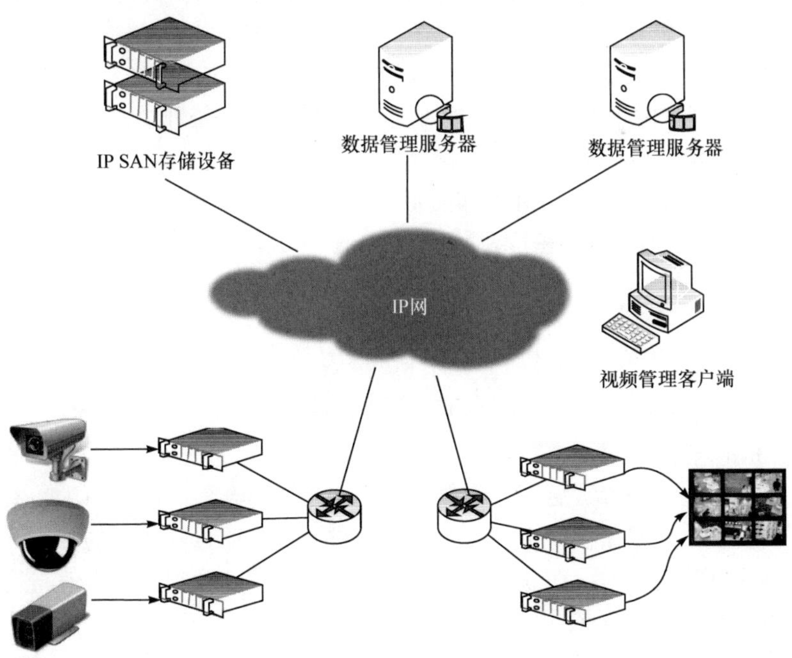

图 9.11　分布式存储模式的组网方式

9.2.3 视频处理

在智能交通监控系统中，视频分析技术利用计算机视觉和图像处理的方法自动完成对交通信息的获取，在不需要人工干预的情况下，通过对实时视频的分析来实现道路背景的建模、感兴趣区域的提取等，其目的是复杂场景下的车辆检测。

为此，我们开展了改进的混合高斯背景模型的建立与在其之上的关键计算技术的研究，提出了改进高斯混合背景建模方法、双阈值局部方差法。

1. 背景建模

针对交叉路口静止车辆易检测为背景的问题，提出了改进的高斯混合背景模型，主要是在原始高斯混合模型(Gaussian Mixture Model，GMM)[2]基础上进行了改进工作。

(1) 高斯混合模型的定义

高斯混合模型自 Stauffer 等提出后已成为机器视觉领域影响最大和使用最广的一种方法，主要包括模型建立和模型参数更新两部分。

GMM 算法主要基于如下的思想，即对于背景和前景(主要包括运动目标、阴影和噪声等)的像素灰度值的变化可以分别用不同的高斯分布进行表征。这样，图像中每一位置的像素值就可以通过多个高斯分布的加权和来描述。

具体而言，假设混合模型中的高斯分布个数为 K 。其中 K 一般取为 3～5，这取决于计算机内存及对算法速度的要求，K 值越大，处理像素灰度波动的能力就越强，而相应所需的处理时间也就越长。在这 K 个分布中，每个分布用一个高斯函数表示，它们分别表示背景和前景。若每个像素点的灰度值在时刻 t 的取值用变量 X_t 表示，则其概率密度函数为

$$f\left(X_t = x\right) = \sum_{i=1}^{K} \omega_{i,t} g(x; \mu_{i,t}, \sigma_{i,t}^2) \tag{9-1}$$

其中，$g(x;\mu_{i,t},\sigma_{i,t}^2)$ 是第 i 个高斯分布，$\mu_{i,t}$ 和 $\sigma_{i,t}^2$ 分别是其期望均值和方差，而 $\omega_{i,t}$ 是该分布在时刻 t 的权重，且对所有分布满足归一性，即 $\sum_{i=1}^{K} \omega_{i,t} = 1$ 。

(2) GMM 模型参数更新

GMM 模型中的参数更新较为复杂，它不仅要更新各高斯分布中的参数，也要更新其权重，并根据权重把各分布排序，进而实现前景和背景的分割。

具体的更新过程为，在获得新的视频帧后，将该帧视频的像素值与当前高斯混合模型中的 K 个分布依次匹配，若该像素值与其中某个高斯分布满足一定的关系，则认为该像素值与此高斯分布匹配。即对每个输入的像素值 I_t ，匹配的依据为满足

$$\left|I_t-\mu_{i,t-1}\right|<\gamma\sigma_{i,t-1} \tag{9-2}$$

其中，$\mu_{i,t-1}$ 和 $\sigma_{i,t-1}$ 分别为第 i 个高斯函数在时刻 $t-1$ 的均值和标准差，而 γ 为用户自定义的参数，在实际应用中一般取 $\gamma=2.5$。

若存在上述匹配，则该高斯分布中的参数按照下面公式进行更新：

$$\omega_{i,t}=(1-\alpha)\omega_{i,t-1}+\alpha \tag{9-3}$$

$$\mu_{i,t}=(1-\beta)\mu_{i,t-1}+\beta I_t \tag{9-4}$$

$$\sigma_{i,t}^2=(1-\beta)\sigma_{i,t-1}^2+\beta(I_t-\mu_{i,t})^2 \tag{9-5}$$

其中，α 是用户定义的学习率，且 $0<\alpha<1$，α 的大小决定着背景更新的速度，α 越大，更新速度越快，α 越小，更新速度越慢。β 是参数学习率，即

$$\beta=\alpha g(I_t;\mu_{i,t-1},\sigma_{i,t-1}^2) \tag{9-6}$$

如果没有高斯分布和 I_t 相匹配，则首先对所有高斯分布定义一个优先级度量

$$\rho_{i,t-1}=\frac{\omega_{i,t-1}}{\sigma_{i,t-1}} \tag{9-7}$$

并按从大到小顺序排列。然后对优先级最小的高斯分布用一个新的高斯分布取代，其均值即设为 I_t，并初始化一个较大的标准差 σ_0 和较小的权值 ω_0。而剩下的高斯分布保持原来的均值和方差，仅对它们的权值进行如下调整：

$$\omega_{i,t}=(1-\alpha)\omega_{i,t-1} \tag{9-8}$$

最后重新归一化权重，得

$$\omega_{i,t}=\frac{\omega_{i,t}}{\sum_{j=1}^{K}\omega_{j,t}} \tag{9-9}$$

由上述 GMM 的更新过程可以发现，当所匹配的高斯分布获得更多样本点时，其相应的权值 $\omega_{i,t}$ 和优先级 $\rho_{i,t}$ 会增大，而方差 $\sigma_{i,t}$ 会减小。最有可能出现的高斯分布将排在前面，最不可能的高斯分布排在末尾，并将最终被新的高斯分布所替代。

GMM 对每个像素点进行建模，依据在时间轴上的稠密性假设，背景可以认为是最有可能出现的那几个高斯分布。具体而言，对所有 GMM 模型中的高斯分布按优先级从大到小进行排列，前 B 个分布即认为是场景中的背景成分，B 为

$$B=\operatorname{argmin}_b\left(\sum_{i=1}^{b}\omega_{i,t}>T\right) \tag{9-10}$$

其中，T 是权重阈值，表示能够描述背景的高斯分布权值之和的最小值，且对算法的效果有重要影响。若 T 取值过小，则有可能只取一个高斯分布作为背景，此时高斯混合分布退化为单高斯分布；若 T 取值过大，则会将权重很小的分布作

为背景分布，容易使运动目标像素值与此小权重高斯分布相匹配，而把它误认为是背景像素点。当 T 取值适当，由于有多个高斯分布作为背景模型，所以可以处理双峰或多峰的背景，使背景具有多重表现能力，并随着环境的变化自动更新。

改进的 GMM 模型对背景建模的执行效果如图 9.12 所示。

在原始的 GMM 中，背景更新过程是实时进行的。而在交叉路口，由于交通拥堵或信号显示红灯，这样使得长时间停止的车辆逐渐演化为背景成分，进而影响后续运动车辆检测的效果。此外，尽管在 PC 上，利用标清视频对上述基于 GMM 的运动车辆检测基本能够满足实时性要求，但这种计算速度对安装在摄像头内部的智能前端处理器是远远不够的。为了进一步提高检测性能和处理速度，必须将 GMM 中的建模机制进行改进和简化。

图 9.12　背景建模效果

首先，由于车流量统计是实时进行的，当检测到有车经过虚拟线圈时，具体就是虚拟线圈内的前景百分比大于一定阈值时，停止背景建模，而当车辆离开或没有车辆经过时，则继续建模。这不仅能够提高检测精度，也可以降低计算负担。其次，在智能前端摄像头上，将背景模型的更新速度降低为 20 帧处理一次。这使得性能基本保持不变的情况下，处理能力得到了进一步的提升。

图 9.13　前景提取流程图

2. 前景提取

前景提取模块从一张完整的监控图片中将每一个车辆目标提取出来，用矩形表示车辆目标。前景提取采用差分边缘投影提取算法，分为预处理和前景提取两部分，流程如图 9.13 所示。

(1) 预处理

预处理有三个步骤：帧差分、Canny 边缘和腐蚀。帧差分是将前后两帧的灰度图相减，可以得到运动目标，Canny 边缘和腐蚀使运动目标更加突显，如图 9.14 所示。

(a)

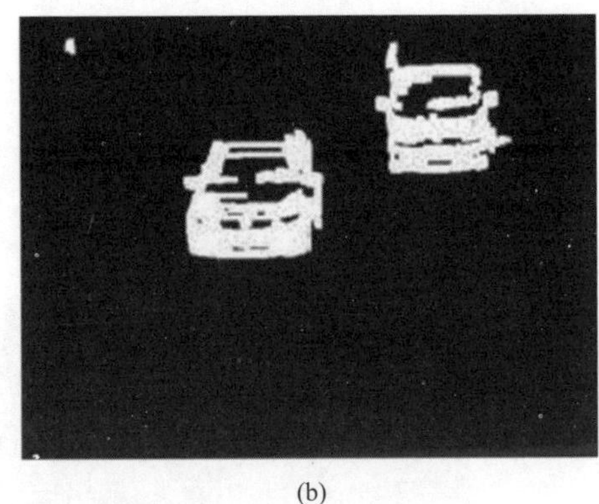

(b)

图 9.14 (a)为原图，(b)为预处理后的图片

具体的实现函数接口定义如下：

```
cvCvtColor(frame, grayFrame, CV_RGB2GRAY)
//求帧差
cvSub(grayFrame, grayFrameBef, grayDiff)
//先取差分边缘，后膨胀
cvCanny(grayDiff, edge, 20, 100, 3)
cvDilate(edge, edge, element)
```

(2) 边缘投影提取方法

边缘投影提取方法是将预处理后的图片向 X 轴、Y 轴投影，得到车辆目标的区域，具体流程如图 9.15 所示。

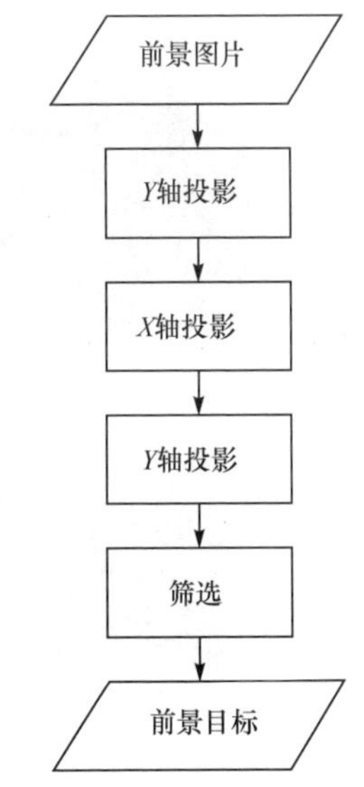

图 9.15 边缘投影提取流程图

其中，以 Y 轴投影为例，将预处理后的图片向 Y 轴投影可以得到一个波形，截取有值的部分，如图 9.16 所示。

然后用同样方法向 X 轴投影，得到车辆的大致轮廓，最后再次对 Y 轴投影，细化轮廓，可以得到所有车辆的目标区域，如图 9.17 和图 9.18 所示。

经过三次投影，可以得到所有运动目标的大致轮廓。然后利用长宽比和大小筛选掉一些错误结果。

具体的实现函数接口定义如下：

```
//投影
```

```
CalCarYArea()
CalCarXArea()
CalCarXYArea()
//筛选
FilterFroObject()
```

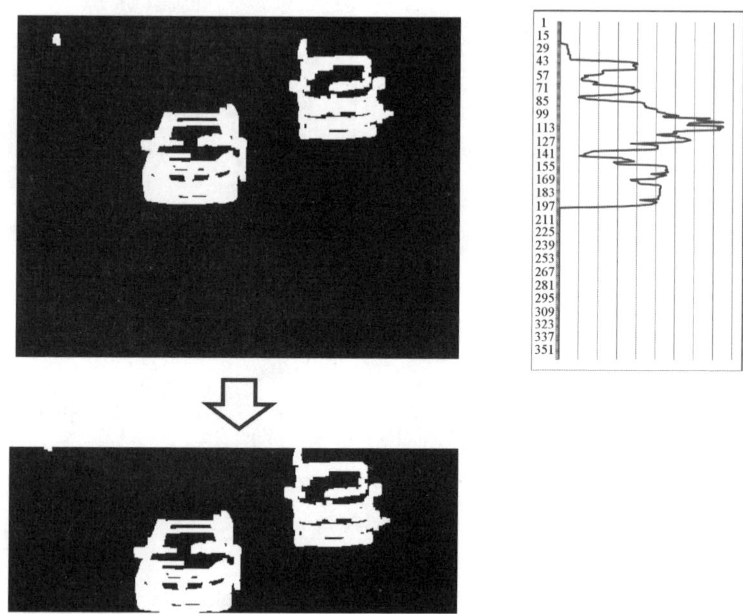

图 9.16　*Y* 轴投影得到有车的区域

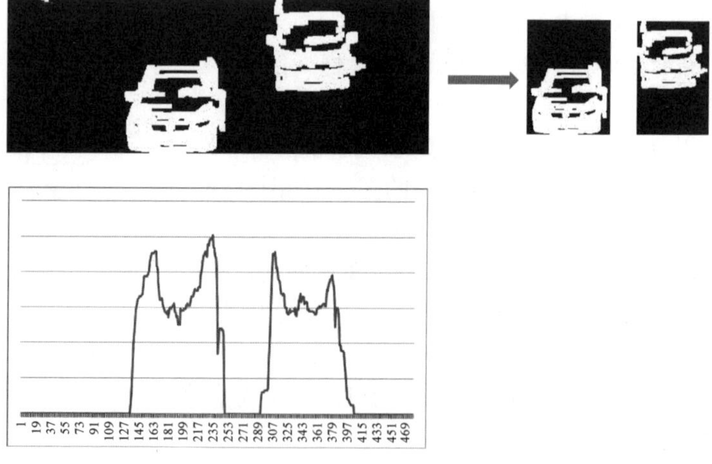

图 9.17　*X* 轴投影

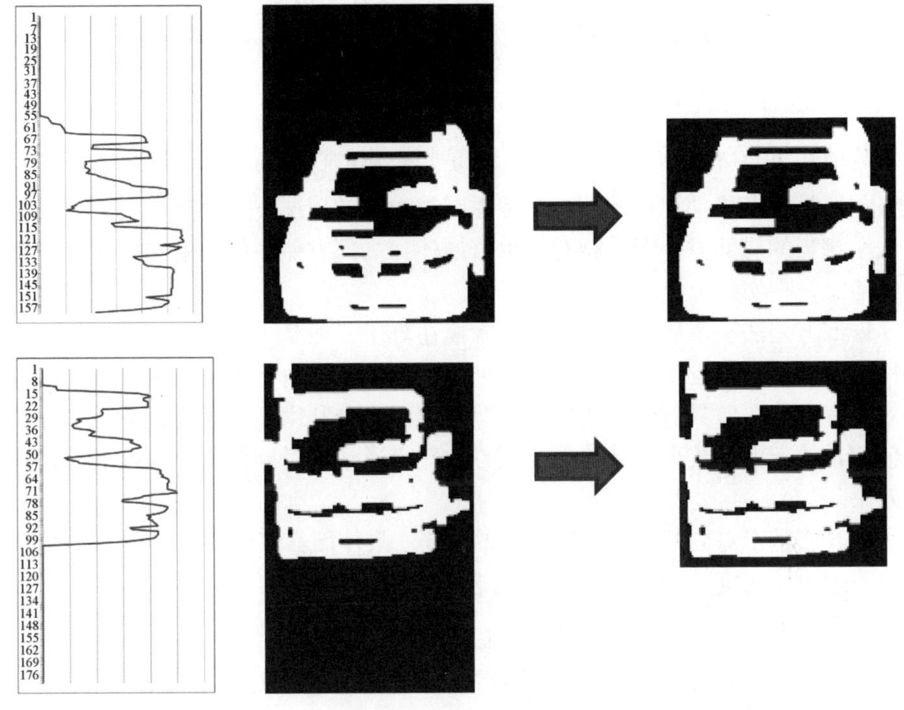

图 9.18　再次 Y 轴投影

9.3　面向交通监管的海量视频信息提取

9.3.1　基于视频信息的车辆目标检测

在统计学上，方差是一种表示某随机变量相对于其均值波动程度的度量。具体而言，设 ξ 为服从概率密度 $p(x)$ 的离散型随机变量，则其方差 $D(\xi)$ 为

$$D(\xi)=E\left\{\left(\xi-E\{\xi\}\right)^2\right\}=E\left\{\xi^2\right\}-(E\{\xi\})^2 \tag{9-11}$$

其中，$E\{\xi\}$ 表示均值，是依赖于上述概率密度 $p(x)$ 求和而得的。

对于一幅灰度域的自然图像而言，其像素值可以统计建模为一个近似服从幂指数参数 $\gamma<2$ 的广义高斯分布[3]。直接对整幅图像进行方差计算仅得到一个数值，在实践上毫无意义。由于自然图像内容丰富，其统计特征在不同位置是各域异性的。例如，在平滑区域像素值变化不大，所以方差小；而在纹理边缘密集的区域像素值波动剧烈，故方差很大。因此，利用局部方差描述图像就显得更有意义，具体表示为

$$D\left(\xi_p\right)=E\left\{\left(\xi_p-E\left\{\xi_p\right\}\right)^2\right\}=E\left\{\xi_p^2\right\}-(E\{\xi_p\})^2 \tag{9-12}$$

其中，ξ_p 表示在位置 p 处的像素值，而 $E\left\{\xi_p\right\}=\sum_{q\in N_p}\omega_q\xi_q$ 和 $E\left\{\xi_p^2\right\}=\sum_{q\in N_p}\omega_q\xi_q^2$ 表示均值在 p 点邻域 N_p 附近求取，ω_q 是归一化的权重值，即离散概率密度。由于方差值是逐点局部计算的，在不考虑图像边界的情况下，此时得到了一幅与原图大小相当的局部方差图。相对于单值描述，局部方差图的向量式描述包含更多图片信息，在实践上更具应用价值。

局部方差法在本质上就是一种边缘描述算子，而基于边缘和轮廓的目标检测在性能上并不稳定，本节旨在描述一种更具鲁棒性的目标斑块检测方法。尽管并不对所有自然图像具有普遍适用性，但是由于充分利用了交通视频中道路背景和车辆前景的灰度及纹理统计特性，该方法在交通车辆目标检测中取得了很好的应用效果。

该方法基于对局部方差计算过程的修正。具体而言，局部方差图 $D(I)$ 的求取可以通过原始灰度图像 I 同模版卷积得到，即

$$D(I)=C*I^2-(C*I)^2 \tag{9-13}$$

其中，C 是 $N\times N$ 的归一化模版，通常取为均匀或高斯权重，N 表示正方形邻域的边长大小。在实际计算中均匀模版和高斯模版的效果是相近的，这一现象可由统计学中的大数定律得到保证。

本质上式(9-13)只是式(9-12)的另一种表示形式。由于模版非负且归一，满足凸性，故 $D(I)\geqslant 0$ 恒成立，这即是熟知的 Jessen 不等式或 Cauchy 不等式。在修正的局部方差 $mD(I)$ 中，用下述模版替代均匀或高斯模版，即

$$mD(I)=M*I^2-(M*I)^2 \tag{9-14}$$

其中，$M=\begin{pmatrix}1 & \cdots & 1\\ \vdots & & \vdots\\ 1 & \cdots & 1\end{pmatrix}$ 为所用模版，其作用相当于局部累加求和。为了便于处理，将修正后的局部方差 $mD(I)$ 线性平移伸缩到单位区间，通过设置二值化即可区分出路面背景和车辆与行人等前景。

9.3.2 基于视频信息的队列长度检测

世界坐标系是三维的，而图像是二维的，为了能检测出道路上车辆所发生的位移，需要在实际道路平面和图像平面之间建立一个视觉模型，通过对模型的标定，建立二者之间的关系，从而使图像上的点与实际道路平面上的点一一对应。也就是说，摄像机通过成像透视模型将三维场景投影到摄像机二维

像平面上，这个投影可用成像变换描述，即摄像机成像模型。视觉坐标系如图 9.19 所示。

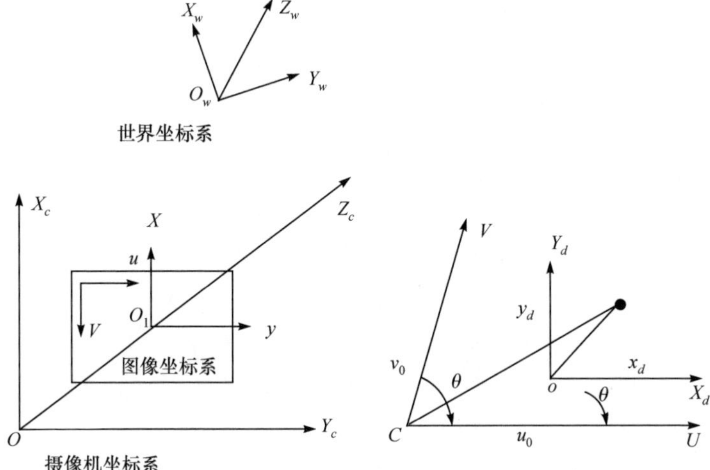

图 9.19　视觉坐标系

世界坐标系 X_w,Y_w,Z_w 和图像坐标系 $[u,v]$，O_1 在 $[u,v]$ 中的坐标为 (u_0,v_0)，每一个像素在 u 轴和 v 轴方向上的物理尺寸为 dx,dy，映射矩阵为

$$\begin{cases} u = u_0 + \dfrac{x_d}{dx} - \dfrac{y_d \cot\theta}{dx} \\ v = v_0 + \dfrac{y_d}{dy\sin\theta} \end{cases} \tag{9-15}$$

写成齐次坐标形式为

$$\begin{bmatrix} u \\ v \\ 1 \end{bmatrix} = \begin{bmatrix} f_u & -f_u\cot\theta & u_0 \\ 0 & f_v/\sin\theta & v_0 \\ 0 & 0 & 1 \end{bmatrix} \begin{bmatrix} x_d \\ y_d \\ 1 \end{bmatrix}, \quad f_u = \frac{1}{dx}, \quad f_v = \frac{1}{dy} \tag{9-16}$$

直接线性变换是将像点和物点的成像几何关系在齐次坐标下写成透视投影矩阵的形式，即

$$s\begin{bmatrix} u \\ v \\ 1 \end{bmatrix} = K(Rt)\begin{bmatrix} X_w \\ Y_w \\ Z_w \\ 1 \end{bmatrix} = P_{3\times4}\begin{bmatrix} X_w \\ Y_w \\ Z_w \\ 1 \end{bmatrix} \tag{9-17}$$

其中，$(u,v,1)$ 为图像坐标系下的点的齐次坐标，X_w,Y_w,Z_w 为世界坐标系下的空间点的欧氏坐标，P 为 3×4 的透视投影矩阵，s 为未知尺度因子。

$$P_{3\times4}=\left(p_{ij}\right)=\begin{bmatrix} p_{11} & p_{12} & p_{13} & p_{14} \\ p_{21} & p_{22} & p_{23} & p_{24} \\ p_{31} & p_{32} & p_{33} & p_{34} \end{bmatrix} \tag{9-18}$$

$$\begin{cases} su = p_{11}X_w + p_{12}Y_w + p_{13}Z_w + p_{14} \\ sv = p_{21}X_w + p_{22}Y_w + p_{23}Z_w + p_{24} \\ s = p_{31}X_w + p_{32}Y_w + p_{33}Z_w + p_{34} \end{cases} \tag{9-19}$$

消去 s，可以得到方程组

$$\begin{cases} p_{11}X_w + p_{12}Y_w + p_{13}Z_w + p_{14} - p_{31}uX_w - p_{32}uY_w - p_{33}uZ_w - p_{34}u = 0 \\ p_{21}X_w + p_{22}Y_w + p_{23}Z_w + p_{24} - p_{31}vX_w - p_{32}vY_w - p_{33}vZ_w - p_{34}v = 0 \end{cases} \tag{9-20}$$

即

$$\begin{cases} u = \dfrac{p_{11}X_w + p_{12}Y_w + p_{13}Z_w + p_{14}}{p_{31}X_w + p_{32}Y_w + p_{33}Z_w + p_{34}} \\ v = \dfrac{p_{21}X_w + p_{22}Y_w + p_{23}Z_w + p_{24}}{p_{31}X_w + p_{32}Y_w + p_{33}Z_w + p_{34}} \end{cases} \tag{9-21}$$

约束条件：$p_{34}=1$，将车辆高度这一维信息忽略，从而把世界坐标系中的一维信息给略去。令 $Z_w=0$，则

$$\begin{cases} u = \dfrac{p_{11}X_w + p_{12}Y_w + p_{14}}{p_{31}X_w + p_{32}Y_w + 1} \\ v = \dfrac{p_{21}X_w + p_{22}Y_w + p_{24}}{p_{31}X_w + p_{32}Y_w + 1} \end{cases} \tag{9-22}$$

图 9.20 为求解图像平面的道路平面，通过矩阵参数和已知图像平面上的点(图 9.20(a))，求解出道路平面(图 9.20(b))。图像平面和道路平面两个平面是对应的，可从图像平面映射到道路平面，即图像平面为源图像，路面图像为目标平面。同样，对于车辆队列的图像平面，也可转换成实际的车辆队列，从而可以算出实际的车辆队列长度。

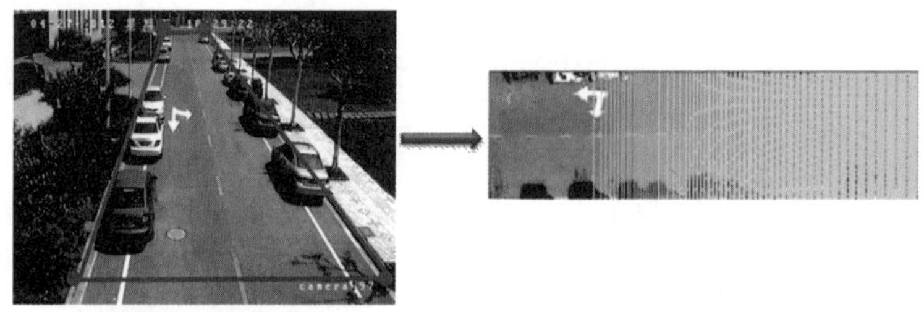

(a) 图像平面的四点标定　　(b) 实际道路平面

图 9.20　测距距离

摄像头在摄取车辆队列时，无法提取实际的三维信息，通常会把车辆遮挡的路面也计算成车辆队列的一部分，因此需要除去这部分盲区长度，否则会使队列长度产生很大的误差。如图 9.21 所示，由于摄像头安装高度 h_{lamp} 是固定的，因此通过车高 h_{car} 和车辆队列检测长度 L_d，可以计算出盲区长度 d 为

$$d = L_d \cdot \frac{h_{\text{car}}}{h_{\text{lamp}} - h_{\text{car}}} \tag{9-23}$$

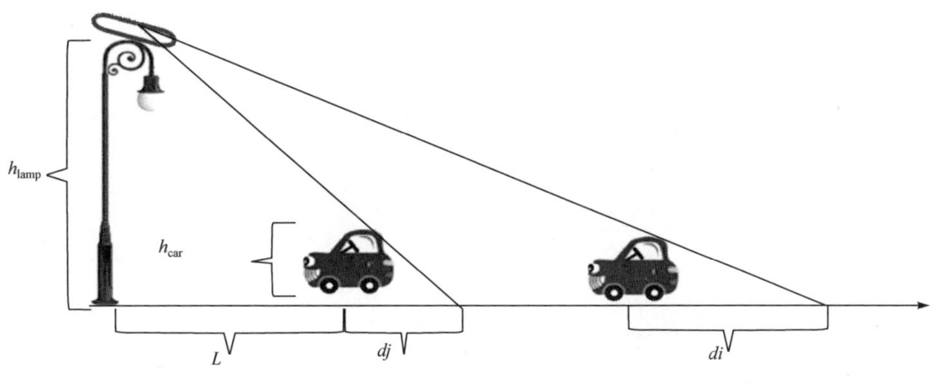

图 9.21　盲区示意图

车辆队列的实际长度 L 为 $L = L_d - d$ 。

实际系统在实现时，为了减少系统的运算负载，先对视频进行虚拟线框标定，后面的操作都在虚拟框内进行。车辆排队长度检测[4,5]首先要做的是摄像头标定，其次是对车队前景进行检测，这里面采用的是双阈值局部方差法，由于车辆阴影对获取准确的车辆信息有较大的影响，需要通过去除阴影算法进行阴影的去除，最后根据摄像头标定获取的刻度尺计算车辆排队长度，最终达到输出红灯时间段内停车线后车辆排队的长度的目的，车辆排队检测流程如图 9.22 所示。

检测过程相关函数接口定义如下。

(1) 计算单应性参数

CvMat *SpinCorrection(CvPointps1, CvPointps2, CvPointps3, CvPointps4, CvPointpe1, CvPointpe2, CvPointpe3, CvPointpe4)

(2) 完成摄像机标定

IplImage *ImageTurn()

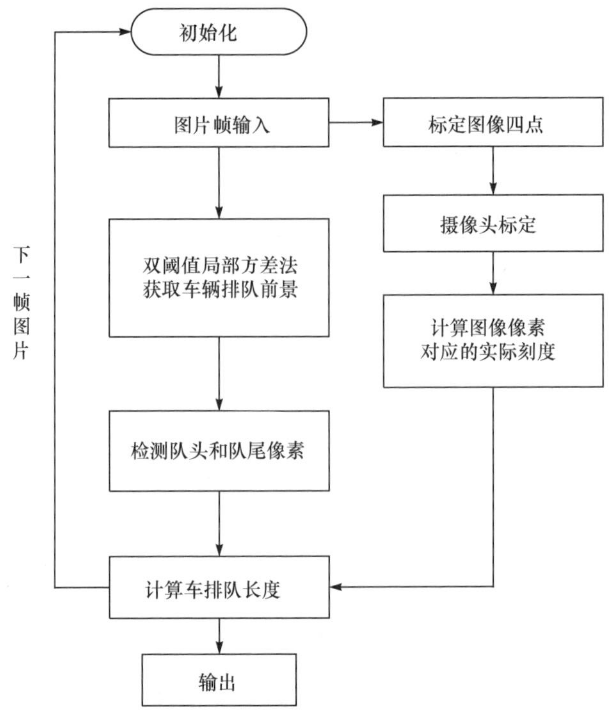

图 9.22　车辆排队检测流程图

(3) 计算车辆队列长度

float VehicleQueueLength (IplImage*, CvPoint, CvPoint, CvPoint, CvPoint, int, int, int, int)

函数之间具体的调用关系如图 9.23 所示。

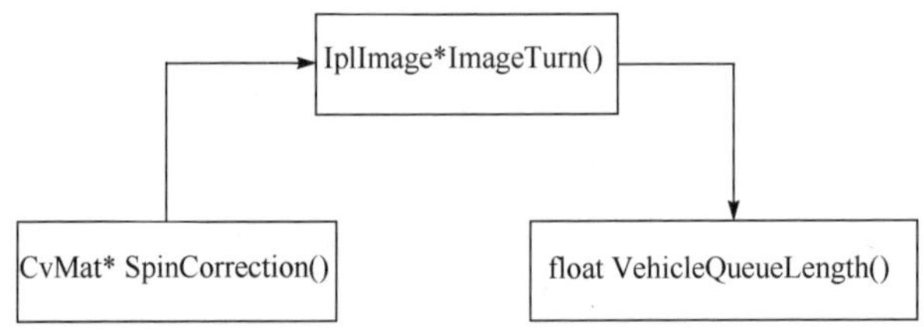

图 9.23　函数之间具体的调用关系

9.3.3　基于视频信息的流量与速度检测

实时准确的车流量检测是智能交通系统中的重要组成部分，是进行交通监控、道路管理调度的基础。传统的车流量检测方法如地感线圈法、超声检测和红外检测法，存在安装不便、设备价格昂贵、易受干扰等各方面的问题。而随着计算机和图像处理技术的飞速发展，基于机器视觉和图像处理技术的车流量检测技术，因具有安装维护简便、应用范围广等优点，越来越受到交通运输管理部门的关注。

本系统采用虚拟线圈的方法进行交通车流的实时检测和统计。所谓虚拟线圈就是在固定视角摄像头所拍摄的视频图像帧中划出特定的区域(如图 9.24 中白线所示区域)，以此模拟现实场景中的地感线圈。当有行驶车辆经过时，视频图像帧中虚拟线圈所在区域的一些统计特征将发生明显的变化，据此实现对交通路况信息的实时检测。完整的基于虚拟线圈的车流检测系统包括实时动态背景建模、前景目标提取和车流信息计算三大模块。

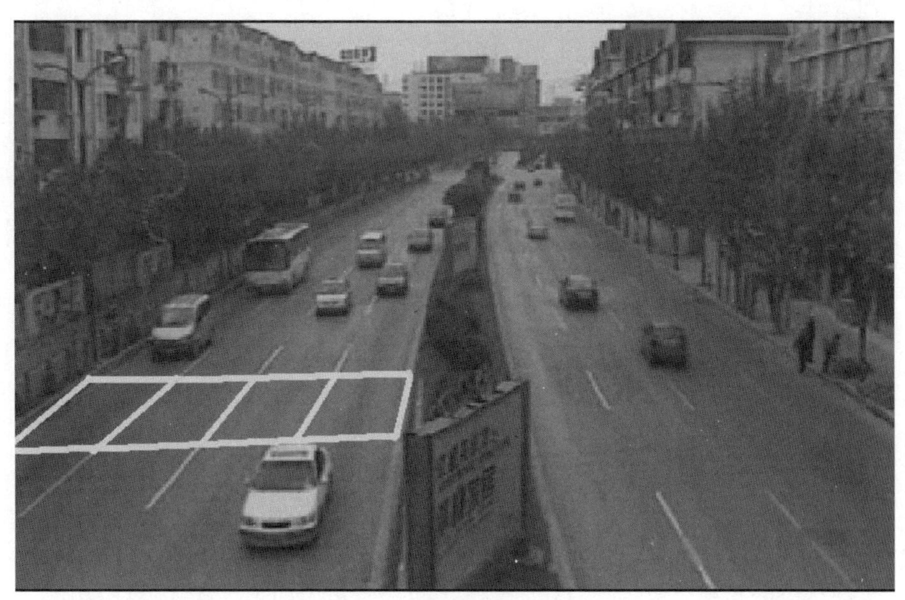

图 9.24　虚拟线圈示意图

首先需要简单介绍一下专门负责实时车流信息检测的摄像头的布置问题。由于仅对虚拟线圈所在区域进行图像处理，所以该摄像头的视野不必开阔，可以相对集中于所关心的区域，通过调大摄像头的倾角就可满足需要。这种设置方式也可以极大地消除车流密集时前后车辆遮挡对车流检测精度的影响。

由于虚拟线圈车流检测问题的特殊性，一些先验知识的引入有助于提升前景目标提取的效果。比如在设置虚拟线圈时，其车流运动方向的长度通常小于最小车辆的车身长度，因此在任何时刻，在虚拟线圈上的车辆数目都不会大于 1。这在数学形态学滤波中可以进一步排除不合尺度规格的连通域，降低误判。

经过动态阈值分割和形态学滤波，可以实时统计虚拟线圈中前景目标所占的百分比。实验结果显示，该百分比的主要峰值点数目与车辆数具有对应关系。然而由于受光照、阴影、随机干扰以及车辆在虚拟线圈中所处位置等影响，该比例在数值上是实时变化的，并且伴有小的波动，如图 9.25(a)所示。为了消除这些细小毛刺的影响，用低通滤波的方法对这些数据进行平滑。图 9.25(b)显示了 15 点高斯滤波的结果，并且实现了数据平滑的效果，已满足后续处理的要求。

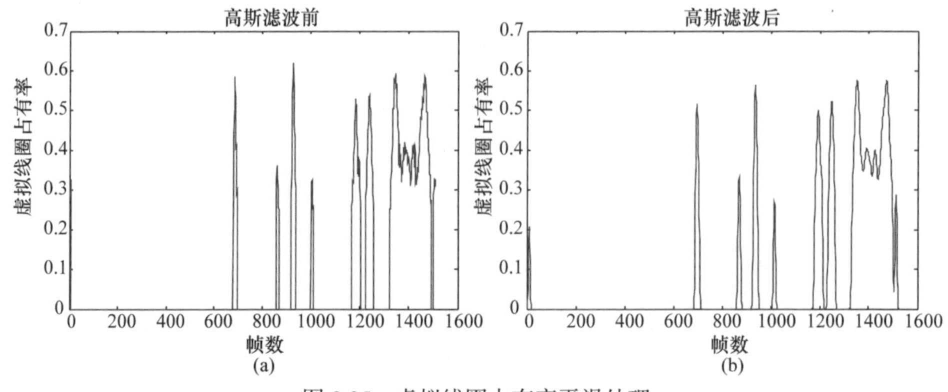

图 9.25　虚拟线圈占有率平滑处理

依据平滑后的虚拟线圈占有率的波峰数量，可以近似实时统计车辆数目(利用 15 点高斯滤波，则车辆数目统计将滞后 7 帧。以帧率 25 记的话，该滞后不到 1/3s，故其影响可以忽略不计)。由于在波峰点处图形是局部凹的，所以通过统计数据一阶差分过零点(左正右负)的数目可以实现对车流数量的实时检测。

虚拟线圈检测函数为交通路况提供了丰富的实时信息。其横坐标表示帧数，根据视频码流的帧率可以进一步转化为直观的时间坐标，而纵坐标表示车辆进入虚拟线圈的百分比。通过统计一定时间内信号波峰的个数可以精确模拟经过该虚拟线圈的车辆数。而波峰信号起始和终止时间差的平均量可以用来计算该段时间内的近似平均车流速度。依据这些物理量可以进一步求得饱和度和占有率等重要指标。

图 9.26 显示了该模块对武宁路某路段的功能测试，具体包括原始视频、背景建模、前景提取、车辆进入和离开虚拟线圈时刻(帧序号)的记录四部分。

图 9.26　虚拟线圈模块演示图

车流量检测算法流程图如图 9.27 所示。

算法相关函数接口定义如下。

(1) 利用高斯混合背景建模法获取背景

IplImage *BackGround(IplImage *frame, int, int, int, int)

函数的输入：当前帧、虚拟框的四个坐标。

函数的输出：背景帧。

(2) 利用背景差分法获取车辆前景

IplImage*ForeGround(IplImage*frame, IplImage *backImg, int, int, int, int)

函数的输入：当前帧、背景帧、虚拟框的四个坐标。

函数的输出：前景帧。

(3) 获取虚拟框内前景所占的百分比

doublePercent(IplImage *imgfore, Point, Point, Point, Point)

通过统计虚拟框内前景占虚拟框的百分比，并通过适当阈值来判断是否有车。

函数输入：当前帧、虚拟框四个坐标。

函数输出：当前帧占虚拟框的百分比。

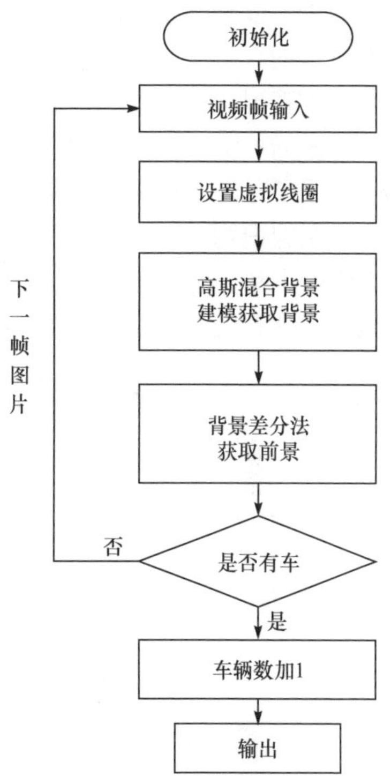

图 9.27　车流量检测算法流程图

(4) 获取高斯滤波的参数

double *GaussianPram(doublenMat[], int *k*)

当获取虚拟框的连续多帧前景百分比后，会有些因抖动等其他原因带来的噪声，这里对其进行处理，首先去除百分比小于 20%的值(即虚拟框的 1/5)，其次对多帧前景百分比进行高斯平滑，最终获取带有波峰和波谷的一段数据，车流量即为统计波峰的个数。

函数输入：一维数组、滤波长度。

函数输出：2k+1 长度的高斯滤波参数。

(5) 完成高斯滤波操作

doubleGaussianFilter(doubletempPercent[], doublenMat[], int k)
函数输入：滤波参数、一维矩阵、滤波长度。

函数输出：滤波后数值。

9.3.4 基于视频信息的车牌识别

在视频分析的基础上，车牌识别[6,7]具有辅助违规行为检测的作用。良好的车牌识别不仅有助于协助交警部门对违规行为的处罚，也在一定程度上对交通秩序有所帮助。

车牌识别的流程如下。

车辆检测：在有车辆经过时，实时判断并截取一张当前车辆的图片。主要方法采用了基于 Canny 算子的边缘检测和基于形态学基础的图像处理技术。

车牌识别：在车辆检测所截取的图片中寻找车牌并将其识别成文本信息。车牌识别大致分为车牌定位、字符分割和字符识别三个部分。识别完成后系统会得到一张含有文字信息的截图。流程如图 9.28 所示。

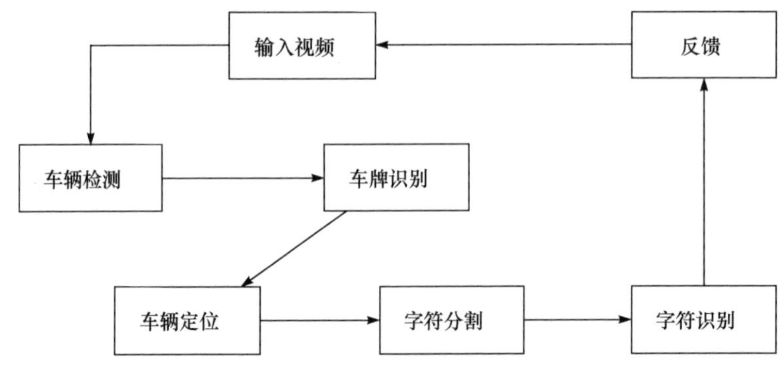

图 9.28　车牌识别流程

1. 车辆检测

划分一个固定的区域，然后统计其边缘像素的数量及百分比。若该百分比高于一个既定的阈值(视路口的不同调整)，则认为当前帧是有车的，系统会在这些帧中选取一个车位置较好的帧，并将其截取下来，传输给后续的部分。

对车辆进行检测的类为 CannyCar 类，主要工作为从视频中截取有车的帧。其接口定义如表 9.1 所示。

表 9.1 车辆检测类接口定义

public void	VideoLoader (CStringpath)，载入视频
public void	Cardetect ()，从视频中截取车辆图片
public Iplimage *	GetCarImage()，返回车辆图片

存储分配定义如表 9.2 所示。

表 9.2 存储分配表

public cvCapture *	cvCapture *Capture
public cvCapture *	cvCapture *Capture500
Public IplImage *	IplImage *CarImage

2. 车牌定位

车牌定位是在已经截取好的视频帧中，获得车牌区域的位置，它是整个车牌识别系统的关键组成部分，定位的效果将直接影响后续的字符分割和字符识别操作。本系统采用双边缘检测的方法进行车牌定位。

图像中的“边缘”是指其周围像素灰度有阶跃变化像素集合。“边缘”两侧分别属于两个区域，每个区域的灰度均匀一致，但这两个区域的灰度在特征上存在一定的差异。基于边缘检测的车牌定位是利用车牌字符颜色与底色在灰度上剧烈变化检测车牌字符的边缘，从而实现车牌定位。

双边缘检测的车牌定位是一种基于多尺度处理思想、边缘检测与多尺度数学形态学处理相结合的方法。常见车牌一般是蓝底白字、黄底黑字两种，在车牌部分由于文字和底色的颜色差别导致该部分有丰富的边缘，所以对图片进行边缘检测时可以有效凸显车牌区域。首先，对一幅图片进行边缘检测，然后对该图片进行大尺度算子的膨胀腐蚀，保留满足一定长宽度要求的连通域作为车牌可能存在区域。按照车牌候选区域对原始图片进行分割，会产生一系列可能含有车牌区域的子图片。然后，对所有子图片再次进行边缘检测，这样车牌区域在子图片中特征更加明显，再对这些子图片使用小尺度算子进行膨胀腐蚀。由于子图片含有噪声少，车牌区域边缘特征明显，通过边缘检测和膨胀腐蚀操作之后能够有效地提取出车牌区域或者车牌部分区域，根据车牌长宽度、长宽比等先验知识剔除一些伪车牌区域。车牌定位过程如图 9.29 所示。

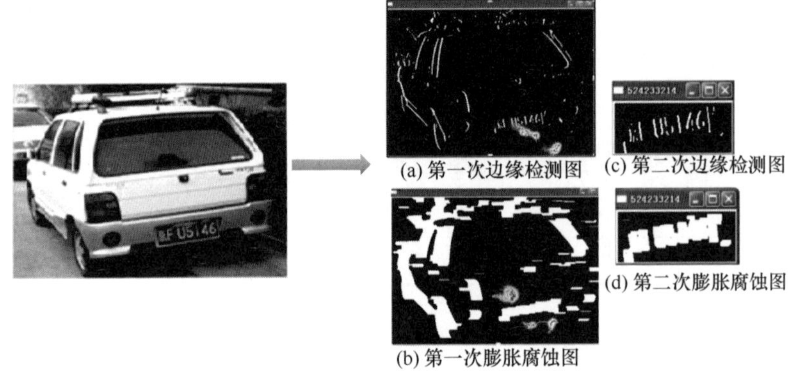

图 9.29　车牌定位

车牌定位算法流程如图 9.30 所示。

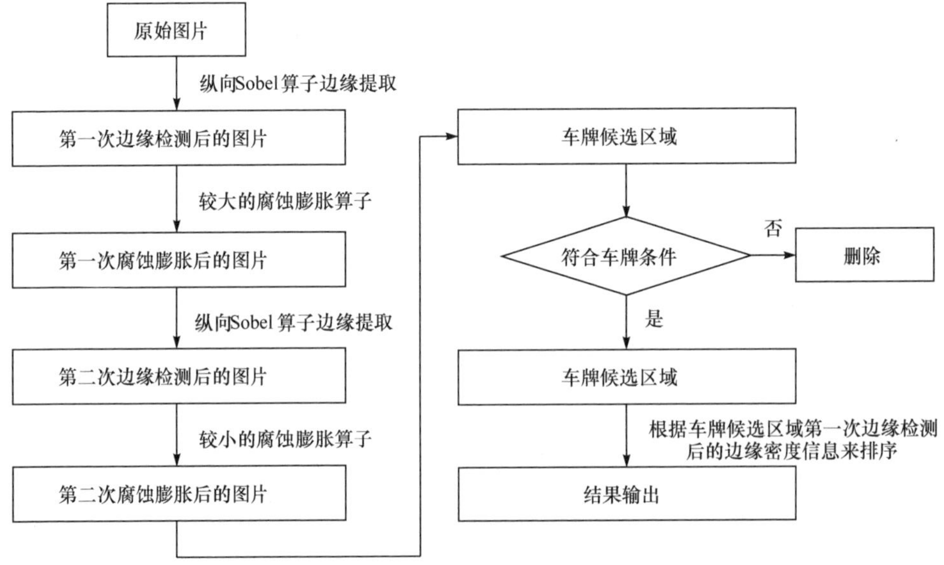

图 9.30　车牌定位算法流程图

①对原始图片采用纵向 Sobel 算子进行边缘提取。

②采用较大的膨胀腐蚀算子对步骤①处理后的图片进行腐蚀膨胀处理，计算连通域，获取可能的车牌区域。

③采用 Sobel 算子对步骤②处理后的图片进行边缘提取。

④采用较小的膨胀腐蚀算子对步骤③处理后的图片进行腐蚀膨胀处理，计算连通域，获取更加精细的车牌区域。

⑤将大致处在同一水平位置上的连通域进行两两相关性结合，这样可

以保证车牌不会因为分成两部分而定位失败。

⑥利用车牌的先验知识(如长度、宽度的范围适中，长宽比满足一定的比例范围等条件)将一些不满足条件的车牌候选区域剔除。

⑦将车牌图片转化到 HSV 空间，得到车牌颜色，以确定车牌类型。

对车牌进行定位的类为 GetVLPLocation 类，主要工作为从图片中获取车牌图片。

接口定义如表 9.3 所示。

表 9.3　车牌定位类接口定义

public void	ImageLoader (CStringpath)，载入车牌图片，并预处理
public void	GetLocation ()，从图片中截取车牌图片
private vector<PlateBox>	GetPlate()，从图片中获得车牌的位置与信息
vector<PlateBox>	GetVector()，返回存储车牌图片的 vector

存储分配如表 9.4 所示。

表 9.4　存储分配表

public vector	vector<PlateBox>PlateBoxVector
public vector	vector<PlateBox>PLateSection
private IplImage *	IplImage *pOriginImage
private IplImage *	IplImage *PLateSeg

3. 字符分割

主要可以分为四大主要模块：颜色判别模块、预处理模块、字符切分模块、后续处理模块，其流程如图 9.31 所示。

(1) 颜色判别模块

该模块主要实现车牌颜色的识别，用于识别蓝色车牌和黄色车牌，由于两者在后续的处理中略有不同，所以需要事先区分。

首先将输入图像从 RGB 色彩空间转换到 HSV 色彩空间去，其中 H 分量可以用于区分不同的颜色，不同颜色的 H 值是不同的。统计输入图像在 HSV 空间中每一个点的颜色信息，辨别是黄色居多还是蓝色居多，从而对整张车牌图像做出判断。在完成判断后，在存储车牌图像的同时，用一个变量存储它的颜色。

(2) 预处理模块

该模块的主要作用是对输入车牌图像进行倾斜校正、X 和 Y 方向的切割，进一步得到更加精确的车牌区域。

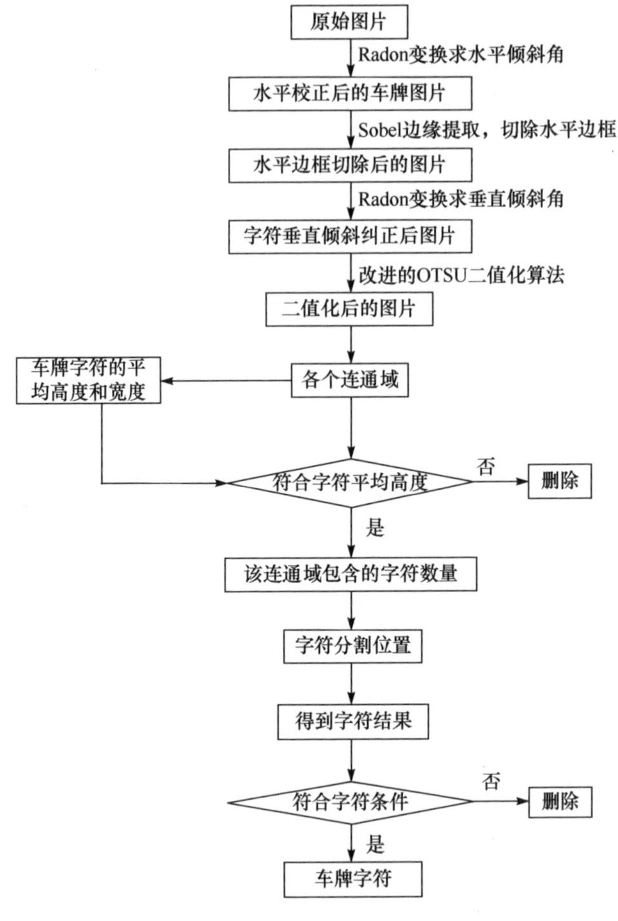

图 9.31　字符分割流程图

车牌倾斜包含车牌自身倾斜和车牌字符倾斜，可以通过以下步骤对车牌进行倾斜校正。

① 图像灰度化。

② 利用 Radon 变换实现车牌水平方向的校正。

③ 去除水平边框。根据在车牌区域的边缘比较密集的特点来完成，具体做法如下：对已水平方向校正过的车牌图像进行 Sobel 算子的边缘检测。统计每一行的白点个数，计算平均每一行的白色点数 AverRowWhiteNum；白点数小于 AverRowWhiteNum 的区域则被认为是边框区域。

④ 利用 Radon 变换实现车牌字符的倾斜校正。

⑤ 去除垂直边框。

(3) 字符切分模块

该模块完成字符的切分，将一张完整的输入车牌图像切分成多张包含单字符的图像。切分后输出的图像仍是 24 位彩色图像，而不是中间处理使用的二值图像，这样可以防止中间处理造成的失真对后续识别产生不利影响。

字符分割采用的方法是寻找连通域和垂直投影分割法相结合的方式，具体步骤如下。

① 用改进的 OTSU 算法进行二值化，并根据车牌颜色信息将车牌二值化效果统一为黑底白字。

② 将一些不满足车牌先验条件(长度、宽度的范围适中，长宽比满足一定的比例范围等条件)的连通域删除，然后再统计各连通域的宽度和高度，得出车牌字符的平均宽度和平均高度。

③ 对每一个连通域进行操作，如果该连通域的高度与车牌字符的平均高度基本一致，则保留。否则，删除该连通域。根据连通域宽度与字符平均宽度的比值关系计算该连通域所含字符个数；然后根据平均宽度估计分割位置，再在该位置求解一个局部最小值(即在这个局部范围内，列像素和的最小值)，该局部最小值就是字符分割的位置。

④ 根据第二个字符和第三个字符距离比较大的特点确定第二个字符的位置，然后向左找出汉字部分，向右再找到五个字符，从而完成字符分割。在寻找汉字的过程中，由于汉字部分存在着一个汉字包含几个连通域的情况，所以要对车牌字符平均宽度和汉字连通域的宽度进行比较后再确定汉字部分的位置。

在车牌候选区域中，可以根据车牌的句法特征来进行评判筛选，若字符分割过程能够获得七个有效字符，则认为该区域是车牌区域，否则该区域是伪车牌区域。

(4) 后续处理模块

该模块主要是在字符分割完成后对内存进行释放，销毁一些中间的临时变量。

字符分割的执行效果如图 9.32 所示。

(a) 原始图片

(b) 车牌水平校正效果图

(c) 水平边框切除效果图

(d) 字体倾斜校正效果图

(e) 车牌二值化效果图

(f) 字符切分结果

图 9.32　字符分割效果

对字符进行分割的类为 Charseg 类，将提取得到的车牌图像按字符进行切分，然后输出切分后的多张单字符图像，供字符识别类使用，其设计说明如下。接口定义如表 9.5 所示。

表 9.5　字符分割类接口定义

public void	LoadImg(IplImage*)，载入图片，将需要分割的图像载入到类内
public void	CharSeg()，将已载入的待分割车牌图像进行切分
public vector<IplImage *>	GetSegImg()，将分割好的字符图像存储值一个数组中复制并返回

4. 字符识别

(1) 选取样本车牌

样本车牌包括汉字、字母、数字字母 3 类车牌，其中汉字有 31 类，分别为藏、川、京、云、黑、鲁、吉、粤、贵、晋、青、宁、冀、苏、蒙、津、桂、陕、鄂、湘、浙、赣、辽、闽、新、皖、琼、豫、沪、渝。字母有 24 类，分别为 A、B、C、D、E、F、G、H、I、J、K、L、M、N、O、P、Q、R、S、T、V、U、W、X、Y、Z。数字字母有 34 类，分别为 0、1、2、3、4、5、6、7、8、9、A、B、C、D、E、F、G、H、I、J、K、L、M、N、O、P、Q、R、S、T、V、U、W、X、Y、Z。其中这些车牌每类都有 10 张样本，所以最终汉字会有 310 类，字母有 240 类，数字字母有 340 类，将这些车牌进行处理，提取特征，进行训练即可。

(2) 图像处理

图像处理分为四步，分别为图像灰度化、图像二值化、大小归一化、位置归一化，其中图像二值化将图像处理成只有黑白两种像素值的图片，图像灰度化与图像二值化是为了后续特征提取判定时方便像素的分类提取，大小归一化将图片处理为 20×40 规格的图片，大小归一化和位置归一化是为了统一样本车牌大小，车牌位置位于正中，方便特征提取规范化，形成统一的特征要求，不至于产生误差。

(3) 特征提取

特征一：粗网格提取。

将每张 20×40 的图片划分为 10×10 标准的 100 格网格，然后提取出每格中像素所占面积的比例作为一个特征，这样会形成 100 种特征，而且每个特征所在位置不同。

特征二：半平面特征提取。

分别提取上、下、左、右四个半平面中每一列和每一行的像素总和占面积的比例，作为一个半平面特征，总共会有 120 种特征，结合上面的 100 种特征就会从每张图片中提取出 220 种特征，将这些样本进行训练，就会得到一个模型。

(4) 样本训练

工具：SVM 支持向量机。

原理：利用给定样本构建一个超平面，对测试样本进行有效分类。

SVM 工具：LibSVM。

① svm-train 对样本进行训练，构建 model。

② svm-predict 对测试样本进行测试。

(5) 车牌测试

首先将待测试车牌手动分割成七个字段，测试过程中，首先将车牌图片进行特征提取，然后调用 SVM 的工具 LibSVM 中 predict.exe 测试程序对车牌特征按照先前训练得到的模型进行预测，会得到预测到的 txt 文件，对 txt 文件进行格式化处理就会得到车牌识别的结果。

在程序分离的过程中，识别过程主体部分为汉字、字母和数字字母三个部分组成，由于主体部分中会有一些特殊字符比较相似，需要对其做特别的处理，所以需要构建单独的处理程序，其中，特殊数字字母有 S 和 5、B 和 8、Z 和 2、Q 和 D 及 0，对此四类特殊数字字母，需单独处理。处理的方法就是对此四类字符增加车牌样本，再次提取特征，训练得到特殊的模型，对此四类字符进行二次预测识别，提升预测的效果。

对字符进行识别的类是 CharRecognize 类，接口定义如表 9.6 所示，字符识别流程如图 9.33 所示。

表 9.6　字符识别类接口定义

public void	voidSobelFeature(IplImage *scr)，对处理完的字符图像进行特征提取，其中特征主要包含粗网格和半投影两种特征
public int	intRecRecSimilarChar(IplImage* scra,IplImage *scrb,intFlag)，从视频中对一般字符进行特征提取后，再次对特殊字符进行图像处理以及特征提取，主要是在基于上述粗网格特征和半投影特征等基础上，增加一些其他特征
public void	voidRecognizeChina()，调用 svm-predict 对提取的汉字特征进行识别，读取汉字识别结果

续表

public void	voidRecognizeChar()，调用 svm-predict 对提取的字母特征进行识别，读取字母识别结果
public void	voidRecognizeCharnum()，调用 svm-predict 对提取的数字字母特征进行识别，读取数字字母识别结果

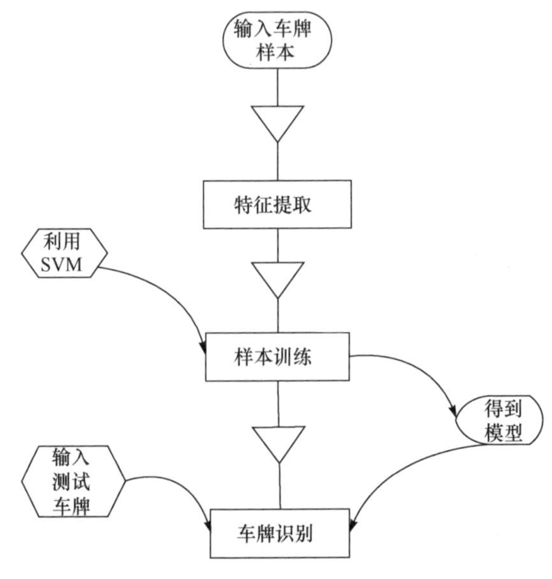

图 9.33　字符识别流程图

9.3.5　基于视频信息的事件检测

闯红灯已经成为一项重要的交通事故诱发因素。相对于地感、地磁、红外线等检测手段，基于视频的闯红灯事件检测系统成本低、安装方便、易于维护，其由背景更新、前景图像处理和事件检测三大模块组成，如图 9.34 所示。通过实时背景更新，利用背景差法提取前景中的运动目标实现车辆跟踪，依据预设规则完成车辆闯红灯检测。

基于视频的闯红灯事件检测系统就是依据行驶车辆的运动轨迹，利用预先设定好的判别规则实现车辆闯红灯检测，而高效的动态背景更新是实现前景运动目标提取和运动车辆跟踪的首要前提。

利用高斯混合模型对监控场景进行背景建模，其中每个高斯分布分别对应于场景中的运动前景、运动背景、固定背景和阴影等元素。为了更精确地建模光照变化和背景目标摆动等现实场景，根据当前视频帧和历史视频帧对每个高斯分布的权重进行了自适应的动态更新和调整。

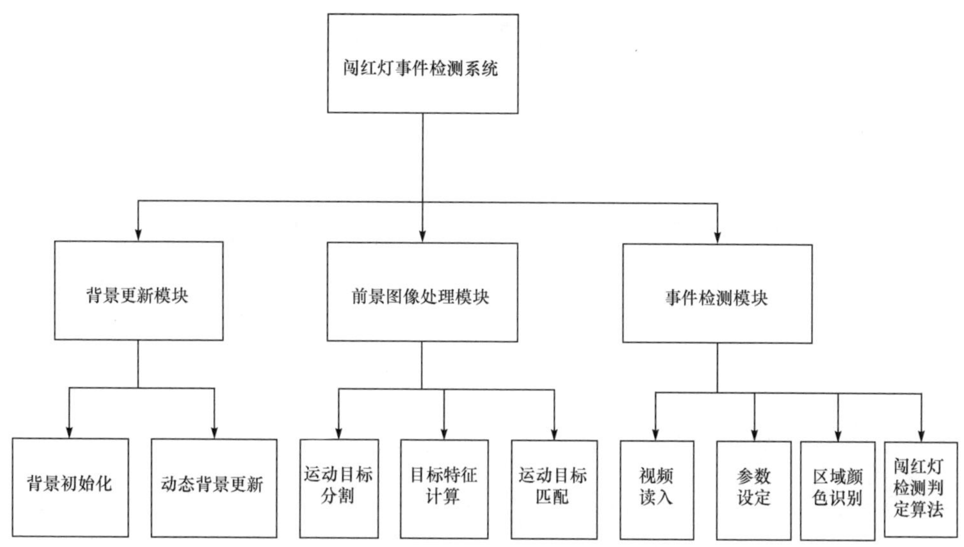

图 9.34 闯红灯事件检测系统构架

车辆闯红灯识别属于过程型事件检测，因此对运动车辆的精确定位和全程跟踪是准确判断车辆闯红灯与否的关键。在该模块中，对行驶车辆的跟踪包括运动目标分割、目标特征计算和运动目标匹配三个方面。

运动目标分割基于背景差分的方法提取出当前视频帧中的前景运动目标。由于光照和随机噪声等影响，提取出的前景并不理想，通过动态设置阈值和数学形态学滤波并结合车辆形状等先验信息能够消除这些影响，从而获得二值化的前景运动车辆目标。

上述运动目标分割能够定位行驶车辆，为了实现车辆跟踪必须提取出具有操作简单和分辨性强的目标特征，在 HSV 空间统计车辆的颜色直方图信息，计算简单，而且能够克服光照影响。此外，结合车辆的轮廓信息也能够进一步提升识别精度。

行驶车辆的有效跟踪通过相邻帧间的运动目标匹配得以实现。为了减少计算量，依据连续性原理，即运动车辆的行驶轨迹是连续变化的，在前一帧运动目标的邻域范围内对后一帧中的运动目标进行特征匹配。颜色直方图的相似性度量采用巴氏系数计算，而车身轮廓的相似性度量通过傅里叶描述子刻画。

针对监控视频及图像建立合适和合理的判别手段，是实现该车辆闯红灯事件检测系统的核心。本系统设定车辆在红灯时间内越过停车线并继续向前行驶或者左拐这类行为为闯红灯。如图 9.35 所示，在监控视频中设置虚拟线圈，当运动车辆行驶轨迹从停车线 1 出发经过交叉路口进而触碰虚拟线圈 2 或 3 时，则判断该车辆闯红灯。图 9.36 是该系统运行结果的一张界面示意图。

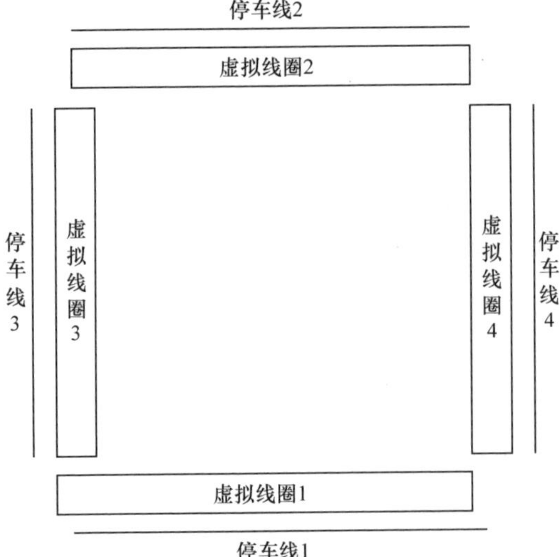

图 9.35　虚拟线圈示意

图 9.36　界面示意图

9.4　基于海量视频的交通监控与管理

9.4.1　自适应交通控制

1. 虚拟线圈与 SCATS 接口子系统

使用视频系统实时检测队列长度、车流量等信息，利用交通信号控制优化算法实时计算出所需的各控制参数，并根据 SCATS 系统车辆检测及方案选择算法的特点，产生所需的模拟开关量信号。通过模拟开关量信号，使 SCATS 系统生成所需要的控制信号，达到优化路口信号控制[8-11]的目的。

子系统各个功能模块划分如图 9.37 所示。

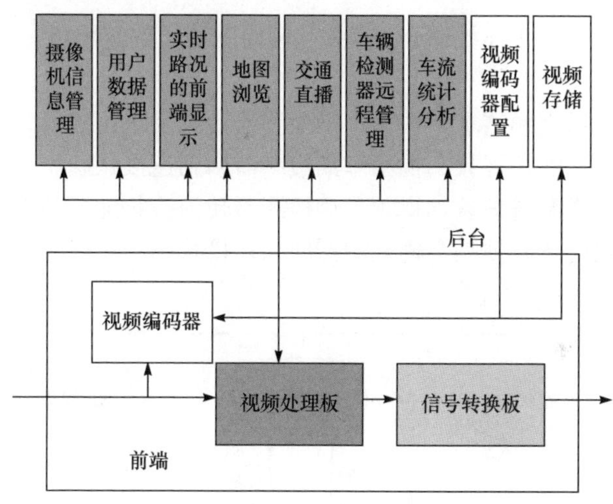

图 9.37　虚拟线圈与 SCATS 接口子系统模块构成

接口总共分为两部分，一个是视频处理板与信号转换板间的接口协议，另一个是视频处理板与后台参数配置模块、平均车流车速统计模块的接口协议。

(1) 视频处理板与信号转换板间的接口协议

视频车辆检测器发往信号转换板的事件消息格式如表 9.7 所示。

表 9.7　消息格式

名称	头字节	车道号	事件代码	CRC
数据	0xA8	1～32	0、1	校验
长度(字节)	1	1	1	1

每个消息共四字节，第一字节为头字节 0xA8；第二字节为车道号，取值范围 1～32；第三字节为事件代码，0 表示车进，1 表示车出；第四字节为 CRC 校验。

此消息在虚拟线圈检测到车辆进入或离开的时候触发。

(2) 视频接口板与后台之间通信协议

视频车辆检测器与交通信息管理平台之间的通信协议。

交通信息管理平台中的车辆检测器远程管理模块与视频车辆检测器采用 TCP/IP 进行视频传输和参数配置。通信过程中，把视频车辆检测器看成服务器端，远程配置模块作为客户端。

服务器端的状态转换流程如图 9.38 所示。

当服务器端处于监控状态时，绑定端口号 4500，等待客户端连接。

① 客户端发送 Socket 连接请求，视频车辆检测器接收连接请求转到连接状态；同时车辆检测线程暂停。

② 客户端发送终止连接命令，视频车辆检测器回到监控状态；同时车辆检测线程启动。

③ 客户端发送视频请求，视频车辆检测器转到发送监控视频状态。

④ 客户端发送终止视频，视频车辆检测器回到连接状态。

⑤ 客户端发送配置参数，视频车辆检测器转为接收配置参数状态。

⑥ 参数接收完毕，视频车辆检测器回到连接状态。

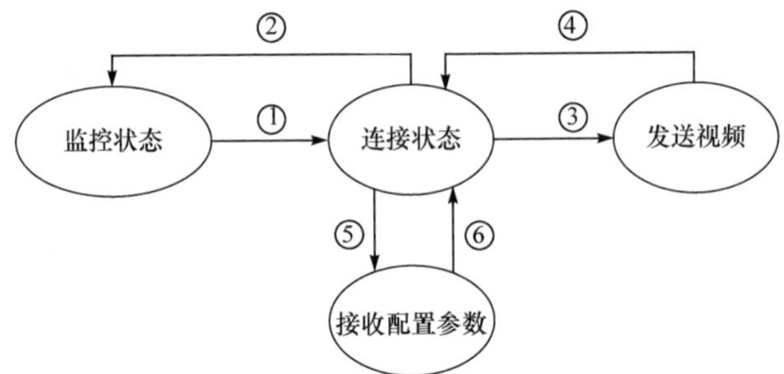

图 9.38 服务器端状态转换流程图

(3) 命令格式

所有命令格式统一为命令字(4 字节)+长度(4 字节)+数据，其中长度表明随后数据内容的长度(字节)，如表 9.8 所示。

表 9.8 命令格式

命令字	含义	帧格式
1	视频请求	00010000
2	视频终止	00020000
3	虚拟线圈配置	00030030(虚拟线圈 1，8 字节)(虚拟线圈 2，8 字节)

续表

命令字	含义	帧格式
4	管理平台 IP 配置	00040024(IP 地址，32 字节)(端口号，4 字节)
5	终止连接	00050000

整个子系统的执行流程如图 9.39 所示。

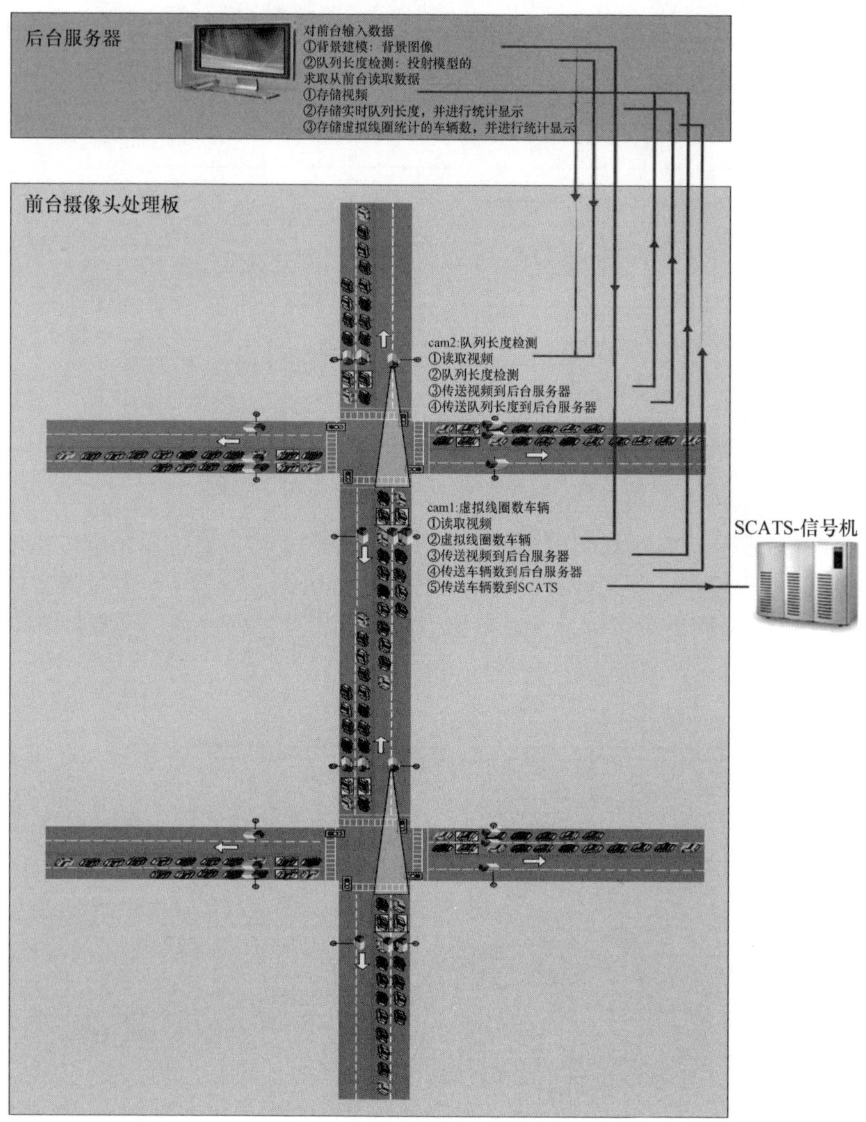

图 9.39　子系统控制流程

2. 队列检测与红绿灯控制子系统

通过视频实时检测路口队列长度，根据基于队列长度的红绿灯控制算法，对红绿灯绿信比、周期等进行实时控制，达到优化路口信号控制的目的。

各模块功能划分如图 9.40 所示。

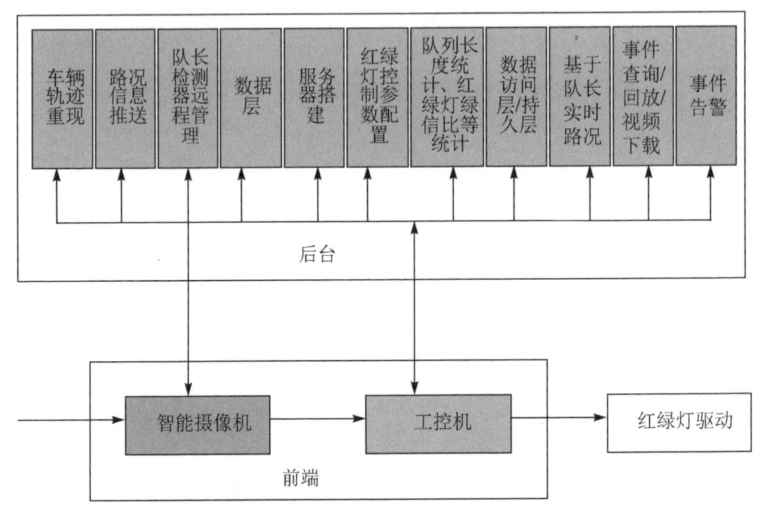

图 9.40 队列检测与红绿灯控制子系统模块构成

本单点控制算法基于视频检测的方式，采用模糊推理方法，以路口各相位的车辆排队长度为输入，分别计算当前相位的“绿灯饥渴度”和下一相位的“切换急切度”，基于模糊决策规则，计算得出当前相位所需绿灯时间。模型如图 9.41 所示。

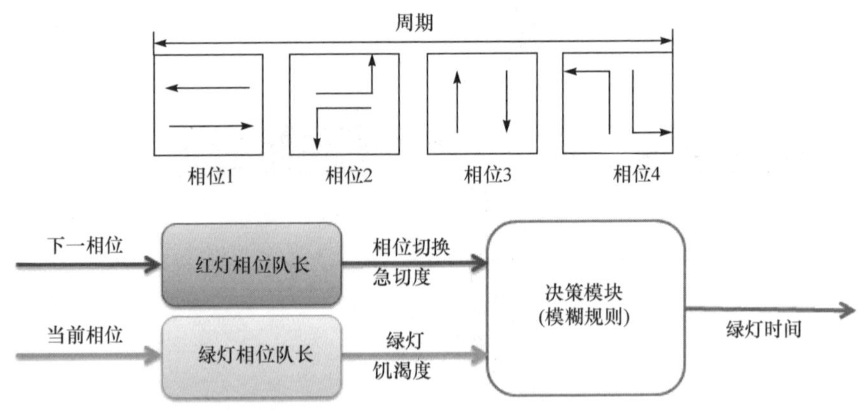

图 9.41 单点控制算法的模型

3. 交通控制模块详细设计

(1) 后台服务器部分主要设计架构

后台服务器采用.NET 平台构建，使用 SQL Server 2008 作为数据库，WIN Server 2008 为运行环境。

后台服务器运行于操作系统的 IIS 中，接受客户端以 HTTP 协议传过来的请求并以 Web Server 的方式向客户端提供信息服务和控制服务。

后台服务器部分采用扩展的 MVC 架构，分为表现层、控制层和数据层以及传输层四个部分，并抽象出传输实体层。

其中，控制层为核心部件，控制业务流程中数据流和控制流的方向。其他几层均依赖于控制层的指挥。整个系统的架构如图 9.42 所示。

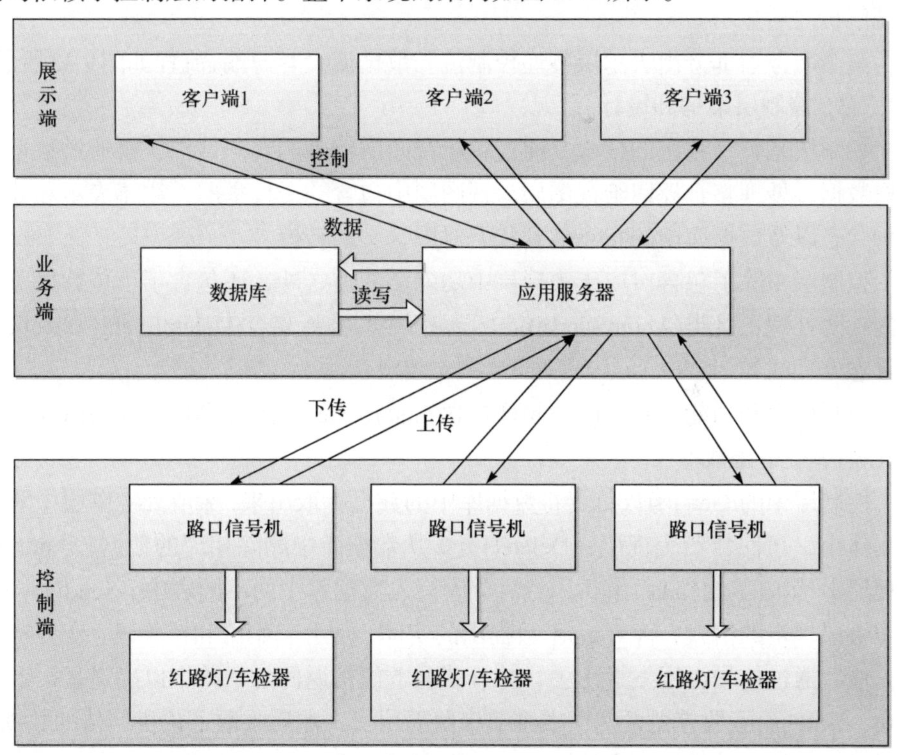

图 9.42 模块总体架构

(2) 表现层架构和设计

表现层由 ASP.NET 的 Web Server 文件组成。接收客户端传来的 HTTP 请求，校验请求参数，调用控制层的业务函数，并将结果返回给客户端。

表现层所有类均继承 IVIEW 接口，均实现了 Get()、Add()、Delete()、Change()、

GetUp()、SendDown()等六个函数的各种形式的重载。这些函数实现了方案的获取、添加、删除、修改、上传和下传功能。

表现层有 AdapterControlView、CarCountView、ConfigTimeManageView、ControlStyleView、CrossView、CrossLineInforView、FaultConfigView、GetRealTimeStateView、GreenCrashView、HandleErrorView、LoginAndRegisterView、LogView、PeopleRequestView、PeriodManageView、RoadView、SenseCoilView、SpecialDayManageView、TekinPlanView、TimeManageView 等共 19 个类。

表现层中的每个类直接对应于客户端中的一项基本功能，比如 CarCountView 接收客户端使用 HTTP 请求传来的关于车流量的一些数据请求，然后调用控制层对应的类返回需要的数据再通过 HTTP 传送 XML 文件的方式回传给客户端，客户端解析之后显示。

整个服务器部分由表示层传递控制流和数据流给客户端,流程如图 9.43 所示。

(3) 控制层架构和设计

控制层是整个系统的核心，通过解析视图层传来的客户请求，再通过数据层提取数据，处理整合返回给视图层。视图层中包含一个枚举层，用于表示和处理各种状态以及数据库中的状态值到状态对应含义的转换。

控制层中除了包含对应于表现层中功能类的类之外，还包含了下传数据所需要的一些处理工具类(AboutSendAndRecive)、一些委托集合(DeleteEventCollection)和日志处理的类。

控制层中和功能相对应的类同样包含 Get()、Delete()、Add()、SendDown()、GetUp()等五个函数。

控制层中的 Get()函数负责将数据库中的数据提取出来,赋值到实体层中的某个实体中，再回传给表现层；Delete()负责从数据库中删除相应的数据；Add()将表现层中传来的实体进行解析，然后分表写入数据库中的不同表中。SendDown()按照协议规定的格式，将 Get()函数提出的实体，加上起始位和校验码，变为字节串，最后通过信号机层发送出去，并且获取下位机返回的字符串以确定是否下传成功；GetUp()函数首先发送请求字节串给下位机，然后收取下位机回传的数据，根据相关协议将其转换给实体再回传给表现层。

控制层的业务流程如图 9.44 所示。

(4) 实体层设计

实体层为各个功能中抽象出的实体，作为各层之间以及服务器和客户端之间传输信息的载体。

例如，CrossEntity(路口实体层)包含的字段有 crossId int(路口 ID)、crossName

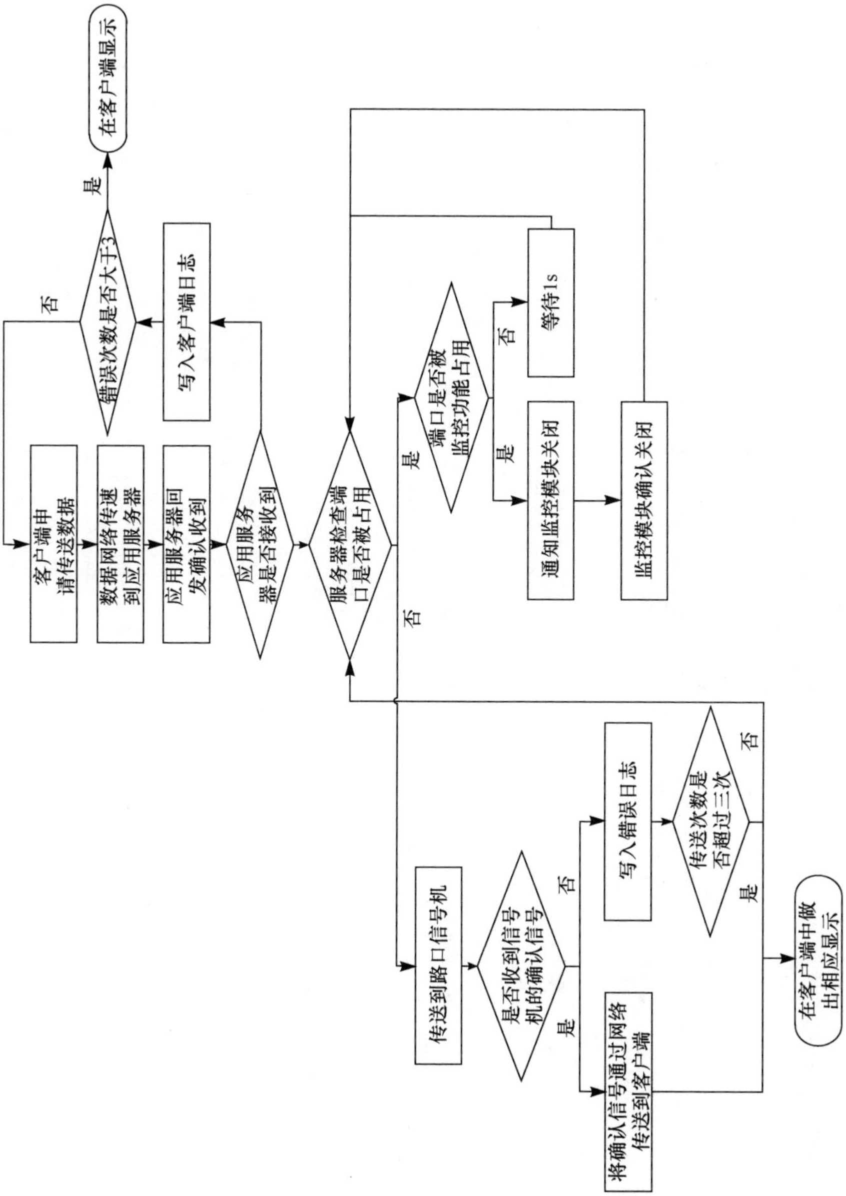

客户端申请传送数据
数据网络传送到应用服务器
应用服务器回发确认收到
应用服务器是否接收到
写入客户端日志
错误次数是否大于3
否
是
在客户端显示
服务器检查端口是否被占用
是
端口是否被监控功能占用
否
等待1s
是
通知监控模块关闭
监控模块确认关闭
否
传送到路口信号机
是否收到信号机的确认信号
是
将确认信号通过网络传送到客户端
否
写入错误日志
传送次数是否超过三次
是
否
在客户端中做出相应显示

图9.43　控制流传递图

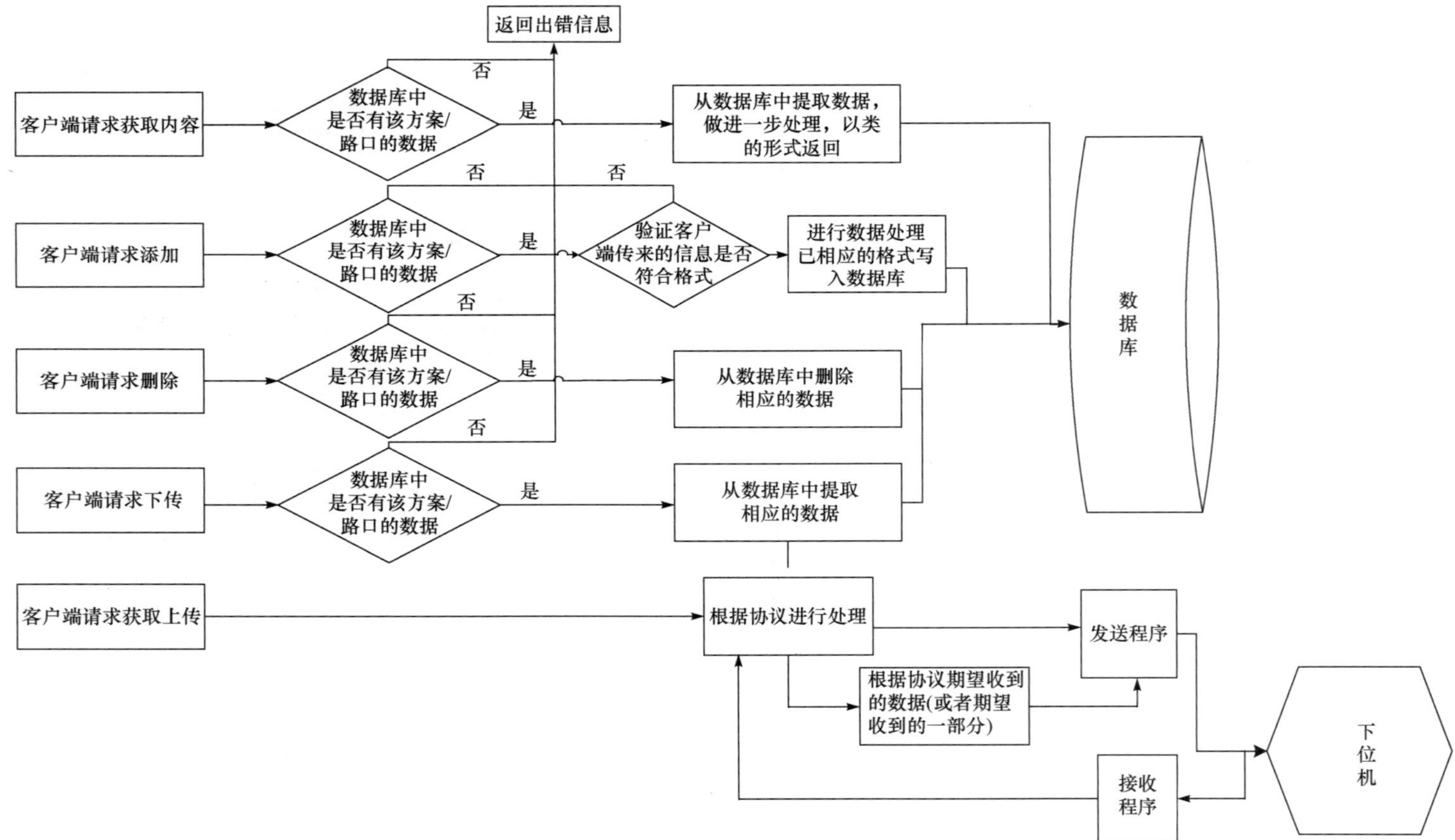

图9.44　控制层业务流程图

string(路口名)、crossLat string(路口经度)、crossLng string(路口纬度)、crossControllerId int(路口控制器 ID)、northSouthRoadName(南北方向道路名称)、eastWestRoadName(东西方向道路名称)、crossControllerDescption string[](路口控制器细节描述，包括控制器 IP、网关、控制器类型等数据)、crossDescption string[](路口细节描述，包括各个路口的车道信息)、state bool(状态信息)、failReason string(如果发生错误，此字段记录错误原因)、crossLightDescption string[](路口灯细节描述，包括路口左转灯右转灯还是全色灯)。

实体层的设计是抽象出的各个功能类所需要的最少的信息，控制层通过填充实体给表现层传递数据。表现层将实体交给控制层，由其进行解析然后交给数据层填充数据库。

(5) 数据层的架构与设计

数据层直接和数据库相连，为控制层提供数据持久化的支持。本系统中的数据层采用微软的 LINQ to SQL 技术实现了强类型数据库的连接，在编译期错误检测等功能。

LINQ to SQL 是包含在.NET Framework 3.5 版中的一种 ORM 组件(对象关系映射)，ORM 允许使用.NET 的类来对关系数据库进行建模。然后，可以使用 LINQ 对数据库中的数据进行查询、更新、添加、删除。LINQ to SQL 提供了对事务、视图、存储过程的完全支持。

在 LINQ to SQL 中，关系数据库的数据模型映射到开发人员所用的编程语言表示的对象模型。当应用程序运行时，LINQ to SQL 会将对象模型中的语言集成查询转换为 SQL，然后将它们发送到数据库执行。当数据库返回结果时，LINQ to SQL 会将它们转换回可以用 C#处理的对象。

数据层对控制层提供 Insert()、InsertAll()、SumbitChanges()、Delete()、DeleteAll()等函数以及它们的各种重载。

(6) 传输层架构与设计

传输层负责和路口信号机的通信，使用 UDP 的方式收发信息，包括 CarCountHandle、ListionAllCrossDevice、ListionSingleCrossDevice、ProvideSocket、ReciveSocketByte、SendAndRecive、StateAndTimeEntity 等七个类。

传输层的发送程序和接收程序是分离的。发送程序将信息发送出去后，在接收程序的相应数据结构对应的路口上放置需要接收的信息的条件，当接收程序监听到有来自该路口的信息传入时，将接收到的信息和期待接收到的信息的条件进行匹配。如果匹配成功，则说明下位机已经对发出的信息做出回应，接下来解析回应的信息。

发送信息的流程如图 9.45 所示。

当接收程序监听到有路口的信息传入服务器时，监听程序首先判断信号来源，

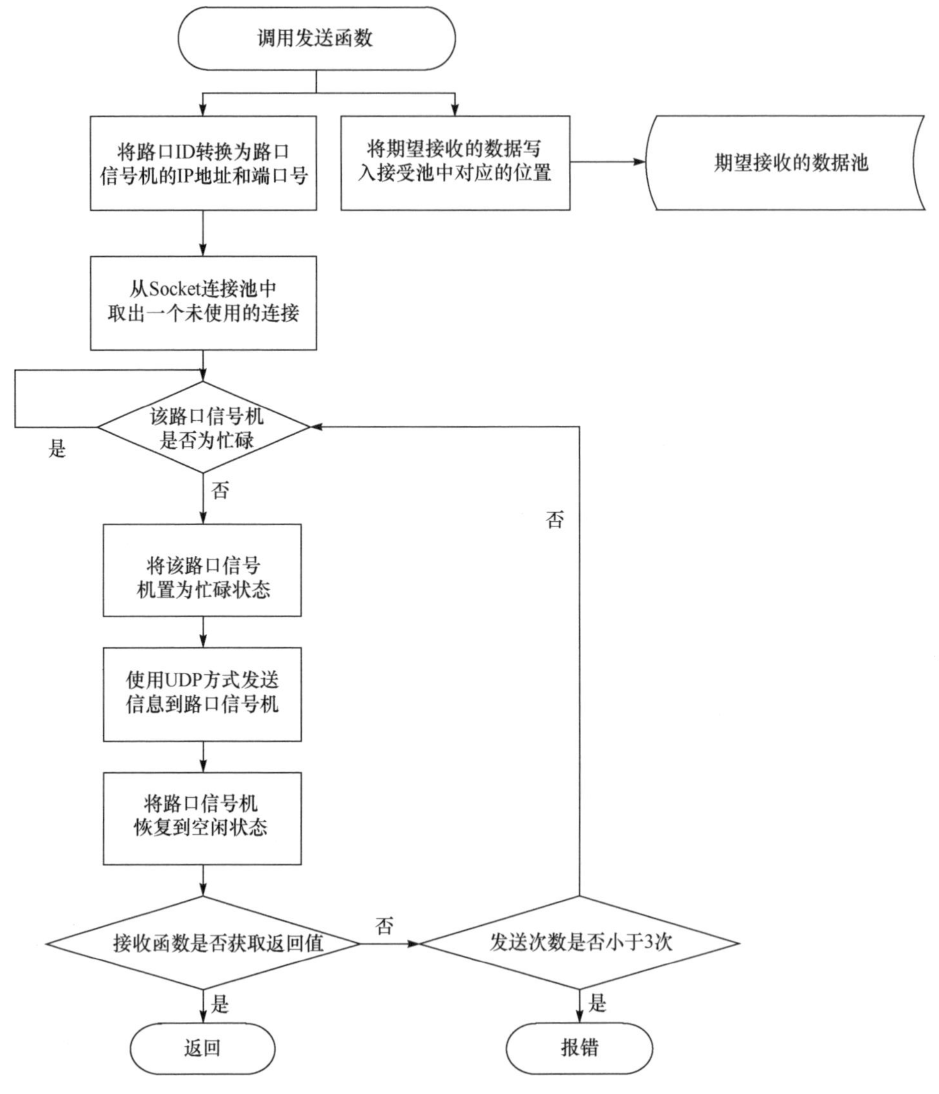

图 9.45　发送信息的流程图

将对应的发送方的IP地址转换为路口ID，再将信息存入对应路口的数据缓冲队列中。

每个路口对应的都有独立的线程，每100ms去查询一次该路口对应的缓冲队列中是否有数据，如果有数据则进行处理。接收程序的处理流程如图9.46所示。

(7) 数据库设计

采用SQL Server 2008作为数据持久层，对数据库中数据表的设计遵守数据库设计三范式的要求，分为车流量统计模块、日志模块、用户管理模块、特殊日管理模块、行人请求模块、路口信息管理模块、方案管理模块、时段管理模块、绿波管理模块等九大模块。数据库的设计结构图如图9.47所示。

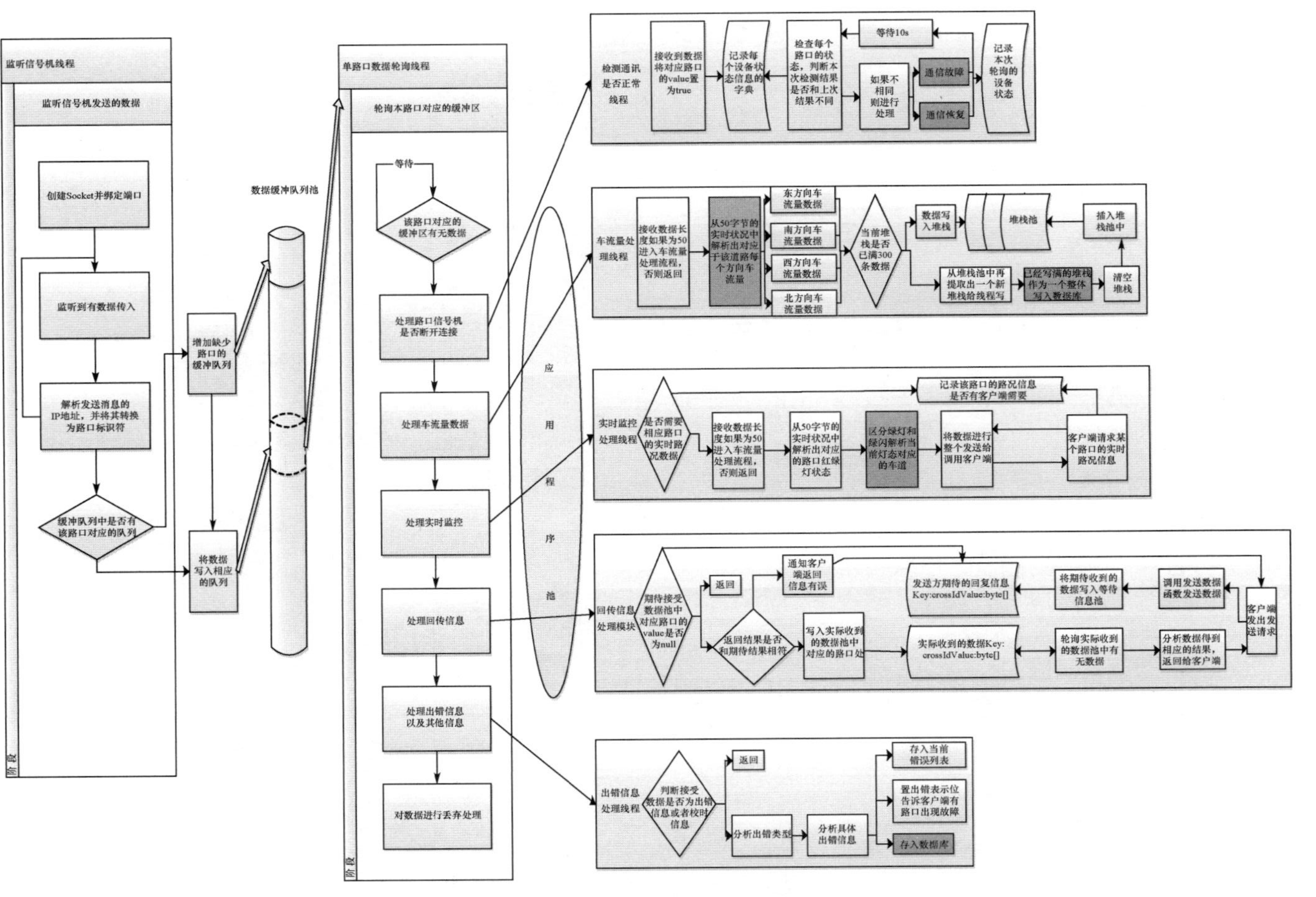

图9.46　接收程序的处理流程图

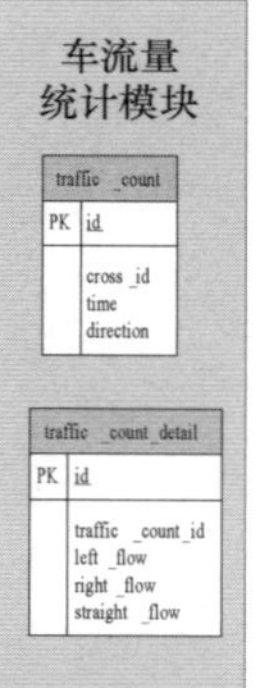

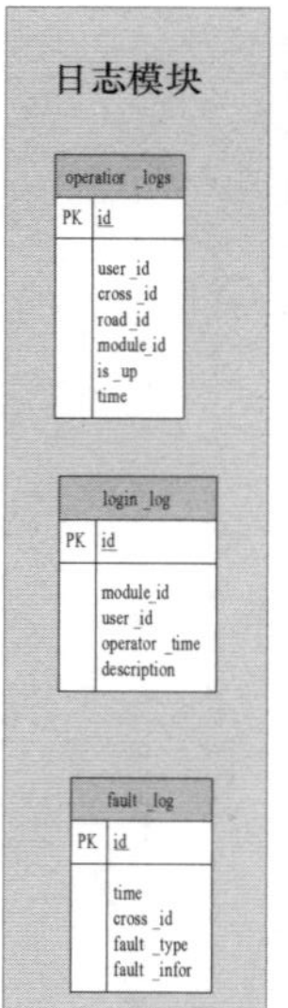

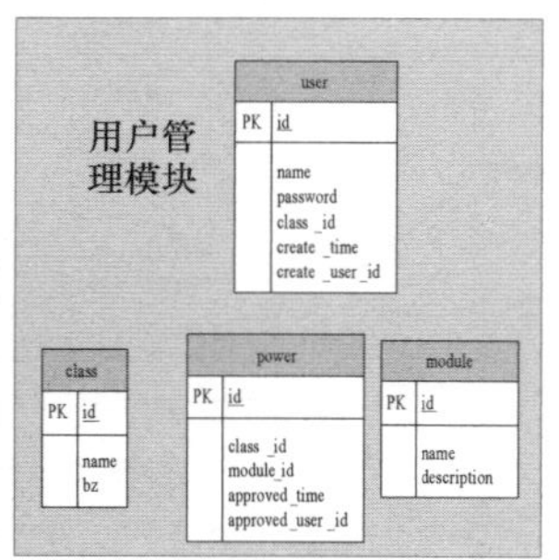

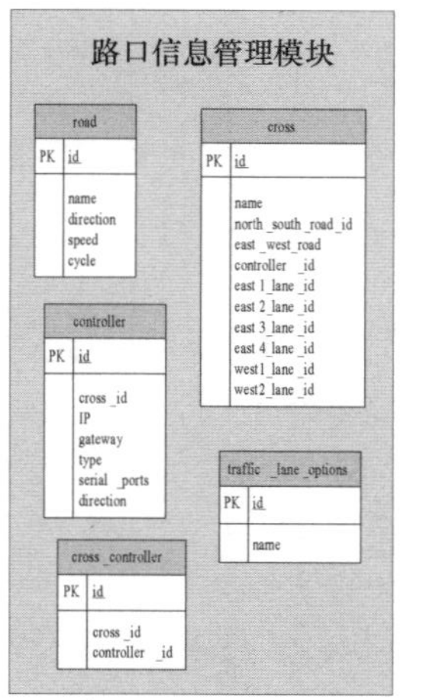

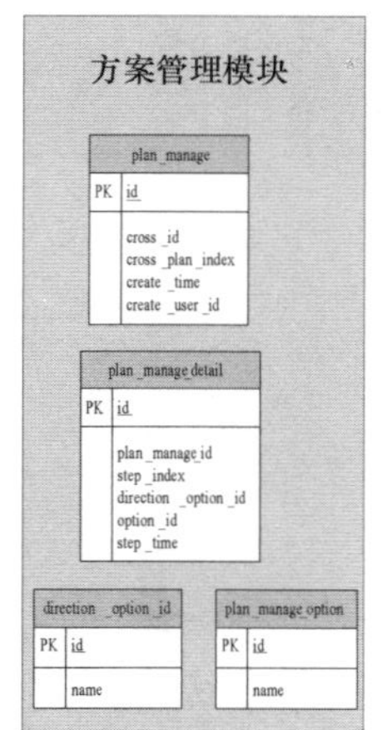

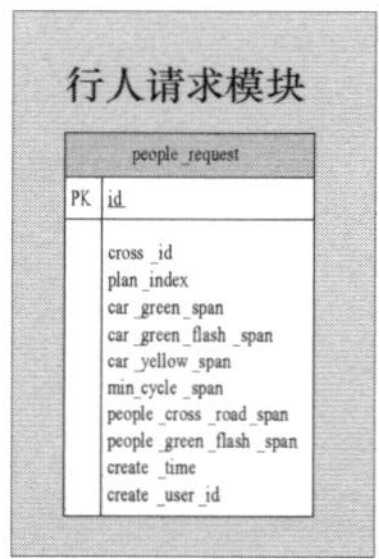

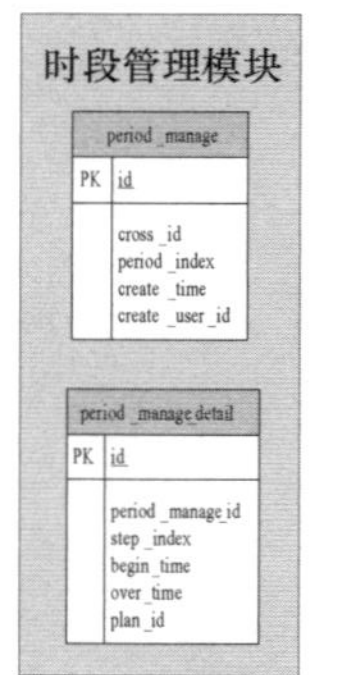

图9.47 数据库的设计结构图

4. 信号控制功能实现

(1) 单点配时管理

模块主要功能：设置、读取、编辑信号机关于路口红绿灯的运行方案。

配时合理判断算法流程如图 9.48 所示。

工作流程：用户根据自身需求选择对运行方案的设置、读取、保存等操作，由相应的页面控件输入相关参数，网站后台读取数据，根据预先设定的参数要求判断方案合理性，若合理则存入数据库，否则提示设置不合理，同时对于正确的方案可根据相应 IP 地址及通信协议发送管理方案。

(2) 单点时段管理

模块主要功能：根据不同时间段，对于不同的信号机选择不同的控制方案控制信号灯。

主要参数：unid、cross_id、time_id(时段编号)、step1_begin_time、step1_over_time、step1_control_manage_id(控制方案 id)、step2_begin_time、step2_over_time、step2_control_manage_id(控制方案 id)。

工作流程：如图 9.49 所示，用户在页面上确定特定信号机，根据不同时段选择在这一时段内信号机的运行方案。完成设定后，后台读取信号机、时段及方案数据，存入数据库并根据协议及 IP 发送数据。

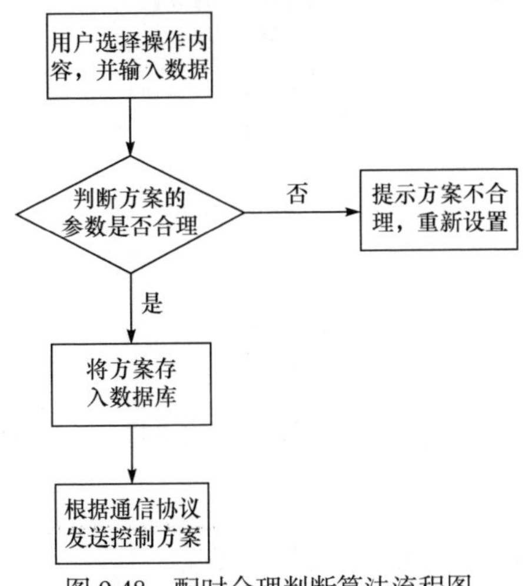

图 9.48　配时合理判断算法流程图

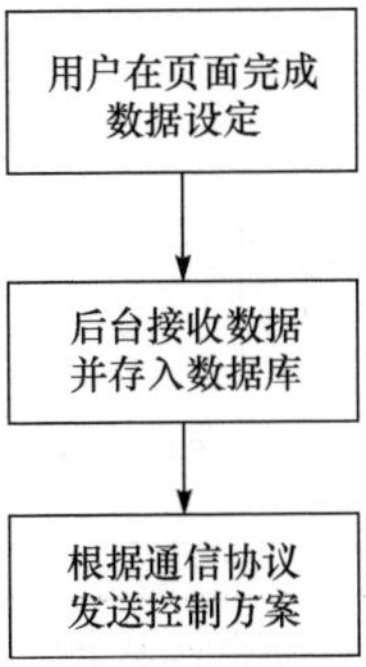

图 9.49　单点时段管理工作流程图

(3) 特殊日管理

模块主要功能：设定特殊日期特定信号机的运行方案。

主要参数：unid、cross_id、special_day_id、special_day_time、time_id(时段号)、execut_ state(执行状态)。

工作流程：如图 9.50 所示，用户在页面上确定特定信号机和特定的日期，选择在这一天内信号机的运行方案，同时还能设定特殊日的不同时段的运行方案。完成设定后，后台读取信号机、时段及方案数据，存入数据库并根据协议及 IP 发送数据。

(4) 特勤管理

模块主要功能：设定特殊事件发生时的信号机运行方案。

主要参数：unid、cross_id、special_ manage_id(特勤方案号)、east_direction_state(东行方向直行状态)、east_left_state(东行方向左转状态)、east_right_state(东行方向右转状态)、east_nocar_state(东行非机动车道状态)、east_people_state(东行人行道道状态)。

工作流程：如图 9.51 所示，用户在页面上确定特定信号机，设定信号机的运行方案，由于是特勤管理，不考虑方案的合理性，完成设定后，后台直接读取信号机及方案数据，存入数据库并根据协议及 IP 发送数据。

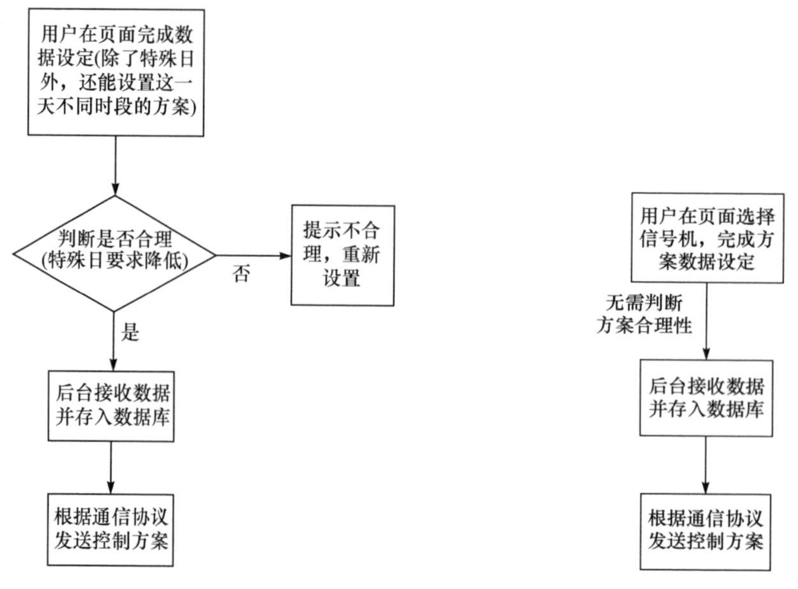

图 9.50　特殊日管理流程图　　　图 9.51　特勤管理流程图

(5) 设备信息管理

模块主要功能：管理所有信号机，查看、修改信号机设备信息。

主要参数：unid、road_id、lng、lat、state_id、last_check_time。

工作流程：如图 9.52 所示，页面上按一定要求(设备号、IP 地址等)显示设备信息，用户选中某个设备，在页面提示下修改设备信息，完成参数修改后，后台读取数据，判断参数信息是否满足格式、内容等要求，若合理则存入数据库，否则提示设置不合理。

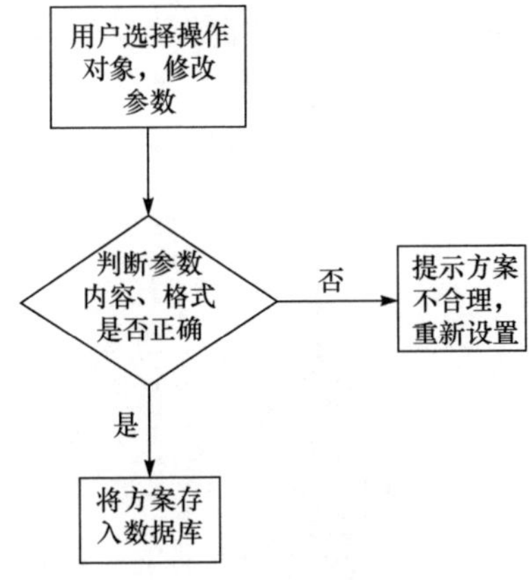

图 9.52　设备信息管理流程图

(6) 设备故障管理

模块主要功能：记录设备故障信息。

主要参数：unid、cross_id、happen_time(发生时间)、revice_time(接收时间)、报警类型、事故类型(解决事故/发生事故)、故障信息。

工作流程：如图 9.53 所示，在信息收发层中的接收模块里，有一个线程专门用来处理每个路口传来的设备故障信息。此线程对每条从下位机传来的信息进行分析。如果确认为故障信息，则将此信息写入数据库并且向客户端报警。

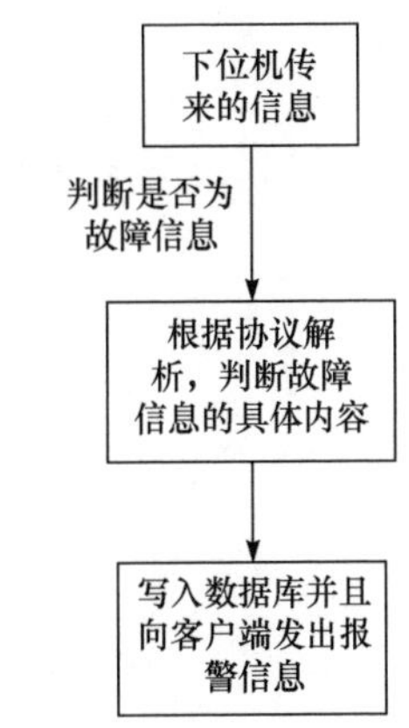

图 9.53　设备故障管理流程图

(7) 车流量信息统计

模块主要功能：统计各个路口各个方向在不同时段的车流量数据。

主要参数：unid、car_count、direction、cross_id、time。

工作流程：客户端发送请求，表现层将路口名称解析为路口 ID，然后业务层分析具体要提取数据的范围以及间隔，通过数据层提取数据。返回给业务逻辑层处理，并且将一个路段的所有路口的数据打包发送给前端，最后在客户端进行显示。

9.4.2　多路口交通事件协同跟踪

1. 子系统架构

交通事件及协同跟踪系统的主要功能是实现对交通事件的自动检测，并对肇事车辆进行多个摄像头之间的协同跟踪。如图 9.54 所示，该系统由交通事件检测单元和协同跟踪单元两大部分组成。监控摄像头首先对其监控场景的闯红灯和逆行事件进行检测，锁定肇事车辆之后提取该车的颜色特征及车牌号，并广播给周围的摄像头。周围摄像头一旦接收到广播的特征信息，就需要根据颜色和车牌信息对监控场景的动态目标进行匹配，并锁定唯一目标进行跟踪和特征信息广播。

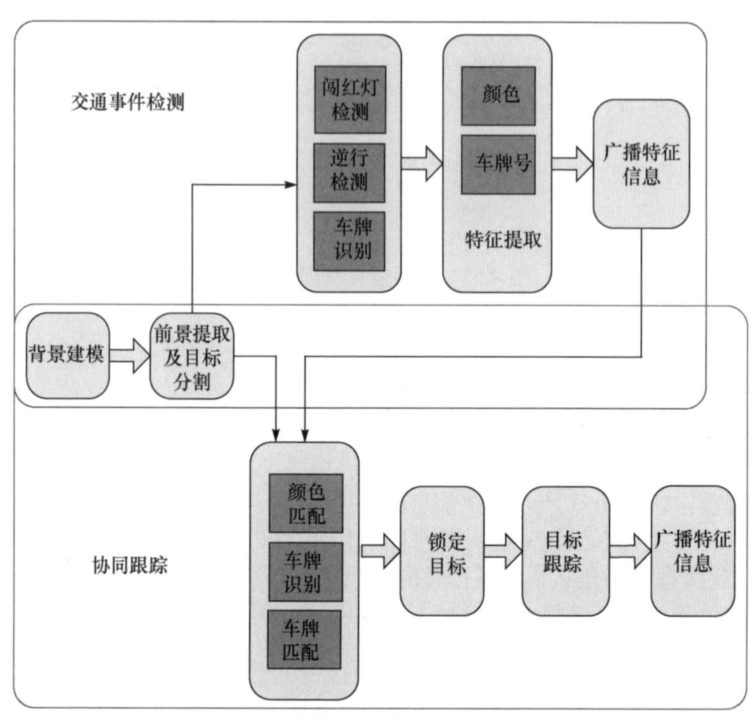

图 9.54　交通事件协同跟踪子系统结构

子系统各模块的功能划分如图 9.55 所示，子系统控制流程如图 9.56 所示。

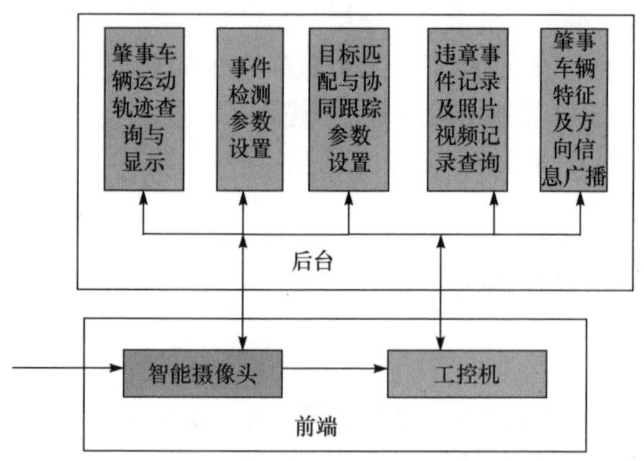

图 9.55　多路口交通事件协同跟踪子系统模块划分

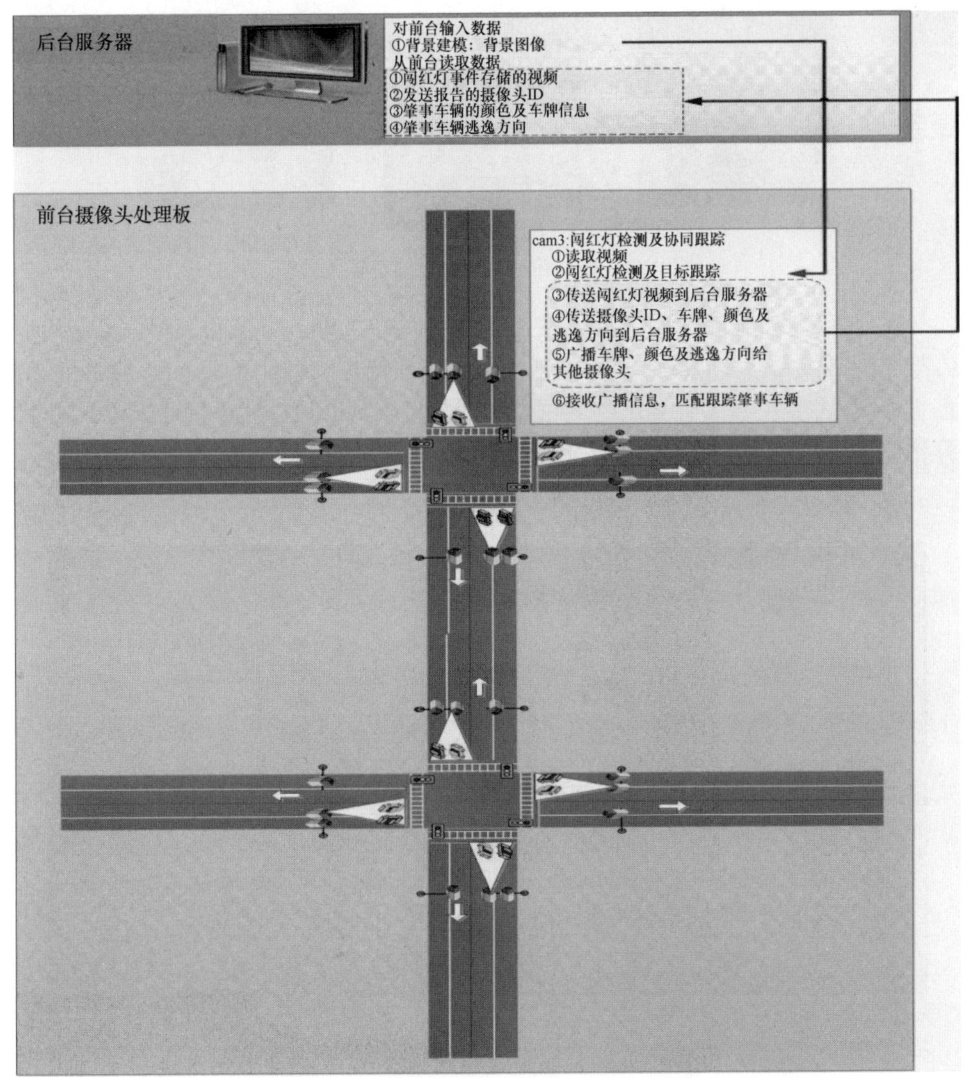

图 9.56 闯红灯检测及协同跟踪控制示意图

根据目标车辆的颜色信息可以过滤掉一些前景运动目标，但在车流量较大情况下会有多辆车的匹配结果，因此还需要辅助车牌信息来唯一锁定肇事车辆。在匹配结果大于等于 2 的情况下，对每个匹配过的目标进行车牌识别，并与接收到的车牌号进行比对以锁定唯一目标。图 9.57 描述了利用颜色特征和车牌信息唯一锁定肇事目标的过程。

图 9.57　根据颜色及车牌号锁定唯一目标

在目标即将离开跟踪范围时，把目标颜色特征，离开方位和车牌信息定向地传给周围摄像头。一旦收到目标特征信息，当前摄像头会计算每个运动目标的颜色直方图，并且将每个计算出的颜色直方图与接收到的目标颜色特征进行匹配(计算相似性函数)，当匹配的结果小于设定阈值时，则认为匹配成功，并锁定目标。

协同跟踪实验效果如图 9.58 所示。

图 9.58　协同跟踪实验效果

2. 子系统详细设计

系统分为三大功能模块：数据接收模块、图像格式转换模块和目标跟踪模块。数据接收模块从摄像头中提取实时数据流，获得压缩过的高清码流，图像格式转换模块将高清码流进行解码，并转换成目标跟踪所需的图像数据。目标跟踪模块通过分析得到的图像数据，对所有进入摄像头视野的车辆进行跟踪。

为了提高系统运行速度，保持实时性，系统给每个功能模块都分配一个线程，并定义两个缓冲池。子系统结构如图 9.59 所示。

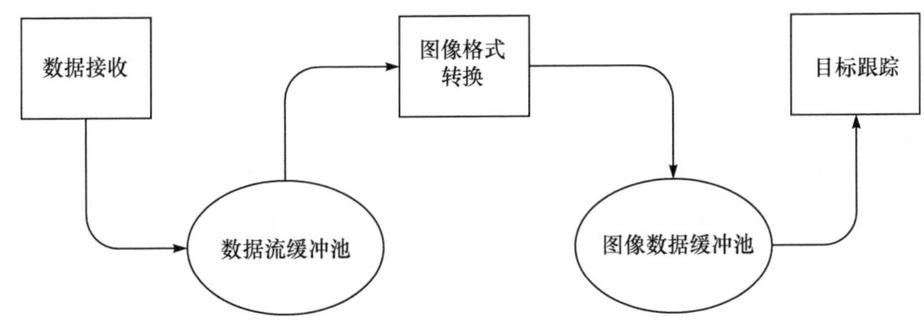

图 9.59　协同跟踪子系统结构

目标跟踪算法的实现主要与 FroImg 类相关。FroImg 类包含基本图像处理算法，提供中间图片和结果图片的提取接口。

(1) 数据接收模块

数据接收模块是用于从摄像头中提取实时数据流，然后通过图像格式转换模块对码流进行解码，并将其转换成目标跟踪模块所需的数据，存入图像数据缓冲池。

实时数据流是通过摄像头提供的接口获得，不同厂商提供的接口不一样。目前系统采用锐势公司出品的高清智能摄像头，其通过 RTSP 协议传输视频数据，系统利用其提供的接口可以获得高清 H.264 数据流。同样，在所有后续处理都结束后，也需要利用其提供的接口关闭数据流。

(2) 存储数据流

将得到的视频数据流都存储到数据流缓冲池中，然后提取下一帧数据。若缓冲池空间已满，则等待图像格式转换模块处理缓冲池中的数据。整个数据接收模块的流程图和相应的函数实现如图 9.60 所示。

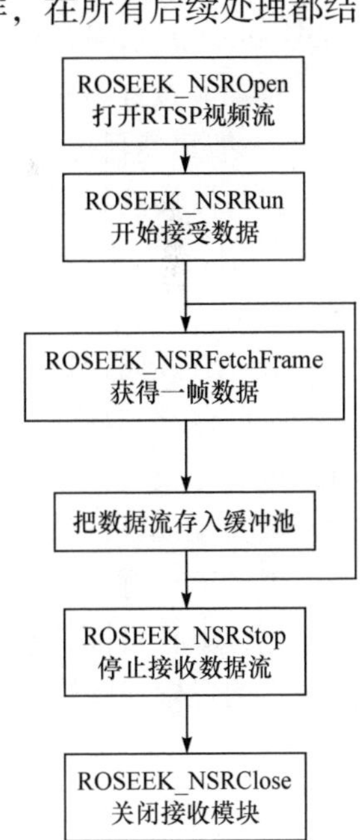

图 9.60　提取实时数据流

(3) 图像格式转换模块

图像转换模块是将得到的高清码流转换成目标跟踪所需要的格式，包括解码和格式转换两个过程。

解码主要利用开源解码库 FFmpeg 实现。FFmpeg 是一个开源免费跨平台的视频和音频流方案，属于自由软件，提供了录制、转换以及流化音视频的完整解决方案。

在解码之前，需要初始化 FFmpeg 解码器，部分实现代码如下：

```
avcodec_register_all()
av_register_all()
```

AVCodec*pCodec = avcodec_find_decoder(CODEC_ID_H264)

其中，CODEC_ID_H264 指定了解码器的种类。

avcodec_decode_video2(g_pCodecCtx, g_pavFrame, (int *)&nGot, &packet)

其中，g_pCodecCtx 是编解码器上下文，g_pavFrame 是得到的原始图片。

目标跟踪所需要的图片数据格式为未压缩过的 RGB24 图片。格式转换同样利用 FFmpeg 实现。

sws_scale(img_convert_ctx, g_Frame->data, g_Frame->linesize, 0, SRCHEIGHT, ((AVPicture *)pFrameRGB)->data, ((AVPicture *)pFrameRGB)->linesize)

其中，pFrameRGB 为最后得到的 RGB24 图片。

将 RGB24 图片存入图像数据缓冲池中，然后从数据流缓冲池读新的数据，继续解码。若数据流缓冲池为空，则等待数据接收模块存入新的数据；若图像数据缓冲池满了，则等待后续目标跟踪模块处理缓冲池中的数据。

(4) 目标跟踪模块

目标跟踪模块是将所有进入视野的车辆都加入跟踪目标链表，并在每一帧中都将它们用矩形框绘制出来。为了分清每辆车，对于不同的车辆用不同的颜色矩形框绘制。

具体实现时采用了两个矩形链表，newRectList 表示每一帧的所有车辆目标，trackObject 表示需要跟踪的目标。

跟踪大致分为三个子功能模块：前景提取、搜索新目标、跟踪已有目标。

① 搜索新目标。

将每一帧的新目标链表 newRectList 与已存储的跟踪目标链表 trackObject 进行一一比较，将新进入视野的车辆目标加入跟踪目标链表。具体函数为 FindObject()。

② 跟踪已有目标。

将已存储的跟踪目标链表 trackObject 中的每一个目标与当前帧的每一个运动目标进行比较，若相似，则更新 trackObject 中目标的信息；否则，跳过。具体实现函数为 TrackObject()。

由于车辆行驶的速度限制，相邻两帧之间的位移不会很大，为了提高系统运行速度，更新目标信息时仅仅搜索附近的目标，距离较远的目标不考虑。最后将更新后的目标在图中绘制出来。

9.5 实 施 效 果

建立的城市智能交通协同监管与实时服务平台可提供路况实时在线监测、信号灯控制、肇事事件检测与报警、肇事车辆协同跟踪与轨迹回放[12]等核心服务功能。部分核心功能的实施效果如图 9.61～图 9.65 所示。

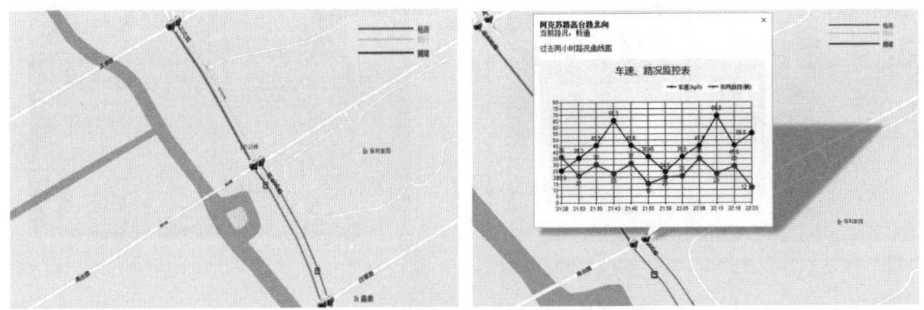

图 9.61 路口拥堵程度与路口车流量统计

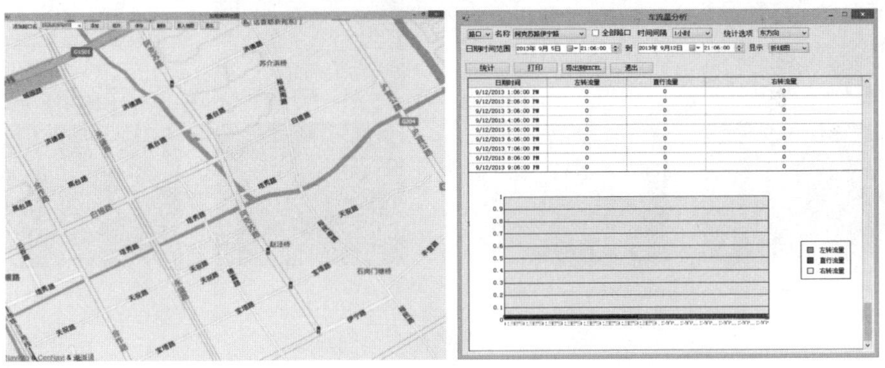

图 9.62 路口信号灯管理

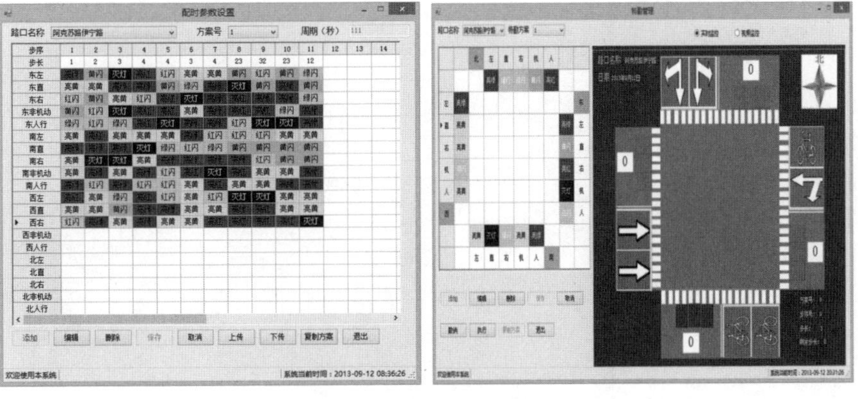

图 9.63 路口信号灯配时

图 9.64　事件检测与协同跟踪

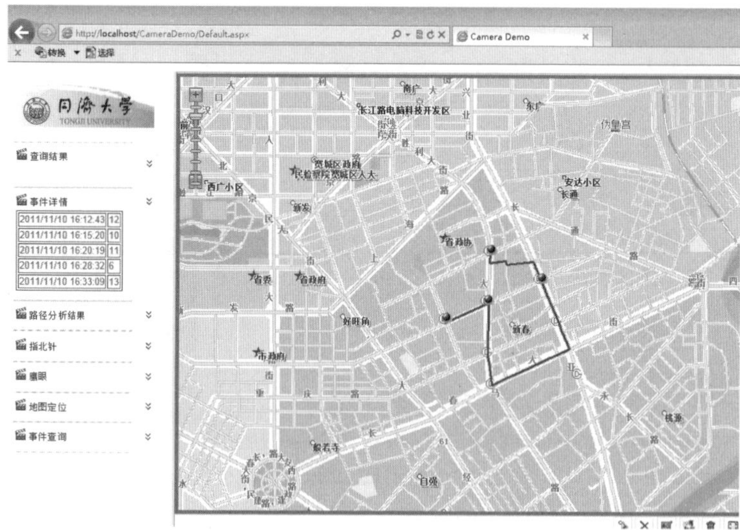

图 9.65　肇事车辆轨迹重现

通过对城市智能交通协同监管与实时服务平台及其应用系统功能和性能指标测试表明：平台及应用系统能支撑交通安全的移动目标同步跟踪，并能验证交通安全的移动车辆同步跟踪技术；平台运行效果能够验证流融合机模型及理论；通过智能视频采集设备的自组织组网技术，实现并应用了跟踪系统的异构网络融合协同技术、基于上下文的微量敏感信息获取、检测及跟踪算法、微量敏感信息的深度计算技术、跟踪系统中移动目标事件相关性的实时分析技术。

城市智能交通协同监管与实时服务平台及其应用系统已经在上海嘉定新城的阿克苏路等四个路口开始施工部署，测试结果表明，该平台具有良好的可应用性。

9.6　小　　结

本章面向智慧城市建设中的智能交通典型应用场景，详细介绍了城市智能交通协同监管与实时服务平台的关键技术及应用。从基础网络层、技术支撑层、应用支撑层、核心应用层和平台表现层等层次介绍了平台的体系结构与关键技术。在技术支撑层，对视频采集、视频管理、视频分析处理等面向交通监管的海量视频分析处理技术进行了详细介绍。在应用支撑层，对车辆目标检测、队列长度检测、车牌识别、流量检测、事件检测等面向交通监管的海量视频信息提取与分析技术进行了详细介绍。在核心应用层，重点介绍了基于模糊推理的自适应交通控制、面向交通安全的多路口交通监控与协同跟踪等关键应用。

参考文献

[1] 蒋昌俊，闫春钢，陈闽中，等. HDFS 中基于事件密集度的交通监控视频存储方法: ZL201410490195.2. 2017.

[2] Stauffer C, Grimson W E. Adaptive background mixture models for real-time tracking//IEEE Computer Society Conference on Computer Vision and Pattern Recognition, Colorado, 1999.

[3] Hyvärinen A, Hurri J, Hoyer P. Natural Image Statistics: A Probabilistic Approach to Early Computational Vision. Berlin: Springer, 2009.

[4] Chai Q, Cheng C, Liu C M, et al. Vehicle queue length measurement based on a modified local variance and LBP//International Conference on Intelligent Computing, Guangxi, 2013.

[5] 蒋昌俊,张亚英,陈闽中, 等. 一种基于局部方差的车队列长度检测方法: ZL201310134707.7. 2015.

[6] 蒋昌俊，陈闽中，闫春钢, 等. 基于多特征融合的车牌字符识别方法: ZL201410491005.9. 2018.

[7] 蒋昌俊，陈闽中，闫春钢, 等. 基于多特征融合的车型分类方法: ZL201410489933.1. 2017.

[8] 蒋昌俊，闫春钢，陈闽中, 等. 新型的单路口交通信号灯控制方法: ZL201410390398.4. 2016.

[9] 蒋昌俊，喻剑，闫春钢, 等. 一种基于 Q 学习的改进交通信号控制方法: ZL201610135744.3. 2018.
[10] 蒋昌俊，张亚英，陈闽中，等. 直观的主干道若干十字路口双向绿波带的实现方法: ZL201410019172.3. 2015.
[11] 蒋昌俊，张亚英，陈闽中，等. 一种基于动态路网的交通诱导新方法: ZL201310128165.2. 2015.
[12] 蒋昌俊，张亚英，陈闽中，等. 一种基于道路属性和实时路况的行车轨迹还原算法: ZL201310156627.1. 2015.